"十四五"国家重点出版物出版规划项目

前沿科技·人工智能系列

数据驱动的机器翻译技术

黄河燕 主编

苏超 史学文 张天夫 副主编

U0281225

电子工业出版社

Publishing House of Electronics Industry

北京·BEIJING

内 容 简 介

    机器翻译是由计算机自动将一种自然语言翻译成另一种自然语言的过程。随着语言资源规模的持续增长和计算机硬件技术的大幅提高,数据驱动的机器翻译方法逐渐获得了研究者的青睐,翻译效果取得了显著的提升。本书梳理了机器翻译的基础理论和研究进展,指出了数据驱动的机器翻译方法所面临的问题,详细介绍了具有代表性的改进方法。这些方法既包括对句法语义、词形和零代词、翻译记忆等先验知识的建模及融合,也涉及深度神经网络、无监督树学习、生成对抗训练、联合学习、因果推断等前沿技术,可供希望深入了解机器翻译研究进展的读者参考。本书的最后对数据驱动的机器翻译技术进行了总结,并对未来的研究方向进行了展望。

图书在版编目(CIP)数据

数据驱动的机器翻译技术 / 黄河燕主编. -- 北京 :
电子工业出版社,2024. 7. --(前沿科技). -- ISBN
978-7-121-48307-3

Ⅰ. TP391.2

中国国家版本馆 CIP 数据核字第 2024VC7706 号

责任编辑:牛平月   文字编辑:曹 旭
印   刷:天津嘉恒印务有限公司
装   订:天津嘉恒印务有限公司
出版发行:电子工业出版社
    北京市海淀区万寿路 173 信箱   邮编:100036
开   本:720×1 000   1/16   印张:21   字数:378.4 千字
版   次:2024 年 7 月第 1 版
印   次:2024 年 7 月第 1 次印刷
定   价:98.00 元

    凡所购买电子工业出版社图书有缺损问题,请向购买书店调换。若书店售缺,请与本社发行部联系,联系及邮购电话:(010)88254888,88258888。

    质量投诉请发邮件至 zlts@phei.com.cn,盗版侵权举报请发邮件至 dbqq@phei.com.cn。

    本书咨询联系方式:(010)88254454,niupy@phei.com.cn。

前　言

　　机器翻译是一个多学科交叉的高难度研究课题，对人类跨越语言鸿沟、实现自由沟通具有重要意义，技术成果也可以推动其他自然语言处理应用的发展。机器翻译的发展可谓一波三折，经历了多次从高峰到低谷、再到高峰的转变。随着语言资源的积累和计算机硬件性能的大幅提高，数据驱动的机器翻译方法登上了历史舞台。现如今，基于大规模平行语料和 Transformer 神经网络架构，我们可以方便、快速地训练一个机器翻译模型，翻译效果相比传统方法进步显著，但是还存在诸多问题，仍有许多技术困难亟待解决。本书向读者展示了数据驱动的机器翻译研究进展及存在的问题，选取具有代表性的解决方法进行了介绍。本书所探讨的内容既包括统计机器翻译和神经机器翻译的基础模型，也包括对这些模型的改进方法。这些方法既包括句法语义知识的引入、翻译记忆的融合、词形和零代词信息的建模，也涉及无监督树学习、生成对抗训练、联合学习、因果推断等较为前沿的技术。

　　全书共分 11 章。第 1 章为绪论，介绍了本书的研究背景及意义，并对全书的研究内容和组织结构加以介绍。第 2 章为基础理论，重点介绍了本书涉及的基础知识，包括统计机器翻译和神经机器翻译的基本模型和技术等，并指出了数据驱动的机器翻译方法存在的问题。第 3~5 章主要介绍了句法语义、句子对齐等先验知识的获取和建模，以及基于先验知识的机器翻译模型。第 6 章主要介绍了融合翻译记忆的神经机器翻译方法。第 7、8 章阐述了数据驱动的机器翻译中存在的词形与零代词问题，并提出了一系列解决方法。第 9 章针对译文质量评估问题，提出了基于因果推断的译文评分去噪声方法。第 10 章介绍了机器翻译的评价指标和专门会议。第 11 章对全书内容进行了总结，并对未来的研究方向进行了展望。

　　本书是北京理工大学计算机学院机器翻译研究小组集体努力的成果，编入了课题组的部分研究成果。黄河燕教授规划并设计了全书内容和结构，审校和订正了全部书稿，并负责撰写了第 1、2、10、11 章；苏超负责撰写了第 3、8

章和第 4 章的部分内容；史学文负责撰写了第 5、7、9 章；张天夫负责撰写了第 4 章的部分内容和第 6 章。此外，胡燕林、钟尚桦、甄诗萌等同学也参与了部分内容的写作和实验数据的整理工作。

诚挚感谢电子工业出版社编辑牛平月及审校排版等人员为本书的出版所付出的辛勤工作。感谢对课题组研究工作提供支持和帮助的各位老师和同学。

近年来，人工智能取得了飞速发展，机器翻译技术业发展迅猛、日新月异。受限于作者学识，加之时间仓促，本书无法对最新的研究成果覆盖周全，难免存在疏漏乃至错误之处，恳请各位读者予以指正。

编著者

2024 年 3 月于北京

目　录

第 1 章

绪论

1.1　研究背景及意义

机器翻译（Machine Translation，MT）是指利用计算机实现从一种自然语言（源语言）到另一种自然语言（目标语言）自动翻译的过程和技术，是人工智能（Artificial Intelligence，AI）和自然语言处理（Natural Language Processing，NLP）领域的重要应用和热点之一。

随着全球化进程的加快，我国与其他国家在政治、经济、科技和文化等方面的交流日益频繁。大量、频繁的交流带来语言翻译需求的迅速增长，传统的人工翻译很难完成这样艰巨的任务，而机器翻译可以为这一难题的解决提供强有力的帮助。随着相关技术的发展，机器翻译将渗透到日常生活和工作的各个角落，成为语言与思想交流的有效工具。例如，越来越多的人在出国旅游时选择使用翻译软件、便携式翻译机等产品。可以预见，在机器翻译发展成熟的未来，语言的差异将不再阻碍人类交流，两个不同语系的人不用学习对方语言也能通过机器翻译实现直接交流，不同的文明将实现直接的碰撞，这对人类社会的文明进步将起到巨大的促进作用[1]。因此，机器翻译具有巨大的研究价值和社会意义。

机器翻译是多学科交叉的高难度研究课题，涉及计算机科学、语言学、数学、认知心理学和脑科学等学科,需要综合利用词法、句法、语义、语用及各种知识。主流的研究方法可分为基于规则的机器翻译和数据驱动的机器翻译(或基于语料库的机器翻译),后者的发展又经历了基于实例的机器翻译、统计机器翻译、神经机器翻译等阶段。无论采用哪种方法,最终目标都是产生和源语言语义一致的译文。但是目前,由于语言的复杂性和人类对语言认知的有限性,机器翻译面临着难以克服的"语义障碍"。要想得到高质量的译文,我们必须对自然语言的句法和语义结构进行分析和理解[2-3]。

现有的统计机器翻译模型可以在短语、句法层面对语言结构进行建模,但对语义知识的利用还不充分,难以解决译文中语块间语义关系混淆、顺序错乱等问题;现有的神经机器翻译模型通常利用注意力机制学习目标语言词语和源语言词语之间的"软映射",或者利用自注意力机制学习词语之间的依赖关系,缺乏对语言结构的显式建模。基于以上问题,本书认为有必要深入研究句法结构和语义关系,提高数据驱动的机器翻译模型对语言背后结构知识的建模能力,使其能够更加深入、准确地理解和生成语言,提高译文的忠实度和准确度。

1.2 机器翻译发展简史

早在 17 世纪,人们就提出了"使用机械词典克服语言障碍"的设想,当时的法国哲学家、数学家笛卡儿和德国数学家莱布尼兹都曾在统一数字代码的基础上编写词典。1933 年,法国科学家 George Artsrouni 和苏联科学家 Peter Troyanskii 提出了"用机械把一种语言翻译成另一种语言",并获得"翻译机"的专利。

1946 年,世界上第一台电子计算机 ENIAC 诞生,不久后,美国洛克菲勒基金会(Rockefeller Foundation)副总裁韦弗(Weaver)和英国工程师布斯(Booth)提出了利用计算机进行语言自动翻译的想法:"在我面前有一份俄语文本，但是我将它假设为用英语写的，只不过被编码成奇怪的符号了。为了得到文本中的信息，我只需要将它解码就可以了。"可见，韦弗认为语言翻译与密码解读的过程是类似的。虽然这种想法没有考虑语言的词法、句法和语义等结构特征，但对早期的机器翻译系统产生了很大的影响。

1954 年，美国乔治敦大学（Georgetown University）与 IBM 公司协同完成了第一个机器翻译系统的研制。该系统只能够进行俄、英简单句子的翻译。随后，机器翻译系统的研制热潮出现，苏联、英国、日本等也都进行了机器翻译实验。

1964 年，美国科学院成立了自动语言处理咨询委员会（Automatic Language Processing Advisory Committee，ALPAC），对机器翻译研究进行了调查，并于 1966 年 11 月公布了题为《语言与机器》的报告。该报告指出，机器翻译遇到了难以克服的"语义障碍"（Semantic Barrier），并建议"绝大多数的机器翻译研究应立即停止"，原因是"不能产生有用的译文"。在该报告的影响下，全世界的机器翻译研究热度骤降。

直到 20 世纪 70 年代后期，机器翻译才进入复苏和发展期。在这个时期，研究人员更加理性，更加重视机器翻译基础研究，更多地借鉴语言学成果；机器翻译的研究更加注重实用性，机助人译、人助机译也已被人们接受。1976 年，加拿大开发了 TAUM-METEO 系统，正式提供天气预报翻译服务，这标志着机器翻译由复苏走向繁荣，是机器翻译发展史上的一个里程碑。

进入 20 世纪 90 年代，经验主义和理性主义结合，机器翻译的发展进入了新纪元。人们将基于规则和语料库的方法结合，把自然语言处理及机器翻译研究推向了一个崭新的阶段。各种实用化机器翻译系统如雨后春笋般涌现，如美国的 SYSTRAN、Google Translate 及德国的 TRADOS 等。

2014 年前后，随着深度学习（Deep Learning，DL）技术的兴起，以及以图形处理器（Graphics Processing Unit，GPU）为代表的计算能力的快速提升，以深度神经网络为基础的神经机器翻译异军突起，迅速成为主流的研究方向并被工业界广泛应用。

1.3 研究内容及全书总览

本书共分 11 章。第 1 章为绪论，介绍了本书的研究背景及意义，并对全书的研究内容和组织结构进行了介绍。第 2 章为基础理论，重点介绍了本书涉及的基础知识，包括统计机器翻译和神经机器翻译的基本模型和技术等。第 3～5 章主要介绍了先验知识的获取、建模及基于先验知识的机器翻译模型，包括句法语义知识、句子对齐信息等。第 6 章主要介绍了融合翻译记忆的神经机器翻译方法。第 7～8 章针对机器翻译中存在的特殊问题——词形与零代词进行了阐述，并提出了一系列解决方法。第 9 章针对译文质量估计问题，提出了基于因果推断的译文评分去噪声方法。第 10 章对机器翻译的评价方法及领域内的相关会议进行了介绍。第 11 章对全书内容进行了总结，并对未来的研究方向进行了展望。

下面逐章介绍本书的主要内容。

1. 绪论

机器翻译具有重要的研究价值和社会意义，同时又具有多学科交叉、高难度的特点。在本章中，我们首先介绍机器翻译的定义及研究意义，其次回顾机器翻译的发展简史，最后对全书的内容进行概述。

2. 基础理论

为了帮助读者理解本书的研究内容，本章介绍各种机器翻译方法的基本模型和技术等，包括基于规则的机器翻译、基于实例的机器翻译、统计机器翻译和神经机器翻译。其中，统计机器翻译模型和神经机器翻译模型作为本书的重要基础将着重介绍。

在统计机器翻译中，我们将介绍噪声信道模型、对数线性模型、语言模型等。此外，我们还将介绍基于短语和基于句法的统计机器翻译模型。

在神经机器翻译中，我们将深入介绍三种典型的模型，即基于循环神经网络的神经机器翻译模型、基于卷积神经网络的神经机器翻译模型和基于注意力网络的神经机器翻译模型。

3．基于句法语义知识的统计机器翻译

统计机器翻译的发展经历了基于词的模型、基于短语的模型和基于句法的模型三个阶段，其中基于句法的模型翻译效果仍一般。对语义进行建模并应用于统计机器翻译也是充满挑战的研究课题。

本章首先介绍基于句法的统计机器翻译模型、语义角色标注的概念及在统计机器翻译中的应用；其次介绍两种融合句法树和语义结构的方法，并将其应用于训练融合句法语义知识的统计机器翻译模型；最后介绍一种融合浅层句法特征的循环神经网络语言模型，并将其应用于统计机器翻译重排序，提高了翻译效果。

4．句法知识与神经机器翻译联合学习模型

由于大规模句法树库的标注成本高昂，所以让机器自动学习适用于机器翻译的句法树结构，并学习源语言和目标语言的句法对齐关系，成为极具价值的研究课题。

本章首先对基于深度学习的树结构学习基础方法进行梳理；其次，提出源端句法信息与神经机器翻译联合学习模型，在学习翻译模型的同时能够无监督地学习适用于机器翻译任务的源端句法树，为翻译提供支撑；接下来，为了深入挖掘双语句法成分对齐的价值，提出了双语句法成分对齐与神经机器翻译联合学习模型；最后，提出自监督双语句法对齐方法 SyntAligner，用于在高维深层空间中精确对齐源语言–目标语言双语句法结构，并最大化对齐后的双语句法结构样本之间的互信息，以便进行翻译。

5. 基于句子对齐信息的机器翻译训练

在神经机器翻译的模型训练阶段,经典的神经机器翻译方法常通过对每个目标语言单词进行最大似然估计(Maximum Likelihood Estimation,MLE)来最优化翻译模型。然而,该训练更多地关注生成词的流畅性,缺少对生成翻译的充分性考量,经过该训练的模型常面临翻译结果包含的源语言信息不完整等问题。

之前的研究工作多基于模型本身的注意力矩阵,容易受到翻译错误和注意力模型错误的影响。为解决上述问题,本章提出了基于句对齐信息的机器翻译训练方法。该方法引入了一个额外的句对齐判别器,用来区分翻译候选和源语言之间的语义对齐程度。通过对抗训练框架,神经机器翻译模型可以从句对齐判别器中学习到关于翻译的重要信息,提升机器翻译的译文完整性。

6. 融合翻译记忆的神经机器翻译方法

翻译记忆是一种重要的计算机辅助翻译方法,该方法对大规模平行语料的编辑距离进行检索,返回高度相似的语句,供译员进行译后编辑。目前,在神经机器翻译中对融合翻译记忆的研究有限,融合程度不深。

基于上述问题,本章首先针对人机协作翻译流程中的文本预处理与机器翻译训练方法,提出基于翻译记忆相似度感知的机器翻译流程,包括基于字符串、句法、语义信息构建翻译记忆库,以减少译员对该部分译文的译后审阅时间;然后,提出的融合多维翻译记忆相似度先验知识的模型训练方法,从减少译文复杂错误的角度最小化译后编辑时间,使译员稳健、高效地利用翻译记忆工具与机器翻译系统进行高质量翻译成为可能。

7. 词形预测与神经机器翻译联合模型

在模型中引入一些人类的语言学知识是神经机器翻译的研究重点之一,最近的一些工作表明,引入语言学知识确实可以帮助模型提升翻译的质量。词的形态变化(如拉丁字符的大小写变化)和很多语言中名词和代词的阴阳性变化均包含了重要的语义信息,但这些信息通常被忽略了。

本章以西方语言翻译任务中的重拉丁字符大小写变化和维吾尔语到汉语翻译中的汉语代词阴阳性变化为例，介绍了两种将词形预测与机器翻译结合的联合建模方法，包括：①引入语言学信息标注；②引入词形预测模型和解码器联合建模。实践证明，上述方法均可以有效地将词形信息融入神经机器翻译的建模中，从而提升神经机器翻译在处理词形变化时的准确度。

8. 融合零代词信息的机器翻译方法

汉语是一种意合型语言，若句子中的某些内容可以通过语境理解，则在表达时就会被省略。特别是在口语中，省略现象大量存在，零代词就是其中的一种。英语是一种形合语言，很少出现句子结构的缺失。研究英、汉两种语言的结构差异，对机器翻译具有重要意义。

本章研究英汉口语机器翻译中广泛存在的零代词现象及其处理方式。首先介绍零代词推断的一系列基础方法，然后提出基于特征的、基于 CRF 和 SVM 的和基于深度学习的零代词推断及其信息构建方法，最后将构建的零代词信息融入统计和神经机器翻译模型，提高口语的机器翻译效果。

9. 基于因果推断的译文评分去噪声方法

NMT 系统在生成译文时通常采用束搜索策略生成路径，以保留更多的候选译文。然而，束搜索的过程是利用 NMT 模型的解码器进行打分的，所得分数有时并不能准确反映译文的质量，导致译文分数与真实译文质量之间并没有紧密的关系。

为了解决上述问题，本章介绍了一种基于因果推断（Causal Inference）理论的方法，以消除 NMT 译文分数中掺杂的噪声，从而得到更接近真实译文质量的分数。该方法具有可解释性强、模型无关、自适应等优点。

10. 机器翻译评价及相关评测会议

对机器翻译的结果进行质量评价是一项重要的工作。尽管人工评价具有更高的准确率，但是成本高、效率低，不适合大规模、频繁地进行。自动评价方法的引入使得模型的自动训练成为可能，极大地促进了机器翻译技术的发展。

机器翻译的自动评价需要给出测试数据的人工参考译文，自动评价指标以某种度量方式计算机器译文和参考译文的相似程度或偏离程度，并以实数表示。

另外，公开的技术评价活动对机器翻译的发展也有一定的推动作用。评价活动的组织方会收集和发布特定的机器翻译任务说明和数据；参与方通常为拥有领先技术的科研团体，在任务中比较各自机器翻译系统的性能。评价活动通常会提供机器翻译相关数据和测试集，以方便之后的科研人员使用。

因此，本章重点介绍了机器翻译的评价指标和公开的评测会议。

11．总结与展望

本章对全书内容进行总结，并对未来研究方向进行展望。

参考文献

[1] 陈肇雄，陈强．智能型机器翻译与语言信息处理产业．高技术通讯．1991, 1 (11)：30-34.

[2] 冯志伟．机器翻译与语言研究(上)．术语标准化与信息技术，2007 (3). 2007: 39-43.

[3] 浑洁絮．基于语义语言的英汉机器翻译研究．大连：大连理工大学. 2011.

第2章

基础理论

2.1 基于规则的机器翻译

沃古瓦教授把基于规则的机器翻译过程总结为"机器翻译金字塔"[1]（见图 2-1）。

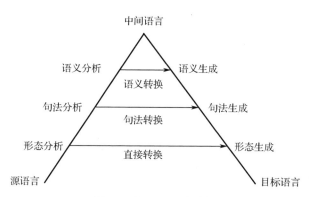

图 2-1　机器翻译金字塔

从图 2-1 中可以看出，基于规则的机器翻译需要对源语言进行形态、句法和语义分析，得到词的形态、句法结构和语义关系，甚至转换成中间语言；再经过语义生成、句法生成和形态生成，逐步转换成目标语言[2]。整个过程涉及源语言文本处理（符号断句、词或短语切分等）、翻译词典构建、词法分析、句法分析、语义分析、语义消歧、目标语言文本生成等关键技术[3]。

双语词典和翻译规则库是基于规则的机器翻译核心,主要依靠语言专家的总结和积累,无须训练,对计算机的性能要求很低;当翻译规则达到一定数量时,处理规则的歧义和冲突成为难点。

2.2 基于实例的机器翻译

基于实例的机器翻译方法最早(1984 年)由日本的长尾真(Makoto Nagao)教授提出[4]。长尾真认为,日本人在学习英语时,总是先记住一些英语句子和对应的日语句子,通过对比来学习句子的结构。类似地,基于实例的机器翻译系统维护一个包含若干源语言句子及其目标语言译文的实例库,由计算机来对比这些句子及其译文之间的异同,在翻译时找出与待翻译句子最为相似的实例,经过处理生成最合适的译文。

要进行基于实例的机器翻译需要研究如下关键问题[5]。

(1)正确地进行双语对齐。只有正确地进行句子甚至短语对齐,才能更好地扩展、维护与使用实例库,由源语言句子找到对应的目标语言句子。

(2)具有准确、快速的实例匹配机制。实例匹配的准确性在很大程度上影响基于实例的机器翻译系统的性能;短语级实例碎片的粒度也需要平衡,粒度越大,实例能直接使用的可能性越小,粒度越小,歧义越多;在实例库数据量非常大的时候,还需要突破匹配速度的瓶颈。

(3)生成译文。不能寄希望于所有句子都能够在实例库中找到完全匹配的译文,退一步讲,完全相同的句子在不同语境下可能有不同的含义,译文也可能不同。因此,在基于实例进行机器翻译时,还需要对检索到的实例进行处理才能生成合适的译文。为了在处理时充分利用对源语言句子的深度分析,我们可以把基于实例的机器翻译与基于规则的机器翻译结合起来。

2.3 统计机器翻译

IBM 的 Brown 等人于 20 世纪 90 年代提出了基于词的统计机器翻译模型（IBM Model 1～5），奠定了统计机器翻译的基础[6-7]。随后，基于短语的模型（Phrased-Based Model）[8-9]、基于句法的模型（Syntax-Based Model）出现。其中，基于句法的模型包括基于形式句法（Formal Syntax）的模型[10-12]和基于语言学句法（Linguistic Syntax）的模型[13-17]。

2.3.1 噪声信道模型

Brown 等人最先将机器翻译归结为噪声信道模型（Noisy Channel Model），如图 2-2 所示。该模型假设说话人说出的本来就是目标语言 e，只不过经过噪声信道传输后才变为另一种听不懂的源语言 f。根据源语言 f 翻译出目标语言 $\hat{e}$，并且使 $\hat{e}$ 尽可能地与 e 一致，是机器翻译的目标。这对统计机器翻译产生了深远的影响。

图 2-2　噪声信道模型

这个过程可以用贝叶斯公式进行表达：

$$P(e\,|\,f) = \frac{P(e)P(f\,|\,e)}{P(f)} \tag{2-1}$$

机器翻译的解码（Decoding）公式为

$$\hat{e} = \underset{e}{\mathrm{argmax}}\, P(e)P(f\,|\,e) \tag{2-2}$$

在式（2-2）中，$P(e)$ 是语言模型，能反映译文的流利度；$P(f\,|\,e)$ 是翻译模

型。IBM 提出了复杂度递增的 5 个翻译模型：词汇翻译模型（IBM Model 1）、绝对对齐翻译模型（IBM Model 2）、繁衍率翻译模型（IBM Model 3）、相对对齐翻译模型（IBM Model 4）及修正缺陷翻译模型（IBM Model 5）。1999 年，后继研究者在美国约翰斯·霍普金斯大学（Johns Hopkins University）的夏季研讨班上实现了 IBM 模型，并公开了源代码 GIZA。后来，Och 博士开发了增强版的工具包 GIZA++，该工具包成为广泛使用的词对齐工具。

2.3.2 对数线性模型

总体上讲，基于词的统计机器翻译模型可利用的上下文信息较少，翻译效果并不理想，但是它成为基于短语和句法的统计机器翻译模型的基础。1998年，Wang 和 Waibel[18]对 IBM 的对齐翻译模型做了改进，提出了基于结构的对齐翻译模型，是最早的基于短语的统计机器翻译模型。该模型先用一个类似于 IBM Model 2 的粗对齐（Rough Alignment）模型进行短语对齐，然后使用细对齐（Detailed Alignment）模型将短语内的词进行对齐。

Och 提出了一种对齐模板模型[19]。在该模型中，对齐也分为短语级对齐和词级对齐。不同的是，Och 使用了对数线性模型（Log-Linear Model）作为整体框架，使统计机器翻译可以很方便地加入新特征，促进了统计机器翻译的发展。对数线性模型为

$$P(t \mid s) = \frac{\exp\left[\sum_{i=1}^{N} \lambda_i h_i(s,t)\right]}{\sum_{t'} \exp\left[\sum_{i=1}^{N} \lambda_i h_i(s,t')\right]} \tag{2-3}$$

式中，$h_i(s,t)$为双语相关特征；λ_i 为相应的权重。

2.3.3 基于短语的统计机器翻译模型

Koehn 等人[8]提出了一个考虑了调序因素的模型，实现了基于短语的统计机器翻译模型 Pharaoh[20]及其升级版本 Moses[21]。后者是统计机器翻译实验中

使用最为广泛的基线（Baseline）系统。

Marcu 等人[22]提出了运用联合概率的模型，该模型使用联合概率代替条件概率，并使用合并策略来组合短语。

图 2-3 是一个从英语和德语的词对齐结果中抽取短语翻译对的例子[23]。从该例子中可以学习到英语短语 some comments 和德语短语 die entsprechenden Anmerkungen 是对应的。

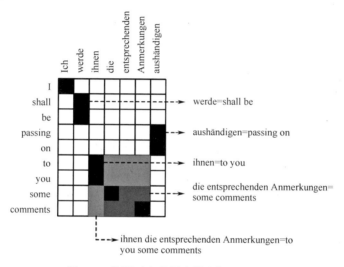

图 2-3　从词对齐结果中抽取短语翻译对

与基于词的统计机器翻译模型相比，基于短语的统计机器翻译模型具有以下优点[23]。

（1）由于源语言和目标语言的词之间存在一对多和多对一的映射，所以词并不是最好的翻译原子单元。

（2）以短语为单位进行翻译有利于减少歧义。

（3）可扩展性好，可以容纳研究者设计的各种特征。

（4）当训练语料足够充足时，可以学到很好的翻译模型。但是基于短语的统计机器翻译模型在处理调序问题时仍表现得捉襟见肘。

2.3.4　基于句法的统计机器翻译模型

基于词和短语的统计机器翻译模型都把句子看成扁平化的词串或短语序列。而句法树（Syntactic Tree）能够反映出词和短语之间的句法关系，因此基于句法的统计机器翻译模型成为研究的热点[23]。

基于句法的统计机器翻译模型又分为基于形式句法的统计机器翻译模型和基于语言学句法的统计机器翻译模型两大类。前者利用某种形式的句子结构，但是这种结构是通过语料库学习自动获得的，不是语言学意义上的句法结构；而后者需要利用语言学意义上的句法结构。

早期，基于形式句法的统计机器翻译模型比较有名的是 Wu 提出的基于随机括号转录文法（Stochastic Bracketing Transduction Grammar，SBTG）的模型[12]。SBTG 在括号转录文法（Bracketing Transduction Grammar，BTG）[24]的基础上赋予每一条规则一个概率。BTG 是一种同步上下文无关文法（Synchronous Context-Free Grammar，SCFG），它仅使用二元规则，即最多产生两个非终结符或一个终结符（包括空词），如表 2-1 所示。其中两条结构规则表示一个结构产生的两个子结构在源语言和目标语言中的方向是一致（直接翻译）的还是反向（翻译时交换位置）的。

表 2-1　括号转录文法（BTG）的规则类型

语言学规则	BTG 规则	对应源语言规则	对应目标语言规则
结构规则	$X \rightarrow [X_1 X_2]$	$X \rightarrow X_1 X_2$	$X \rightarrow X_1 X_2$
	$X \rightarrow \langle X_1 X_2 \rangle$	$X \rightarrow X_1 X_2$	$X \rightarrow X_2 X_1$
词汇规则	$X \rightarrow x \mid y$	$X \rightarrow x$	$X \rightarrow y$

另一个有名的基于形式句法的统计机器翻译模型是 Chiang 提出的基于层次短语（Hierarchical Phrase-Based）[10]的模型。该模型所使用的同步上下文无关文法规则如下。

$$X \rightarrow < \gamma, \alpha, \sim >$$

其中，X 是非终结符，γ 和 α 是由终结符和非终结符构成的字符串，$\sim$ 是 γ 和 α 中非终结符的对应关系。

该模型的关键是从语料中学习这样的翻译规则。

图 2-4 是从图 2-3 的例子中抽取层次短语翻译规则的例子，翻译规则如下。

$$Y \rightarrow \text{werde } X \text{ aushändigen} \mid \text{shall be passing on } X$$

其中，X 是非终结符。在传统的基于短语的统计机器翻译模型中，无法学习到这样的翻译规则，因为模型要求短语是连续的序列。基于层次短语的模型已被证明在一些语言对上比传统的基于短语的模型性能更好，它可以更好地实现词和短语之间的调序，尤其是对非连续短语（有间隔的短语）的翻译。

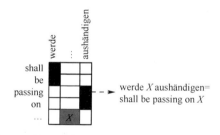

图 2-4 从词对齐结果中抽取层次短语翻译规则

与基于形式句法的统计机器翻译模型一样，基于语言学句法的统计机器翻译模型也建立在同步文法（Synchronous Grammar）的基础上，只不过这里指的是语言学意义上的同步文法。按照是在源语言端还是在目标语言端使用语言学句法，模型又可以分为 3 类：串到树模型[15-16]（在目标语言端使用语言学句法）、树到串模型[13,25]（在源语言端使用语言学句法）和树到树模型[26-28]（在源语言端和目标语言端同时使用语言学句法）。

图 2-5 是从包含词对齐与句法分析的英-德句对中抽取句法翻译规则的例子。

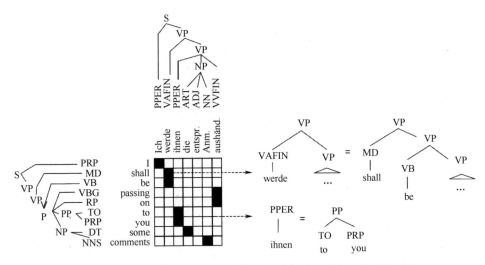

图 2-5 从包含词对齐与句法分析的英-德句对中抽取句法翻译规则

从图 2-5 中学习的翻译规则如下。

基于语言学句法的统计机器翻译模型通常对调序有较好的指导，但因其对句法分析器的依赖，可扩展性远不如基于短语和基于层次短语的模型。而且由于句法规则的限制较为严格，当语料中出现频次低的句法规则时，会面临数据稀疏的问题。

2.3.5　语言模型

语言模型（Language Model，LM）在多种自然语言处理任务中扮演着关键角色，如统计机器翻译、语音识别、自然语言生成等。在统计机器翻译系统中，语言模型是噪声信道模型、对数线性模型的重要特征，对译文的流畅度起决定性作用。因此，语言模型的好坏对统计机器翻译系统的性能有很大的影响。

对语言进行建模的目标是，在给定上下文时预测下一个词出现的概率，或者给出一个词语序列在文本中出现的概率。20 世纪末至 21 世纪初，基于 n 元文法（n-Gram）的统计语言建模技术在自然语言处理中占据主导地位。然而，自 2010 年起，基于循环神经网络的语言模型（Recurrent Neural Network based Language Model，RNNLM）及其扩展模型逐渐展现出卓越的性能，并获得了极大关注。RNNLM 最重要的特点是，理论上它具有对无限长上下文建模的潜力。这是因为它的隐状态具有到它自身前一时刻状态的循环连接。

1. n-Gram 语言模型

n-Gram 语言模型的基本原理是统计自然语言句子中第 n 个词出现在前 $n-1$ 个词后面的概率。例如，通过分析大量的文本，我们可以发现 home 跟在 go 后面的概率远比 house 跟在 go 后面的概率大。

在 n-Gram 语言模型中，计算一个自然语言句子（词序列）$W = w_1, w_2, \cdots, w_n$ 出现的概率 $P(w_1, w_2, \cdots, w_n)$ 可以通过链式法则，将句子出现的概率分解为每一个词出现的概率：

$$P(w_1, w_2, \cdots, w_n) = P(w_1)P(w_2 \mid w_1) \cdots P(w_n \mid w_1, w_2, \cdots, w_{n-1})$$

即将句子出现的概率 $p(w_1, w_2, \cdots, w_n)$ 转换为每个单词在给定前面 $n-1$ 个历史单词的情况下的概率乘积。但是，随着句子长度的增加（n 趋向于无穷大），$P(w_n \mid w_1, w_2, \cdots, w_{n-1})$ 的计算将遭遇两方面的难题：无限接近于零和数据稀疏。为了克服这些困难，我们需要将历史单词的个数进行限制。

$$P(w_1, w_2, \cdots, w_n) = P(w_1)p(w_2 \mid w_1) \cdots P(w_n \mid w_{n-m}, \cdots, w_{n-2}, w_{n-1})$$

这种只考虑有限历史词的模型称为马尔可夫链（Markov Chain）。马尔可夫链基于马尔可夫假设，即一个词出现的概率只与其前面 m 个词有关。m 称为模型的阶数（Order）。基于 m 阶马尔可夫链的语言模型称为 $m+1$ 元语言模型。

通常，历史词数量的选取与训练数据的多少和计算机的性能有关。三元（Trigram，3-Gram）语言模型用两个历史词来预测第三个单词。常用的还有二元（Bigram，2-Gram）语言模型、一元（Unigram，1-Gram）语言模型、五元（5-Gram）语言模型等。

2．神经网络语言模型

Bengio 等人[29]于 2003 年提出使用人工神经网络学习词序列的概率，他们使用具有固定上下文长度的前馈神经网络进行词的预测。Mikolov 等人[30]于 2010 年提出使用循环神经网络（RNN）来构建语言模型。虽然通过随机梯度下降（Stochastic Gradient Descent，SGD）来学习长距离依存关系依然很困难，但是通过使用 RNN，上下文信息能够在网络中循环任意长时间。为此，这里简要介绍 Mikolov 等人提出的 RNNLM[30]及其扩展模型[31]。

RNNLM 架构如图 2-6 所示。假设一个句子是由若干词组成的，每个词可以表示为独热向量 $w(t)$，其中 t 是当前的时间步且 $w(t) \in$ Vocab（Vocab 是所有词构成的词表）。在当前时间步 t，网络的输入层由 $w(t)$ 和 $s(t-1)$ 两部分构成。其中，$w(t)$ 是当前时间步词的独热向量表示，$s(t-1)$ 是前一时间步 $t-1$ 的隐状态。隐状态 $s(t)$ 是网络的当前状态。输出 $y(t)$ 表示下一个词的概率分布。隐状态元素 $s_i(t)$ 和输出元素 $y_k(t)$ 分别计算如下。

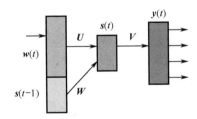

图 2-6　RNNLM 架构

$$s_i(t) = f\left(\sum_j w_j(t)u_{ij} + \sum_k s_k(t-1)w_{ik}\right) \tag{2-4}$$

$$y_k(t) = g\left(\sum_i s_j(t)v_{ki}\right) \tag{2-5}$$

在式（2-4）中，$f()$ 是 Sigmoid 激活函数：

$$f(z_m) = \frac{1}{1 + e^{-z_m}} \tag{2-6}$$

在式（2-5）中，g() 是 Softmax 函数：

$$g(z_m) = \frac{e^{z_m}}{\sum\limits_{k=1}^{K} e^{z_k}} \tag{2-7}$$

式中，向量 z 有 K 个元素；z_m 是 z 的第 m 个元素。

2011 年，Mikolov 等人又对 RNNLM 进行了扩展[31]，引入了随时间反向传播（Back-Propagation Through Time，BPTT）算法和两个加速训练技术，其中一个加速训练技术是用类层（Class Layer）将输出层因子化，另一个加速训练技术是在隐藏层和输出层之间添加一个压缩层以减少权重矩阵 V 的大小。本章使用 BPTT 和类层训练模型。但是为了方便，图中仍使用 RNNLM 结构表示。

3. 语言模型的评估

本章使用两种方式来评估语言模型：困惑度（Perplexity，PPL）和机器翻译重排序。

一个词语序列的困惑度定义为

$$\begin{aligned}
\text{PPL} &= \sqrt[K]{\prod_{i=1}^{K} \frac{1}{P(w_i \mid w_1, \cdots, w_{i-1})}} \\
&= 2^{-\frac{1}{K} \sum\limits_{i=1}^{K} \log_2 P(w_i \mid w_1, \cdots, w_{i-1})}
\end{aligned} \tag{2-8}$$

在某种程度上可以认为，拥有最低困惑度的语言模型接近于产生这批数据的真实模型。

语言模型是统计机器翻译系统的必要组成部分，能够衡量翻译出自母语使用者的可能性[26]。在其他条件相同的情况下，更好的语言模型能够提升翻译系统的性能。因此，本章还通过评价翻译系统来评价语言模型。最常用的自动评价翻译系统的指标是双语评估替补（Bilingual Evaluation Understudy，BLEU）。BLEU 值越高，译文质量越好。

2.3.6　统计机器翻译存在的问题

尽管统计机器翻译经历了基于词、短语和句法的各种模型的发展，但没有达到完美状态，也没有达到完全实用化。存在的问题总结如下。

第一，基于句法的模型是统计机器翻译当前备受关注和重要的研究方向。它利用语言的句法结构指导翻译过程。然而，句法结构的引入也带来了很多问题，如句法规则对翻译过程的限制较为严格，越是复杂的句法规则在语料中出现的频率越低。这导致学习句法规则较为困难。

第二，现有的统计机器翻译模型并没有充分考虑句子内部各成分之间的语义关系，而确保语义一致正是机器翻译的目标。因此，学者们需要将目光转向基于语义结构的统计机器翻译模型。只有对源语言进行充分的语义分析，并保证生成的译文与原文语义关系一致，才能实现统计机器翻译的语义一致性。因此，寻找适合的语义结构成为统计机器翻译研究的重点和难点[32]。

第三，统计机器翻译中的语言模型并不完美。语言模型是统计机器翻译系统中的关键部件，起到对目标语言建模、保证输出流畅、使译文地道的作用。基于统计的 n-Gram 语言模型性能已被基于神经网络的语言模型所超越。现有的神经语言模型只对词语序列进行建模，忽视了语言中的结构信息，而句法结构和语义结构对于语言理解和建模至关重要。因此，如何在神经语言模型中融入语言结构知识，提高语言建模能力，并进一步提高机器翻译的能力，成为值得研究的问题。

2.4　神经机器翻译

近年来，神经机器翻译（Neural Machine Translation，NMT）[33-35] 发展飞速，并在大多数语言对和情境下全面超越了统计机器翻译，仅在资源稀缺型语言等少数情境下尚存劣势。NMT 的优点在于它能够以端到端（End-to-End）的方式直接学习从输入文本到输出文本的映射，不再需要人工构造复杂的特征。它通常包含两个神经网络结构[33]：一个用来对输入文本进行编码（编码器），另一个用来输出译文（解码器）。编码器、解码器通常基于循环神经网络[33-34]、卷积神经网络[36]或自注意力神经网络（Self Attention）[37]等技术实现。

2.4.1 基于循环神经网络的神经机器翻译模型

在早起的神经机器翻译研究中，编码器和解码器通常基于循环神经网络实现。如图 2-7 所示是 Sutskever 等人[34]提出的基于循环神经网络的神经机器翻译模型。该模型的编码器负责逐个读入源语言句子中的词，如"A""B""C"，并以特殊符号"<eos>"结尾，将句子压缩为一个向量；解码器负责从该向量解码出目标语言句子中的词，如"W""X""Y""Z"，同样以"<eos>"结尾。

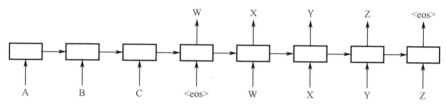

图 2-7 基于循环神经网络的神经机器翻译模型

1. 编码器

编码器首先读入第一个词"A"并产生第一个隐状态 h_1。h_1 包含了词"A"的信息。当读入第二个词"B"时，编码器将第二个词的信息与第一个隐状态进行融合产生第二个隐状态 h_2，这样 h_2 便包含了前两个词的信息。以此类推，当编码器读完所有源语言的词时，最后一个隐状态便包含了所有词的信息。隐状态的计算方式为

$$h_t = \text{RNN}(x_t, h_{t-1}) \tag{2-9}$$

式中，RNN 代表非线性变换方式，可以是简单的 Sigmoid 函数，也可以是长短时记忆（Long Short-Term Memory，LSTM）单元[34,38]或门控循环单元（Gated Recurrent Unit，GRU）[33]。LSTM 单元和 GRU 能够解决长序列训练过程中出

现的梯度消失和梯度爆炸问题。以 LSTM 单元为例，具体计算公式为

$$
\begin{cases}
\boldsymbol{i}_t^{\mathrm{E}} = \sigma(\boldsymbol{W}_{ih}\boldsymbol{h}_{t-1} + \boldsymbol{W}_{ix}\boldsymbol{x}_t) \\
\boldsymbol{f}_t^{\mathrm{E}} = \sigma(\boldsymbol{W}_{fh}\boldsymbol{h}_{t-1} + \boldsymbol{W}_{fx}\boldsymbol{x}_t) \\
\boldsymbol{o}_t^{\mathrm{E}} = \sigma(\boldsymbol{W}_{oh}\boldsymbol{h}_{t-1} + \boldsymbol{W}_{ox}\boldsymbol{x}_t) \\
\tilde{\boldsymbol{c}}_t^{\mathrm{E}} = \tanh(\boldsymbol{W}_{ch}\boldsymbol{h}_{t-1} + \boldsymbol{W}_{cx}\boldsymbol{x}_t) \\
\boldsymbol{c}^{\mathrm{E}} = \boldsymbol{f}_t^{\mathrm{E}} \odot \boldsymbol{c}_{t-1}^{\mathrm{E}} + \boldsymbol{i}_t \odot \tilde{\boldsymbol{c}}_t^{\mathrm{E}} \\
\boldsymbol{h}_t = \boldsymbol{o}_t^{\mathrm{E}} \odot \tanh(\boldsymbol{c}_t^{\mathrm{E}})
\end{cases}
\tag{2-10}
$$

式中，$\boldsymbol{h}_{t-1}$ 代表上一个时间步的隐状态；$\boldsymbol{x}_t$ 代表当前词的词向量；$\boldsymbol{i}_t^{\mathrm{E}}$、$\boldsymbol{f}_t^{\mathrm{E}}$、$\boldsymbol{o}_t^{\mathrm{E}}$ 分别代表编码器 LSTM 单元的输入门、遗忘门和输出门；$\boldsymbol{c}^{\mathrm{E}}$ 代表编码器的状态；$\tilde{\boldsymbol{c}}_t^{\mathrm{E}}$ 代表 t 时间步的中间计算结果，并无实际意义；σ 和 $\tanh$ 分别代表 Sigmoid 函数和双曲正切函数；$\boldsymbol{W}_{--}$ 为模型参数（_ 代表不同的变量）。

假设源语言句子共包含 T 个词，那么最后一个时间步的隐状态 $\boldsymbol{h}_T$ 就包含了整个源语言句子的信息。

2. 解码器

给定源语言隐状态 $\boldsymbol{h}_T$，解码器首先产生第一个隐状态 $\boldsymbol{s}_1$，并根据这个隐状态预测输出第一个目标语言词"W"，然后这个词会作为下一个时间步的输入，连同上一个隐状态 $\boldsymbol{s}_1$ 共同产生隐状态 $\boldsymbol{s}_2$，再根据 $\boldsymbol{s}_2$ 预测输出第二个词"X"。以此类推，直到预测输出的是句子终结符"<eos>"，解码结束。同样地，解码器非线性变换可以使用 LSTM 单元或 GRU。以 LSTM 单元为例，时间步 t 的隐状态计算公式为

$$
\begin{cases}
\boldsymbol{i}_t^{\mathrm{D}} = \sigma(\boldsymbol{W}_{is}\boldsymbol{s}_{t-1} + \boldsymbol{W}_{iy}\boldsymbol{y}_{t-1}) \\
\boldsymbol{f}_t^{\mathrm{D}} = \sigma(\boldsymbol{W}_{fs}\boldsymbol{s}_{t-1} + \boldsymbol{W}_{fy}\boldsymbol{y}_{t-1}) \\
\boldsymbol{o}_t^{\mathrm{D}} = \sigma(\boldsymbol{W}_{os}\boldsymbol{s}_{t-1} + \boldsymbol{W}_{oy}\boldsymbol{y}_{t-1}) \\
\tilde{\boldsymbol{c}}_t^{\mathrm{D}} = \tanh(\boldsymbol{W}_{cs}\boldsymbol{s}_{t-1} + \boldsymbol{W}_{cy}\boldsymbol{y}_{t-1}) \\
\boldsymbol{c}^{\mathrm{D}} = \boldsymbol{f}_t^{\mathrm{D}} \odot \boldsymbol{c}_{t-1}^{\mathrm{D}} + \boldsymbol{i}_t^{\mathrm{D}} \odot \tilde{\boldsymbol{c}}_t^{\mathrm{D}} \\
\boldsymbol{s}_t = \boldsymbol{o}_t^{\mathrm{D}} \odot \tanh(\boldsymbol{c}_t^{\mathrm{D}})
\end{cases}
\tag{2-11}
$$

与编码器类似，s_{t-1} 代表上一个时间步的隐状态；y_{t-1} 代表上一个时间步的输出，作为当前的输入；i_t^{D}、f_t^{D}、o_t^{D} 分别代表解码器 LSTM 单元的输入门、遗忘门和输出门；W_- 为模型参数。最终，根据 t 时间步的隐状态 s_t 预测的词概率为

$$P(\boldsymbol{y}_t \mid \boldsymbol{y}_1, \cdots, \boldsymbol{y}_{t-1}, \boldsymbol{x}) = \mathrm{Softmax}(\boldsymbol{s}_t) \qquad (2\text{-}12)$$

值得注意的是，理论上循环神经网络能够对任意长的句子建模，但长句子前端的信息却容易被模型忘记。为了解决这个问题，我们可以使用双向循环神经网络（BRNN）[32]。

3. 注意力机制

Bahdanau 等人[35]将注意力机制引入神经机器翻译系统，使系统能够在解码的不同阶段关注源语言句子的不同部分，大大提高了神经机器翻译系统的翻译性能。

神经机器翻译模型中的注意力机制如图 2-8 所示。图中，x_j（$j=1,2,\cdots,T$）代表源语言句子的词向量；编码器使用双向循环神经网络，$\overrightarrow{\boldsymbol{h}_j}$ 和 $\overleftarrow{\boldsymbol{h}_j}$ 分别代表前向循环神经网络和后向循环神经网络的隐状态，将两者进行拼接作为编码器第 j 时间步的隐状态，即 $\boldsymbol{h}_j = [\overrightarrow{\boldsymbol{h}_j}; \overleftarrow{\boldsymbol{h}_j}]$。注意力机制使模型在解码时能够关注源语言的不同部分。图 2-8 中的 α_{ij} 代表在解码第 i 个词时模型对编码器第 j 时间步隐状态的关注程度，即权重，计算公式为

$$\alpha_{ij} = \frac{\exp(e_{ij})}{\sum_{k=1}^{T} \exp(e_{ik})} \qquad (2\text{-}13)$$

式中，T 表示源语言句子包含词的个数；e_{ij} 表示目标语言第 i 个词与源语言第 j 个词的匹配程度（对齐程度），通常由 s_i 和 h_j 决定，其计算有多种方式，如计算两个向量的内积：

$$e_{ij} = \boldsymbol{s}_i \cdot \boldsymbol{h}_j \qquad (2\text{-}14)$$

将编码器所有隐状态按权重 α_{ij} 求和，得到上下文向量 c_i。

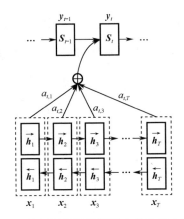

图 2-8　神经机器翻译模型中的注意力机制

$$c_i = \sum_{j=1}^{T} \alpha_{ij} \boldsymbol{h}_j \qquad (2\text{-}15)$$

更新解码器的隐状态 $\tilde{s}_i$。

$$\tilde{s}_i = \tanh(\boldsymbol{W}_c[\boldsymbol{s}_i; \boldsymbol{c}_i] + \boldsymbol{b}_c) \qquad (2\text{-}16)$$

最后，根据新的隐状态 $\tilde{s}_i$ 预测词的概率。

$$P(\boldsymbol{y}_i \mid \boldsymbol{y}_{<i}, \boldsymbol{x}) = \mathrm{Softmax}(\boldsymbol{W}_s \tilde{s}_i + \boldsymbol{b}_s) \qquad (2\text{-}17)$$

2.4.2　基于卷积神经网络的神经机器翻译模型

循环神经网络具有序列性，每一时刻的状态都依赖于前一时刻的状态，因此在计算并行性方面存在缺陷。Facebook 团队的 Gehring 等人[36]提出了完全基于卷积神经网络的序列到序列学习（Convolutional Sequence to Sequence Learning，Conv-Seq2Seq）模型（见图 2-9）。在神经机器翻译的训练阶段，该模型在所有元素上实现了完全并行计算。其不仅显著提升了在 GPU 和 CPU 上的运行速度，还使翻译性能超过了基于长短时记忆单元的时序模型。

1. 位置编码（Positional Encoding）

由于不是类似于循环神经网络的时序模型，基于卷积神经网络的神经机器翻译模型引入了位置编码来体现词与词之间的位置关系。假设输入的源语言句子词向量为 $\boldsymbol{w} = (\boldsymbol{w}_1, \boldsymbol{w}_2, \cdots, \boldsymbol{w}_m)$，各元素的绝对位置编码为 $\boldsymbol{p} = (\boldsymbol{p}_1, \boldsymbol{p}_2, \cdots, \boldsymbol{p}_m)$，将两者相加作为最终的输入：$\boldsymbol{e} = (\boldsymbol{w}_1 + \boldsymbol{p}_1, \boldsymbol{w}_2 + \boldsymbol{p}_2, \cdots, \boldsymbol{w}_m + \boldsymbol{p}_m)$。在预测得到某个词并准备预测下一个词时，在重新输入解码器前会做与之前相同的处理，得到 $\boldsymbol{g} = (\boldsymbol{g}_1, \boldsymbol{g}_2, \cdots, \boldsymbol{g}_n)$。

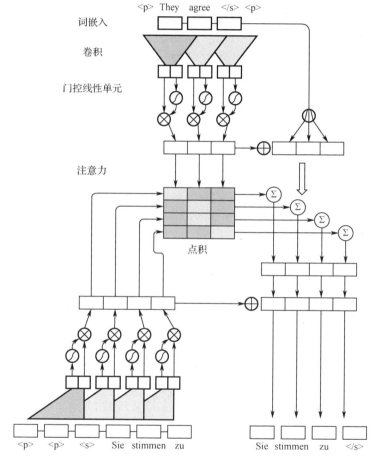

图 2-9 完全基于卷积神经网络的序列到序列学习模型

2. 卷积层结构

图 2-9 中的左上部分和左下部分分别是该模型的编码器和解码器，两者结构一致且皆使用多个卷积层（图中仅展示了 1 层），每个卷积层包含 1 个 1 维

的卷积核和 1 个非线性变换门控单元。每个卷积核的大小为 k，参数为 $\boldsymbol{W} \in \mathbb{R}^{2d \times kd}$ 和 $\boldsymbol{b}_w \in \mathbb{R}^{2d}$，输入为 $\boldsymbol{X} \in \mathbb{R}^{d \times k}$（即 k 个 d 维向量的拼接），输出为 $\boldsymbol{Y} \in \mathbb{R}^{2d}$。卷积核的输出被输入门控单元，门控单元采用的是门控线性单元（Gated Linear Unit，GLU）[39]。卷积核的输出计算公式为

$$v(\boldsymbol{AB}) = \boldsymbol{A} \cdot \sigma(\boldsymbol{B}) \tag{2-18}$$

式中，$\boldsymbol{A}, \boldsymbol{B} \in \mathbb{R}^d$，是门控单元的输入；输出 $v(\boldsymbol{AB}) \in \mathbb{R}^d$ 的维数是 $\boldsymbol{Y}$ 的一半。为了实现深层次的网络，在每层的输入和输出之间添加残差连接：

$$\boldsymbol{h}_i^l = v(\boldsymbol{W}^l[\boldsymbol{h}_{i-k/2}^{l-1}, \cdots, \boldsymbol{h}_{i+k/2}^{l-1}] + \boldsymbol{b}_w^l) + \boldsymbol{h}_i^{l-1} \tag{2-19}$$

3. 多跳注意力（Multi-step Attention）机制

在图 2-9 中，模型的中间部分引入了多跳注意力机制[40]。不同于以往的注意力机制，多跳注意力机制不仅要求解码器的最后一层关注输入和输出信息，还要求每一层都执行相同的注意力机制，使模型能够获得更多的历史信息，特别是哪些输入已经被关注过。

每一层注意力的计算过程如下。

Query 代表模型所关注的问题或感兴趣的内容。注意力的 Query 是由卷积层的输出 $\boldsymbol{h}_i^l$ 及上一个时间步生成的目标词共同决定的，$\boldsymbol{W}_d^l$ 与 $\boldsymbol{b}_d^l$ 为线性映射的参数。

$$\boldsymbol{d}_i^l = \boldsymbol{W}_d^l \boldsymbol{h}_i^l + \boldsymbol{b}_d^l + \boldsymbol{g}_i \tag{2-20}$$

每一层解码器的第 i 个词与编码器的第 j 个词的注意力权重 a_{ij}^l 由上一个时间步的 Query $\boldsymbol{d}_i^l$ 和编码器最后一层的输出 $\boldsymbol{z}_j^u$ 确定。

$$a_{ij}^l = \frac{\exp(\boldsymbol{d}_i^l \cdot \boldsymbol{z}_j^u)}{\sum_{t=1}^{m} \exp(\boldsymbol{d}_i^l \cdot \boldsymbol{z}_t^u)} \tag{2-21}$$

上下文信息 $\boldsymbol{c}_i^l$ 是对编码器最后一层的输出 $\boldsymbol{z}_j^u$ 及带有位置编码的词向量 $\boldsymbol{e}_j$

加权求和得到的（图 2-9 中模型中部的右半部分）。

$$\boldsymbol{c}_i^l = \sum_{j=1}^{m} a_{ij}^l (\boldsymbol{z}_j^u + \boldsymbol{e}_j) \qquad (2\text{-}22)$$

由于采用多跳注意力机制，计算出的每一层上下文信息都被加入相应层的输出 $\boldsymbol{h}_i^l$ 中。

最终，解码器最后一层的输出经过线性变换和 Softmax 函数计算后，预测下一个词的概率为

$$P(\boldsymbol{y}_{i+1} \mid \boldsymbol{y}_{\leqslant i}, \boldsymbol{x}) = \text{Softmax}(\boldsymbol{W}_o \boldsymbol{h}_i^l + \boldsymbol{b}_o) \qquad (2\text{-}23)$$

2.4.3　基于注意力网络的神经机器翻译模型

在基于卷积神经网络的神经机器翻译模型提出后不久，谷歌团队的 Vaswani 等人[37]发表了一个能够进行高效并行训练的模型——Transformer（见图 2-10）。该模型既不使用循环结构也不使用卷积结构，完全基于注意力机制。采用注意力机制对输入/输出序列的依赖关系建模时，无须考虑序列中的前后位置关系，因此具有高效的计算并行性。Transformer 一经推出便被迅速应用到自然语言处理领域的各项子任务中，至今仍是机器翻译领域最重要的基线系统之一。

1. 编码器与解码器

编码器（见图 2-10 的左半部分）是由结构相同的层构成的，每一层包含两个子层：多头注意力机制（Multi-Head Attention Mechanism）子层和全连接的前馈网络（Feed forward Network）子层。每两个子层之间采用了残差连接（Residual Connection）和层规范化技术。解码器（见图 2-10 的右半部分）同样是由结构相同的层构成的。与编码器的层相比，解码器每一层的两个子层之间添加了关注编码器输出的带掩码的多头注意力机制子层；其他部分与编码器类似，同样采用了残差连接和层规范化技术。

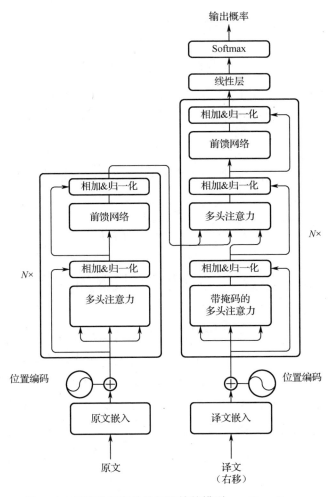

图 2-10　能够进行高效并行训练的模型——Transformer

2. 多头注意力机制

将一个查询（Query，Q）和一系列键-值（Key-Value，K-V）对映射到一个输出上。如图 2-11（a）所示，Q、K、V 和输出都是向量，输出是对 V 进行加权求和得到的，每个 V 的权重由 Q 与相应 K 的相似度函数确定。Transformer的相似度通过 Q 与 K 的点乘计算。当 Q 与 K 的长度很大时，两者的点乘可能是很大的值，使得 Softmax 函数在计算权重时梯度过小。为了解决这个问题，引入点乘缩放因子 $\dfrac{1}{\sqrt{d_k}}$。注意力的输出为

$$\text{Attention}(\boldsymbol{Q}, \boldsymbol{K}, \boldsymbol{V}) = \text{Softmax}\left(\frac{\boldsymbol{Q}\boldsymbol{K}^{\text{T}}}{\sqrt{d_k}}\right)\boldsymbol{V} \tag{2-24}$$

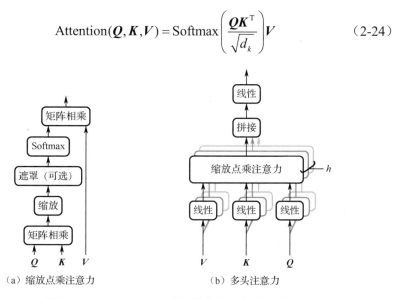

（a）缩放点乘注意力　　　　　（b）多头注意力

图 2-11　Transformer 模型中的多头注意力机制

不同于以往只使用一个 d 维的 $\boldsymbol{K}$、$\boldsymbol{Q}$ 和 $\boldsymbol{V}$ 计算注意力，Transformer 将 $\boldsymbol{Q}$、$\boldsymbol{K}$ 和 $\boldsymbol{V}$ 分割为 h 份，分别进行线性变换，各自计算注意力之后再拼接起来，如图 2-11（b）所示。注意力计算公式为

$$\text{MultiHead}(\boldsymbol{Q}, \boldsymbol{K}, \boldsymbol{V}) = \text{Concat}(\textbf{head}_1, \cdots, \textbf{head}_h)\boldsymbol{W}^O$$
$$\textbf{head}_i = \text{Attention}(\boldsymbol{Q}\boldsymbol{W}_i^Q, \boldsymbol{K}\boldsymbol{W}_i^K, \boldsymbol{V}\boldsymbol{W}_i^V) \tag{2-25}$$

式中，$\boldsymbol{W}_i^Q$，$\boldsymbol{W}_i^K$，$\boldsymbol{W}_i^V$ 为第 i 组注意力网络的输入映射参数；$\boldsymbol{W}^O$ 为输出线性映射参数。

3．位置编码

与基于卷积神经网络的神经机器翻译模型 Conv-Seq2Seq 类似，Transformer 没有循环网络结构。为了获取词的位置信息，Transformer 也引入了位置编码，但编码方式不同。Transformer 使用正弦函数和余弦函数定义位置编码。

$$\text{PE}(\text{pos}, 2i) = \sin(\text{pos}/10000^{2i/d_{\text{model}}})$$
$$\text{PE}(\text{pos}, 2i+1) = \cos(\text{pos}/10000^{2i/d_{\text{model}}}) \tag{2-26}$$

式中，pos 和 i 分别是位置和维数，即这种位置编码的每一维对应一个正弦曲线。这样做使得模型容易捕获相对位置，因为对于相对位置 k，PE_{pos+k} 可表示为 PE_{pos} 的线性变换。

2.4.4 束搜索

神经机器翻译的束搜索过程与统计机器类似。多数神经机器翻译模型的解码顺序与解码单元一致，因此对于神经机器翻译来说，束搜索过程更为简单。

具体地，假设 S 和 U 是两个候选集合，分别负责收集生成结束的候选译文和正在生成的候选译文，U_{expand} 是在迭代中使用的临时集合，上述集合均用空集初始化，然后神经机器翻译模型开始解码。$\hat{Y}_i \in U$ 表示候选集合中的第 i 个候选，$top(K)$ 表示前 K 个候选，<eos>表示句子终结符号。当生成的目标词满足 y_t="eos>"时，表示该词所在的序列 $\hat{Y}_{1:t}$ 不需要添加新的词，并将 $\hat{Y}_{1:t}$ 移出 U，移入集合 S。束搜索打分函数表示为 $\Theta(X,Y)$，对于一般的神经机器翻译模型，该打分函数为神经机器翻译模型的解码器，即 $\Theta(X,Y) = G(X,Y)$，得分就是解码器的输出。算法 2-1 展示了适用于一般神经机器翻译模型的束搜索流程。

算法 2-1 神经机器翻译束搜索

输入：源语言序列 X，神经机器翻译模型 G，目标语言词表 V_y，束搜索栈空间大小 K，目标语言序列最大长度 L_{max}。

1：翻译候选集合 S 和 U，$S=\varnothing$，$U=\varnothing$；

2：**for** t=1；$t \leftarrow t+1$；$t<L_{max}$ 与 $|S|<K$ **do**

3：　　$U_{expand} \leftarrow \{\hat{Y}_i+\{w\} \mid \hat{Y}_i \in U, \ w \in V_y\}$；

4：　　$U \leftarrow \{top(K-|S|)\}$ 个候选，按照 $\Theta(X,Y_{1:t})$ 从大到小排序$\mid \hat{Y}_{1:t} \in U_{expand}\}$；

5：　　$S \leftarrow S \cup \{\hat{Y}_{1:t} \mid \hat{Y}_{1:t} \in U, \ y_t="<eos>"\}$；

6：　　$U \leftarrow U \setminus \{\hat{Y}_{1:t} \mid \hat{Y}_{1:t} \in U, \ y_t="<eos>"\}$；

7：**end for**

输出：$\hat{Y} = \arg\max_{\hat{Y} \in S \cup U} \Theta(X,\hat{Y})$

在任意的解码时刻 t，对于集合 U 中当前的任意候选序列，均预先连接词表中的单词，以完成扩展，并存入临时集合 U_{expand} 中。对临时集合 U_{expand} 中的

候选序列进行打分排序，取前 K 个候选，归入候选集合 U 中，对于一般的神经机器翻译模型，按照模型的解码器估计概率得分。对于集合 U 中的候选序列 $\hat{Y}_{1:t} = \{y_1, \cdots, y_t\}$，若 y_t 为序列终止符 <eos>，则将 $\hat{Y}_{1:t}$ 移入候选序列 S 中，并将 $\hat{Y}_{1:t}$ 从 U 中移出。当 U 中的全部序列移到 U 中或 U 中的全部序列达到了翻译序列长度的上限时，搜索迭代过程终止，同时返回此时 $U \cup S$ 中得分最高的序列作为翻译结果。

束搜索在每个解码时刻考虑了更多的搜索路径，因此能解决贪心搜索算法的短视的问题，更有希望得到更优的候选译文，但受到计算资源和存储资源的限制，束搜索的搜索宽度有限，不能保证搜索到最优的路径。同时，由于束搜索打分策略自身精度的限制，基于打分函数的候选排序与真实的翻译结果排序也相去甚远。当 $K=1$ 时，束搜索退化为贪心搜索，即每个解码步骤只考虑最高估计概率的词。

2.4.5　神经机器翻译存在的问题及发展趋势

虽然取得了巨大的成功，但是神经机器翻译也表现出了许多缺点。第一，在大规模数据集上，训练一个神经机器翻译系统所需要的时间和计算资源通常是统计机器翻译的数倍，甚至数十倍；第二，受限于计算资源和词表大小，神经机器翻译系统在集外词（Out-of-vocabulary Words）的翻译上表现得不好；第三，丢词、漏词现象比较严重，即存在所谓的漏翻译（Under-translation）和过翻译（Over-translation）问题；第四，在稀缺语种上的效果不如统计机器翻译；第五，融入语言学知识或其他自然语言处理任务的成果比统计机器翻译困难；等等。针对以上问题，学者们提出了许多方法来改进。

1. 集外词处理

集外词也称稀有词（Rare Words）。由于受到硬件限制，神经机器翻译的词表不能像统计机器翻译的那样大，通常为 3 万～5 万词，那么不在词表内的词只能用特殊符号 "UNK"（Unkown）来代替。集外词对神经机器翻译的影响很大，一般来说，集外词占比多的句子往往翻译质量差[34-35]。这一方面已经有较多的研究，如 Luong 等人[41]使用词对齐算法构建源语言词到目标语言词的转换词典，然后在后处理阶段利用注意力机制找到译文中 UNK 对应的源语言词，再通过查词典的方式将 UNK 替换；Jean 等人[42]通过引入重要性采样（Importance Sampling）在不明显增加计算复杂度的前提下扩展目标语言端的词表大小，帮助解决稀有词的翻译问题；Sennrich 等人[43]认为固定词表大小严重影响了神经机器翻译的性能，受到构词法特别是复合词等的启发，他们使用 Byte Pair Encoding（BPE）算法[44]将单词切分为更小的单位，称为子词或亚词（Subword），从而实现开放词典翻译的目的。例如，"lower" 可切分为 "low er"。该方法大大减少了 UNK 的数量，因而翻译效果提升比较明显。此外，还有一些工作以字为单位进行翻译，以应对集外词问题，见文献[45]～[49]等。

2．漏翻译和过翻译问题

传统的统计机器翻译系统通常使用一个"覆盖度向量"来记录源语言句子中的词是否被翻译了（每个词对应一个 0 或 1）。而注意力机制使神经机器翻译系统仅能学习在当前时间步应关注的源语言词，并没有历史信息——哪些词在之前已经被使用了。因此，有时神经机器翻译系统输出的译文并不能覆盖原文的整个句子，丢词、漏词现象比较严重；有时又会将一个词翻译多次，即所谓的漏翻译和过翻译。Tu 等人[50]在注意力机制的基础上引入了覆盖模型（Coverage Model）来解决漏翻译和过翻译的问题。Mi 等人[51]也使用覆盖度向量来记录源语言词的翻译情况，不同的是，该向量记录的是源语言词对应的范围为[0,1]的实数向量，每当翻译出一个词就根据注意力更新这些向量。这是因为如果译出的词对某个源语言词的注意力权重很高，那么它们很有可能是对译的，将其对应的向量减小，就可以在以后的翻译中减少对该词的使用了。

3．资源稀缺问题和单语数据的应用

与传统的统计学习方法相比，深度学习往往需要更多的训练数据。基于深度学习的神经机器翻译也不例外：当训练数据较少时，神经机器翻译系统的表现通常不如统计机器翻译[52]。而现实中大量的语言对是没有充足的双语平行语料供训练使用的，获取双语数据的成本又极高，因此提升资源稀缺环境下的神经机器翻译系统性能成为学者的研究目标。即使有充足的双语数据，其数量也

远远不如单语数据，而且单语数据容易获取。因此，也有学者致力于将单语数据应用于神经机器翻译，以提升其性能。统计机器翻译系统是通过语言模型来利用大量的单语数据的：经过大量单语数据训练的语言模型能够帮助选择出更为流利、地道的译文。Gulcehre 等人[53]将神经网络语言模型融入神经机器翻译系统，提出了浅层融合和深层融合两种方式，浅层融合是将原神经机器翻译系统输出的各个可能的词进行再打分，深层融合是将两者的隐状态进行融合，在输出词之前就考虑语言模型的状态。另一个有代表性的利用单语数据的工作方向是回译（Back-Translation）[54]，该方法使用一个预训练的反向（目标语言到源语言）机器翻译模型将大量的目标语言单语数据翻译成源语言数据，两者构成伪平行数据，然后将伪平行数据和原真实平行数据混合起来训练正向（源语言到目标语言）的神经机器翻译系统，这样可用的平行语料就大大增多了。该方法已经被广泛采用。Cheng 等人[55]向训练目标中添加了"重建"（Reconstruction）项，即使用自编码器（Autoencoder）将单语数据重建出来。该方法既能利用目标语言单语数据，又能利用源语言的单语数据。此外，还有一些工作使用多任务学习来利用单语数据[56-57]，或者改善神经机器翻译在资源稀缺语言上的翻译性能[58-59]。

4. 语言结构知识的应用

结构知识对语言的理解和生成都很重要。在统计机器翻译中，利用对数线性模型可以方便地融入语言结构知识，实践证明对数线性模型能够提高词对齐和翻译的准确度[10,13,17]。在学术界将研究重心从统计机器翻译向神经机器翻译过渡的时期，许多研究工作结合了两者的优点，其中不乏一些利用统计机器翻译中的短语结构提升神经机器翻译的方法，如 Mi 等人[60]、Dahlmann 等人[61]和 Guo 等人[62]皆利用统计机器翻译系统中的短语表增强神经机器翻译系统的性能。在纯粹的神经机器翻译方面，Eriguchi 等人[63]、Chen 等人[64]、Zaremoodi 和 Haffari[65]及 Wu 等人[66]研究了利用源语言短语结构句法或依存句法信息，Aharoni 和 Goldberg[67]、Wang 等人[68]、Wu 等人[69]和 Akoury 等人[70]研究了利用目标语言端句法信息。Wu 等人[71]提出一个同时利用两端依存句法的翻译模型。

上述研究工作都依赖于有标注的短语结构句法树或依存句法树。由于句法树的人工标注需要语言学专家进行，标注成本十分高，因此，标注更多的是采用自动句法分析工具。而句法分析工具也有其局限性，其准确率会对神经机器翻译的性能产生很大的影响，很小的句法分析错误便可能导致翻译时的灾难性后果。同时，现有研究对如何同时利用源语言和目标语言两端的句法知识研究还不够深入。受层次短语模型在统计机器翻译中获得成功的启发，本书尝试研究适合神经机器翻译的"形式"树，即不需要语言学句法标注，而是让模型自动学习句子的词汇组合方式（句法树形结构）。在此基础上，本文还将进一步探索如何学习源端和目标端"形式"树内部句法成分的对齐关系，并用以提高神经机器翻译的性能。

综上所述，主流的数据驱动的机器翻译方法对语言结构知识的利用还不够充分。具体体现在：①统计机器翻译中基于句法的模型已成为研究热点，下一步如何融入语义知识将成为研究重点和难点；②作为统计机器翻译系统的重要组成部分，语言模型的主流研究方法已由统计方法转向神经网络方法，但是现有的循环神经网络语言模型仅对词语序列进行建模，缺乏语言知识的指导；③神经机器翻译兴起后，词的分布式表示（词嵌入）在词义表示方面优于传统的离散表示方式，取得了很大的成功，但是句子的语义如何表示，或者说如何把词义组合成短语、句子的语义，这方面研究尚未成熟，并且由于神经网络的固有属性，使其很难融入语言结构知识，因此在神经机器翻译中融入句法结构知识仍是值得研究的课题。为了解决当前机器翻译中存在的诸多问题，本书将深入研究数据驱动的机器翻译方法，通过先验知识融合、翻译记忆、词形与零代词、译文质量评估等方法，提高机器翻译系统的语言理解能力和翻译性能[72-74]。

参考文献

[1] 冯志伟. 机器翻译: 从基于规则的技术到基于统计的技术. 2010 年中国翻译职业交流大会论文集, 北京: 2010.

[2] 李雅瑄. 基于组块的汉法神经机器翻译系统研究与实现. 北京: 北京理工大学, 2018.

[3] 袁小于. 基于规则的机器翻译技术综述. 重庆文理学院学报（自然科学版）, 2011 (3): 56-59.

[4] NAGAO M. A framework of a mechanical translation between Japanese and English by analogy principle. Artificial and human intelligence, 1984: 351-354.

[5] 冯志伟. 机器翻译——从实验室走向市场. 语言文字应用, 1997 (3): 75-80.

[6] BROWN P F, COCKE J, DELLA PIETRA S A, et al. A Statistical Approach to Machine Translation. Computational Linguistics, 1990, 16 (2): 79-85.

[7] BROWN P F, DELLA PIETRA S A, DELLA PIETRA V J, et al. The Mathematics of Statistical Machine Translation: Parameter Estimation. Computational Linguistics, 1993, 19 (2) : 263-311.

[8] KOEHN P, OCH F J, MARCU D. Statistical Phrase-Based Translation. Proceedings of the 2003 Human Language Technology Conference of the North American Chapter of the Association for Computational Linguistics, 2003: 127-133.

[9] OCH F J, NEY H. The Alignment Template Approach to Statistical Machine Translation. Computational Linguistics, 2004, 30 (4) : 417-449.

[10] CHIANG D. A Hierarchical Phrase-Based Model for Statistical Machine Translation. Proceedings of the 43rd Annual Meeting of the Association for Computational Linguistics (ACL'05), 2005: 263-270.

[11] WU D. Grammarless extraction of phrasal translation examples from parallel texts. Proceedings of the Sixth International Conference on Theoretical and Methodological Issues in Machine Translation, 1995: 354-372.

[12] WU D. A Polynomial-Time Algorithm for Statistical Machine Translation. 34th Annual Meeting of the Association for Computational Linguistics. Santa Cruz, California, USA, 1996: 152-158.

[13] LIU Y, LIU Q, LIN S. Tree-to-String Alignment Template for Statistical Machine Translation. Proceedings of the 21st International Conference on Computational Linguistics and 44th Annual Meeting of the Association for Computational Linguistics. Sydney, Australia, 2006: 609-616.

[14] MI H, HUANG L. Forest-based translation rule extraction. Proceedings of the 2008 Conference on Empirical Methods in Natural Language Processing, 2008: 206-214.

[15] GALLEY M, HOPKINS M, KNIGHT K, et al. What's in a translation rule? Human Language Technology Conference of the North American Chapter of the Association for Computational Linguistics, HLT-NAACL 2004. Boston, Massachusetts, USA, 2004: 273-280.

[16] MARCU D, WANG W, Echihabi A, et al. SPMT: Statistical Machine Translation with Syntactified Target Language Phrases. Proceedings of the 2006 Conference on Empirical Methods in Natural Language Processing. Sydney, Australia, 2006: 44-52.

[17] YAMADA K, KNIGHT K. A Syntax-based Statistical Translation Model. In Proceedings of the 39th Annual Meeting of the Association for Computational Linguistics. Toulouse, France, 2001: 523-530.

[18] WANG Y Y, WAIBEL A. Modeling with Structures in Statistical Machine translation. In 36th Annual Meeting of the Association for Computational Linguistics and 17th International Conference on Computational Linguistics. Montreal, Quebec, Canada, 1998: 1357-1363.

[19] OCH F J. Statistical machine translation: from single word models to

alignment templates. Germany: RWTH Aachen University, 2002.

[20] KOEHN P. Pharaoh: A Beam Search Decoder for Phrase-Based Statistical Machine Translation Models. Machine Translation: From Real Users to Research, 6th Conference of the Association for Machine Translation in the Americas (AMTA 2004). Washington, USA, 2004: 115-124.

[21] KOEHN P, HOANG H, BIRCH A, et al. Moses: Open Source Toolkit for Statistical Machine Translation. Proceedings of the 45th Annual Meeting of the Association for Computational Linguistics Companion Volume Proceedings of the Demo and Poster Sessions. Prague, Czech Republic, 2007: 177-180.

[22] MARCU D, WONG D. A Phrase-Based, Joint Probability Model for Statistical Machine Translation. Proceedings of the 2002 Conference on Empirical Methods in Natural Language Processing (EMNLP 2002), 2002: 133-139.

[23] KOEHN P. Statistical Machine Translation. Cambridge: Cambridge University Press, 2010.

[24] WU D. An Algorithm for Simultaneously Bracketing Parallel Texts by Aligning Words. 33rd Annual Meeting of the Association for Computational Linguistics. Cambridge, Massachusetts, USA, 1995: 244-251.

[25] HUANG L, KNIGHT K, JOSHI A. Statistical syntax-directed translation with extended domain of locality. Proceedings of the 7th Conference of the Association for Machine Translation in the Americas: Technical Papers, 2006: 66-73.

[26] LIU Y, LÜ Y, LIU Q. Improving Tree-to-Tree Translation with Packed Forests. Proceedings of the Joint Conference of the 47th Annual Meeting of the ACL and the 4th International Joint Conference on Natural Language Processing of the AFNLP. Suntec, Singapore, 2009: 558-566.

[27] EISNER J. Learning Non-Isomorphic Tree Mappings for Machine

Translation. The Companion Volume to the Proceedings of 41st Annual Meeting of the Association for Computational Linguistics. Sapporo, Japan, 2003: 205-208.

[28] COWAN B, KUCEROVÁ I, COLLINS M. A Discriminative Model for Tree-to-Tree Translation. Proceedings of the 2006 Conference on Empirical Methods in Natural Language Processing. Sydney, Australia, 2006: 232-241.

[29] BENGIO Y, DUCHARME R, VINCENT P, et al. A Neural Probabilistic Language Model. Journal of Machine Learning Research, 2003(3) : 1137-1155.

[30] MIKOLOV T, KARAFIÁT M, BURGET L, et al. Recurrent neural network based language model. 11th Annual Conference of the International Speech Communication Association, 2010: 1045-1048.

[31] MIKOLOV T, KOMBRINK S, BURGET L, et al. Extensions of recurrent neural network language model. Proceedings of the IEEE International Conference on Acoustics, Speech, and Signal Processing (ICASSP 2011). Prague, Czech Republic, 2011: 5528-5531.

[32] 翟飞飞. 基于语言结构知识的统计机器翻译方法研究. 北京: 中国科学院大学, 2014.

[33] CHO K, VAN MERRIENBOER B, GULCEHRE C, et al. Learning Phrase Representations using RNN Encoder-Decoder for Statistical Machine Translation. Proceedings of the 2014 Conference on Empirical Methods in Natural Language Processing (EMNLP), 2014: 1724-1734.

[34] SUTSKEVER I, VINYALS O, LE Q V. Sequence to Sequence Learning with Neural Networks. Advances in Neural Information Processing Systems 27: Annual Conference on Neural Information Processing Systems 2014. Montreal, Quebec, Canada, 2014: 3104-3112.

[35] BAHDANAU D, CHO K, BENGIO Y. Neural Machine Translation by Jointly Learning to Align and Translate. 3rd International Conference on Learning

Representations, ICLR 2015. San Diego, CA, USA, 2015.

[36] GEHRING J, AULI M, GRANGIER D, et al. Convolutional Sequence to Sequence Learning. Proceedings of the 34th International Conference on Machine Learning, 2017: 1243-1252.

[37] VASWANI A, SHAZEER N, PARMAR N, et al. Attention is All you Need. Advances in Neural Information Processing Systems 30. Curran Associates, Inc., 2017: 5998-6008.

[38] HOCHREITER S, SCHMIDHUBER J. Long Short-Term Memory. Neural Computation, 1997, 9 (8): 1735–1780.

[39] DAUPHIN Y N, FAN A, AULI M, et al. Language Modeling with Gated Convolutional Networks. Proceedings of the 34th International Conference on Machine Learning, PMLR, 2017: 933-941.

[40] SUKHBAATAR S, SZLAM A, WESTON J, et al. End-To-End Memory Networks. Advances in Neural Information Processing Systems 28. Curran Associates, Inc., 2015: 2440-2448.

[41] LUONG T, SUTSKEVER I, Le Q, et al. Addressing the Rare Word Problem in Neural Machine Translation. Proceedings of the 53rd Annual Meeting of the Association for Computational Linguistics and the 7th International Joint Conference on Natural Language Processing. Beijing, China, 2015: 11-19.

[42] JEAN S, CHO K, MEMISEVIC R, et al. On Using Very Large Target Vocabulary for Neural Machine Translation. Proceedings of the 53rd Annual Meeting of the Association for Computational Linguistics and the 7th International Joint Conference on Natural Language Processing. Beijing, China, 2015: 1-10.

[43] SENNRICH R, HADDOW B, Birch A. Neural Machine Translation of Rare Words with Subword Units. Proceedings of the 54th Annual Meeting of the Association for Computational Linguistics. Berlin, Germany, 2016: 1715-1725.

[44] GAGE P. A New Algorithm for Data Compression. The C Users Journal. 1994, 12 (2): 23-38.

[45] CHUNG J, CHo K, BENGIO Y. A Character-level Decoder without Explicit Segmentation for Neural Machine Translation. Proceedings of the 54th Annual Meeting of the Association for Computational Linguistics. Berlin, Germany, 2016: 1693-1703.

[46] LUONG M-T, MANNING C D. Achieving Open Vocabulary Neural Machine Translation with Hybrid Word-Character Models. Proceedings of the 54th Annual Meeting of the Association for Computational Linguistics. Berlin, Germany, 2016: 1054-1063.

[47] LEE J, CHO K, HOFMANN T. Fully Character-Level Neural Machine Translation without Explicit Segmentation. Transactions of the Association for Computational Linguistics, 2017(5): 365-378.

[48] GULCEHRE C, AHN S, NALLAPATI R, et al. Pointing the Unknown Words. Proceedings of the 54th Annual Meeting of the Association for Computational Linguistics. Berlin, Germany, 2016: 140-149.

[49] LING W, TRANCOSO I, DYER C, et al. Character-based Neural Machine Translation, arXiv preprint, 2015, abs/1511.04586.

[50] TU Z, LU Z, LIU Y, et al. Modeling Coverage for Neural Machine Translation. Proceedings of the 54th Annual Meeting of the Association for Computational Linguistics. Berlin, Germany, 2016: 76-85.

[51] MI H, SANKARAN B, WANG Z, et al. Coverage Embedding Models for Neural Machine Translation. Proceedings of the 2016 Conference on Empirical Methods in Natural Language Processing. Austin, Texas, 2016: 955-960.

[52] KOEHN P, KNOWLES R. Six Challenges for Neural Machine Translation. In Proceedings of the First Workshop on Neural Machine Translation.

Vancouver, 2017: 28-39.

[53] GÜLCEHRE C, FIRAT O, XU K, et al. On integrating a language model into neural machine translation. Computer Speech and Language. London: Academic Press, 2017: 137-148.

[54] SENNRICH R, HADDOW B, BIRCH A. Improving Neural Machine Translation Models with Monolingual Data. Proceedings of the 54th Annual Meeting of the Association for Computational Linguistics. Berlin, Germany, 2016: 86-96.

[55] CHENG Y, XU W, HE Z, et al. Semi-Supervised Learning for Neural Machine Translation. Proceedings of the 54th Annual Meeting of the Association for Computational Linguistics. Berlin, Germany, 2016: 1965-1974.

[56] ZHANG J, ZONG C. Exploiting Source-side Monolingual Data in Neural Machine Translation. Proceedings of the 2016 Conference on Empirical Methods in Natural Language Processing. Austin, Texas, 2016: 1535-1545.

[57] DOMHAN T, HIEBER F. Using Target-side Monolingual Data for Neural Machine Translation through Multi-task Learning. Proceedings of the 2017 Conference on Empirical Methods in Natural Language Processing. Copenhagen, Denmark, 2017: 1500-1505.

[58] DONG D, WU H, HE W, et al. Multi-Task Learning for Multiple Language Translation. Proceedings of the 53rd Annual Meeting of the Association for Computational Linguistics and the 7th International Joint Conference on Natural Language Processing. Beijing, China, 2015: 1723-1732.

[59] LUONG M, LE Q V, SUTSKEVER I, et al. Multi-task Sequence to Sequence Learning. 4th International Conference on Learning Representations (ICLR 2016). San Juan, Puerto Rico, 2016.

[60] MI H, WANG Z, ITTYCHERIAH A. Vocabulary Manipulation for

Neural Machine Translation. Proceedings of the 54th Annual Meeting of the Association for Computational Linguistics. Berlin, Germany, 2016: 124-129.

[61] DAHLMANN L, MATUSOV E, PETRUSHKOV P, et al. Neural Machine Translation Leveraging Phrase-based Models in a Hybrid Search. Proceedings of the 2017 Conference on Empirical Methods in Natural Language Processing. Copenhagen, Denmark, 2017: 1411-1420.

[62] GUO J, TAN X, HE D, et al. Non-Autoregressive Neural Machine Translation with Enhanced Decoder Input. The Thirty-Third AAAI Conference on Artificial Intelligence, AAAI 2019, The Thirty-First Innovative Applications of Artificial Intelligence Conference, IAAI 2019, The Ninth AAAI Symposium on Educational Advances in Artificial Intelligence, EAAI 2019. Honolulu, Hawaii, USA, 2019: 3723-730.

[63] ERIGUCHI A, HASHIMOTO K, TSURUOKA Y. Tree-to-Sequence Attentional Neural Machine Translation. Proceedings of the 54th Annual Meeting of the Association for Computational Linguistics, 2016: 823-833.

[64] CHEN H, HUANG S, CHIANG D, et al. Improved Neural Machine Translation with a Syntax-Aware Encoder and Decoder. Proceedings of the 55th Annual Meeting of the Association for Computational Linguistics, 2017: 1936-1945.

[65] ZAREMOODI P, HAFFARi G. Incorporating Syntactic Uncertainty in Neural Machine Translation with a Forest-to-Sequence Model. Proceedings of the 27th International Conference on Computational Linguistics. Santa Fe, New Mexico, USA, 2018: 1421-1429.

[66] WU S, ZHOU M, ZHANG D. Improved Neural Machine Translation with Source Syntax. Proceedings of the Twenty-Sixth International Joint Conference on Artificial Intelligence (IJCAI-17), 2017: 4179-4185.

[67] AHARONI R, GOLDBERG Y. Towards String-To-Tree Neural Machine Translation. Proceedings of the 55th Annual Meeting of the Association for Computational Linguistics. Vancouver, Canada, 2017: 132-140.

[68] WANG X, PHAM H, YIN P, et al. A Tree-based Decoder for Neural Machine Translation. Proceedings of the 2018 Conference on Empirical Methods in Natural Language Processing. Brussels, Belgium, 2018: 4772-4777.

[69] WU S, ZHANG D, YANG N, et al. Sequence-to-Dependency Neural Machine Translation. Proceedings of the 55th Annual Meeting of the Association for Computational Linguistics. Vancouver, Canada, 2017: 698-707.

[70] AKOURY N, KRISHNA K, IYYER M. Syntactically Supervised Transformers for Faster Neural Machine Translation. Proceedings of the 57th Annual Meeting of the Association for Computational Linguistics. Florence, Italy, 2019: 1269-1281.

[71] WU S, ZHANG D, ZHANG Z, et al. Dependency-to-Dependency Neural Machine Translation. IEEE/ACM Transactions on Audio, Speech, and Language Processing, 2018, 26 (11): 2132-2141.

[72] 苏超. 融合语言结构信息的机器翻译研究. 北京: 北京理工大学, 2021.

[73] 史学文. 融合先验知识的神经机器翻译方法研究. 北京: 北京理工大学, 2023.

[74] 张天夫. 面向译后工作量最小化的机器翻译方法研究. 北京: 北京理工大学, 2022.

第 3 章

基于句法语义知识的统计机器翻译

3.1 引言

统计机器翻译（Statistical Machine Translation，SMT）[1]是从语料中自动学习统计机器翻译模型的技术。在 SMT 的发展过程中，出现了基于词[2]、基于短语[3-4]、基于句法的方法，其中句法又包括形式句法[5-7]和语言学句法[8-12]。

基于语言学句法的统计机器翻译通过对语言结构进行建模，能够更好地理解源语言并生成合适的译文，一出现就迅速成为研究热点之一。但是，该方法的翻译效果仍不好，一方面是对更高层面的语义信息建模不够，另一方面是对句法结构的利用仍不深入。

为此，本章将深入研究基于句法语义知识的统计机器翻译方法：首先，介绍了基于句法和语义的统计机器翻译基础方法。其次，为了使句法和语义知识协同发挥作用，研究了如何在句法模型中融入语义知识。最后，为了弥补语言模型缺乏句法建模的缺点，研究了如何在语言模型中融入句法知识并提高翻译效果。

3.2　基于句法和语义的统计机器翻译基础方法

串到树（String-to-Tree）模型[10-11]是最成功的基于语言学句法的翻译模型之一。在其翻译规则中，源语言端被表示为字符串，而目标语言端被表示为句法结构。串到树模型的局限之一是它没有利用任何语义信息，导致其产生的译文可能有语义关系混淆、语义块顺序混乱等问题，使读者不能理解原句所表达的关键信息：谁对谁做了什么，在什么时间、地点，以什么方式，因为什么等。本节的目标是通过引入谓词-论元结构知识解决串到树模型中的问题。

上面提到，传统的串到树模型所产生的译文往往具有语义关系混淆的问题。而充分利用谓词-论元结构（Predicate-Argument Structure，PAS）知识能够改善这一情况。谓词的论元往往由某个句法结构充当，如一个名词短语既可以充当 ARG0（施事者），又可以充当 ARG1（受事者）。因此，本节在树结构中将句法结构看作论元结构的孩子节点。我们希望翻译系统可以从训练数据中学习到句法结构经常对应的语义角色，以及谓词与其论元之间的顺序规律。

进一步讲，谓词-论元结构具有较为普遍的层次结构性，即一个谓词与其论元合起来可能是另一个谓词的论元。如图 3-1 所示，在一个英语句子中，谓词 "get" 和它的两个论元——施事者（ARG0）"you" 和受事者（ARG1）"the money"，是谓词 "run" 的时间论元（ARGM-TMP）的重要组成部分；谓词 "buy" 和它的受事者（ARG1）"a SLR" 又是谓词 "run" 的目的论元（ARGM-PRP）。受这种层次结构的启发，本章将构建一种树结构，以帮助获取组块（短语）之间的语义关系并提高翻译性能。

具体地，本章构造了两种树结构：谓词-论元增强型句法树（Predicate-Argument Augmented Syntax Tree，PAAST）和句法补充的谓词-论元树（Syntax

Complemented Predicate-Argument Tree，SCPAT）[①]，并用它们替换串到树模型中的传统句法树。对于 PAAST，本章是在句法树的基础上吸收谓词、论元；对于 SCPAT，本章先将谓词-论元结构转换成树，再在树上吸收句法和词汇信息。本章构建的 PAAST 不仅保留了所有的句法信息，还吸收了谓词、论元信息。但是有一小部分的论元标签存在重叠问题，对这部分论元只能暂时舍弃。由于 SCPAT 先构建谓词-论元树，后吸收句法信息，因此只将谓词和论元所辖范围的句法和词汇信息吸收进来，其余句法和词汇信息有可能被舍弃。

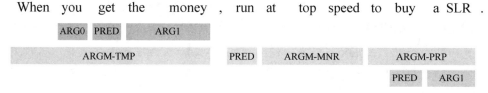

图 3-1　英语语义角色标注结果（谓词-论元结构）

本节的主要内容如下：首先介绍基于句法的统计机器翻译模型，然后介绍语义角色标注及其在统计机器翻译中的应用等，最后介绍串到树模型的同步文法、翻译概率计算、模型训练和调优、解码等。

3.2.1　基于句法的统计机器翻译模型

Galley 等人[10]提出了一种串到树的统计机器翻译模型，并详细描述了模型将源语言句子转换为目标语言句法树的过程，包括抽取句法驱动翻译规则的算法。Liu 等人[8]提出了树到串的统计机器翻译模型，先在源语言句子上应用句法分析，再抽取树到串对齐模板。Liu 和 Gildea[13]改进了树到串模型：规范了树到串对齐模板，建立了基于句法的词对齐模型，并对句法树的分解过程建模。

为解决基于树的翻译系统只能利用一个最佳的句法树来引导机器翻译，而该句法树的错误分析易导致翻译偏差的问题，Huang 和 Chiang[14]提出了使用前

---

① 本章文献[13]中提出了"句法补充的谓词-论元结构"概念，本书沿用了该概念，区别在于在文献中并没有将谓词-论元结构转换成树，因此补充句法信息的方式和范围与本章不同。

k 个最佳句法树的方法。Mi 等人[9]进一步提出了基于森林的方法，该方法相比前 k 个最佳句法树的方法，能够融合更多的句法树候选。Liu 等人[15]提出了一个联合解码器，以同时产生源语言句法树和目标语言译文。

3.2.2　语义角色标注

谓词-论元结构可通过语义角色标注（Semantic Role Labeling，SRL）[16]获得。SRL 是一种浅层语义分析（Shallow Semantic Parsing）任务，其目标是识别出自然语言句子中的每一个谓词及其相应的论元。典型的语义论元包括施事者、受事者、工具、地点、时间、方式、原因等。也就是说，通过 SRL 可以理解句子中各成分之间的语义关系，如谁对谁做了什么，在什么时间、地点，因为什么，以何种方式等。这些语义关系比句法结构更能提供丰富的语义信息，因此 SRL 已被应用于许多 NLP 下游任务，如信息抽取[17]、自动问答[18]、自动摘要[19]和机器翻译[20-21]等。

得益于大量人工标注资源，如 FrameNet[22]、PropBank[23]、NomBank[24]等英语标注语料库，以及汉语框架网（Chinese FrameNet，CFN）[25]和 Chinese PropBank[26]、Chinese NomBank[27]等汉语标注语料库，SRL 的研究蓬勃发展并取得了丰硕的成果。受限于篇幅，本书仅简单介绍相关工作。

传统的 SRL 方法通常先对句子进行句法分析和谓词识别；然后进行剪枝，以过滤句法树中不可能成为语义角色的句法成分；最后进行角色识别，即使用机器学习算法对剩余的句法成分进行角色分类，判断角色类型。例如，Pradhan 等人[28]使用基于支持向量机（Support Vector Machine，SVM）的算法改进了 SRL 的性能。对基于统计学的 SRL 方法的研究集中在资源构建或扩展[29-31]、句法分析和语义标注等多任务联合建模[32-33]、多个谓词之间的互助关系[34]、半监督[35-38]和无监督[39-43]标注方法、隐式论元识别[44-46]等方面上。

随着深度学习技术的兴起，基于神经网络的端到端 SRL 方法也取得了很大的进展。最早由 Collobert 等人[47]提出的一种统一卷积神经网络框架，可用于处理词性标注、组块分析、命名实体识别和语义角色标注等任务，除语义角色标注之外的其他三种任务都达到了基于统计学的方法的最好性能。Zhou 和 Xu[48]使用 8 层的深度双向长短时记忆（Deep Bi-LSTM，DB-LSTM）网络自动学习特征，在顶端使用条件随机场（CRF）进行标签序列预测，在 CoNLL-2015 和 CoNLL-2012 数据集上测试得到的 F1 值分别达到了 81.07 和 81.27。Wang 等人[49]使用了双向 LSTM 网络，并使用异构数据解决了单一数据集扩展性差的问题，在汉语语料库 CPB 上实验效果有所提升。总体上，基于神经网络的端到端标注方法摆脱了对句法信息和手工选取特征（特征工程）的依赖，并使利用异构数据变得更加简单、高效，标注性能基本超越了传统方法。

目前，供学术界免费使用的 SRL 工具有 NiuParser[50]（东北大学）、LTP[51]（哈尔滨工业大学）、Mate-tools、ASSERT[52]等。

3.2.3　语义角色标注在统计机器翻译中的应用

语义角色标注已被证实有益于提高统计机器翻译性能，因为它在引导系统产生语义一致的译文方面比句法结构和句子骨架更胜一筹[53]。在某些语言对中，需要注意因名词短语的语义角色不同而带来的差异（如英语和汉语）[13]。相关应用工作可分成三类：在翻译预处理和后处理阶段运用语义角色、作为特征融入解码过程、精细化句法翻译模型的非终结符。

在翻译预处理和后处理阶段运用语义角色方面，Komachi 等人[54]首先使用语义角色改善了统计机器翻译系统，他们在预处理阶段根据语义角色信息将源语言端的短语进行预调序。Wu 和 Fung[55]在后处理阶段将语义角色与源语言端不匹配的短语进行调序，并重新生成译文。

在作为特征融入解码过程方面，Liu 和 Gildea[53]设计了两种语义角色特征：调序特征和删除特征，并将它们融入树到串模型的解码过程；Xiong 等人[56]提出了两个模型：谓词翻译模型和论元调序模型，前者在翻译谓词时考虑了词汇和语义上下文特征，后者能够在将论元从源语言翻译到目标语言时预测其调序方向；Zhai 等人[20]提出了三阶段的翻译框架：获取源语言谓词-论元结构、转换为目标语言谓词-论元结构、翻译。

在精细化句法翻译模型的非终结符方面，Liu 和 Gildea[13]通过将句法标签替换为语义角色或将它们融合，产生了更为精细化的树标签；Aziz 等人[57]创建了浅层语义树，以提升树到串模型的效果；类似地，Bazrafshan 和 Gildea[58]仅将谓词的核心论元添加到句法树上。以上工作都是将句法标签和语义角色整合为一个标签，这可能会带来更为严重的数据稀疏问题。

受到 Liu 和 Gildea[13]、Wu 和 Fung[55]等人研究工作的启发，本章在串到树模型的框架下，将目标语言谓词-论元结构与句法信息进行了融合。与文献不同的是：①本章通过使用谓词-论元结构来增强句法树的表示能力，或者在构建谓词-论元树后再补充句法信息；②本章使用语义角色标注多个谓词及其相应的论元，并充分利用层次结构性；③本章使用谓词的所有论元，而非仅核心论元。

3.2.4　串到树模型

为了使生成的译文更加符合语法要求，串到树模型在目标语言端引入了句法树信息，建立了从源语言字符串到目标语言句法树的映射，涉及的主要技术如下。

1. 同步文法

在串到树模型的同步文法规则中，源语言端是字符串（终结符），目标语言端是句法短语（非终结符）或字符串，如图 3-2 所示。

图 3-2　同步文法规则示例

图 3-2 中的规则把源语言字符串（"火速"）映射为目标语言介词短语（PP），其中介词短语是由介词（IN）与一个名词短语（NP）构成的。

为了更方便、准确地抽取同步文法规则，本章使用词对齐信息进行辅助。

词对齐信息简单、易得（如通过 GIZA++工具获取），指示了源语言和目标语言之间的词对齐关系，可信度较高。在上述例子中，先将源语言"火速"和目标语言"at top speed"对齐，再找到包含该目标语言短语的句法节点"PP"，就完成了源语言字符串到目标语言句法树的规则构建。

2．翻译概率计算

串到树模型是由一系列规则及其出现的概率组成的。对于给定的串到树对齐模板 δ，θ 是生成 δ 的所有推导的集合，δ 出现的概率是推导概率的和，即

$$P(\delta) = \sum_{\theta_i \in \theta} \prod_{r \in \theta_i} P(r) \tag{3-1}$$

对数线性模型可表示为

$$P(t, \delta \mid s) = \frac{\exp\left(\sum_{i=1}^{N} \lambda_i h_i(s, t, \delta)\right)}{\sum_{t'} \exp\left(\sum_{i=1}^{N} \lambda_i h_i(s, t', \delta)\right)} \tag{3-2}$$

式中，$h_i(s, t, \delta)$ 为源语言 s 和目标语言 t 的一组特征；λ_i 为相应的特征权重。本章使用的特征主要包括：

（1）规则联合概率：$h_{\text{joi}} = P(l_r, s_r, t_r)$，其中 r 是串到树模型的翻译规则，l_r 是规则 r 的左部，s_r 是规则 r 右部的源语言端，t_r 是规则 r 右部的目标语言端。

（2）规则应用概率：$h_{\text{app}} = P(s_r, t_r | l_r)$。

（3）正向翻译概率：$h_{\text{dir}} = P(t_r | s_r, l_r)$。

（4）逆向翻译概率：$h_{\text{rev}} = P(s_r | t_r, l_r)$。

（5）词汇权重：$h_{\text{lex}} = \prod_{t_i \in \tilde{t}_r} P(t_i | s_r, a) = \prod_{i=1}^{m} \frac{\sum_{(i,j) \in a} P(t_i | s_j)}{|j| (i, j) \in a|}$。其中，$\tilde{t}_r$ 是 t_r 所包含的词序列，a 是规则 r 中源语言和目标语言的词对齐，$(i, j) \in a$ 表示 $\tilde{t}_r$ 的第 i 个词与 s_r 的第 j 个词对齐，$P(t_i | s_j)$ 是词汇翻译概率。

（6）5 元语言模型：$h_{lm} = \sum_i \log(P(t_i \mid t_{i-4}, t_{i-3}, t_{i-2}, t_{i-1}))$。

3．模型训练和调优

下面介绍串到树模型的训练，即估计特征值，以及训练特征权重。

对于特征 h_{lex} 和 h_{lm}，可分别由词汇翻译概率及语言模型计算得到。对于其他特征，本节使用极大似然估计法进行估计。核心思想是，基于规则出现的频率，调整参数，使整个训练集的似然概率达到最大。例如，对于特征 h_{joi}，按下式计算其概率：

$$h_{joi} = P(l_r, s_r, t_r) = \frac{\text{count}(r)}{\sum\limits_{r':r' \in R} \text{count}(r')} \tag{3-3}$$

式中，$\text{count}(r)$ 用于统计规则 r 在整个训练集中出现的次数；R 表示所有规则构成的集合。估计特征 h_{app}、h_{dir} 和 h_{rev} 的值：

$$h_{app} = P(s_r, t_r \mid l_r) = \frac{\text{count}(r)}{\sum\limits_{r':l_{r'}=l_r} \text{count}(r')} \tag{3-4}$$

$$h_{dir} = P(t_r \mid s_r, l_r) = \frac{\text{count}(r)}{\sum\limits_{r':l_{r'}=l_r, s_{r'}=s_r} \text{count}(r')} \tag{3-5}$$

$$h_{rev} = P(s_r \mid t_r, l_r) = \frac{\text{count}(r)}{\sum\limits_{r':l_{r'}=l_r, t_{r'}=t_r} \text{count}(r')} \tag{3-6}$$

对于式（3-2）中的特征权重参数 λ_i，通常在调参集上用最小错误率训练（Minimum Error Rate Training）算法[59]学习得到。

4．解码

由于目标语言端是树结构的，串到树模型不能按照从左到右的顺序解码，而采用了自底向上的线图解码（Chart Decoding）算法解码。在该算法中，将连续的词构成跨径（Span），随着跨径长度的增加，不断创建该跨径上的线图条目，直至覆盖整个句子。每一个跨径可能包含由很多个词和线图条目构成的序列，每一个序列又有若干规则适用。在实际使用中，为降低时间和空间复杂度，需要使用剪枝算法，如束剪枝（或束搜索）和立方剪枝（Cube Pruning）等。算法 3-1 给出了线图解码算法的核心步骤。

算法 3-1 线图解码算法

输入：源语言句子 $s=s_1,s_2,\cdots,s_m$

输出：目标语言句子 t 及相应的句法树

1：**for** 跨径长度 $l=1,\cdots,m$ **do**

2：　　**for** start=0,$\cdots$,$m-1$ **do**

3：　　　　end=start+l

4：　　　　**for all** 跨径[start,end]内的所有词和线图条目构成的序列 s **do**

5：　　　　　　**for all** 规则 r **do**

6：　　　　　　　　**if** 规则 r 适用于线图序列 s **then**

7：　　　　　　　　　　建立新条目 c，并将 c 加到图中

8：　　　　　　　　**end if**

9：　　　　　　**end for**

10：　　　　**end for**

11：　　**end for**

12：**end for**

3.3　基于浅层语义结构的统计机器翻译

3.3.1　谓词-论元增强型句法树

为了构建谓词-论元增强型句法树，本节首先在目标语言端的训练语料上进行句法分析和语义角色标注，分别得到句法树和谓词-论元结构；然后将谓

词、论元信息（标签）添加到句法树上，以增强句法树的语义表示能力。

例如，英语句子"When you get the money, run at top speed to buy a SLR."
的句法树如图 3-3 所示。语义角色标注结果（谓词-论元结构）如图 3-1 所示，
其中包含多行，每一行代表针对一个谓词的标注结果。

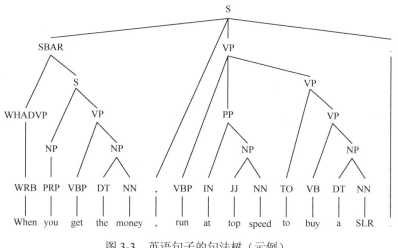

图 3-3　英语句子的句法树（示例）

在将谓词-论元标签添加到句法树上时，每个标签都有一个对应的词，模
型能够根据这一信息找出这些词在句法树中恰好对应的最大句法结构。所谓恰
好对应，是指句法结构包含且仅包含这些词，而不包含其他词。本节将谓词-
论元标签作为一个新节点添加到树中，该节点的子树就是最大句法结构，该节
点的父亲节点是该句法结构的原父亲节点。将所有谓词-论元标签插入句法树
后，得到一个新的树结构，称之为谓词-论元增强型句法树，如图 3-4 所示，
灰色节点为谓词-论元标签。

例如，在图 3-4 中，论元 ARGM-MNR 包含 3 个叶子节点——at、top、speed，
而句法结构 PP 是恰好包含这 3 个叶子节点的最大句法结构标签。根据前面描
述的方法，在句法结构 PP 及其父亲节点 VP 之间插入一个新节点 ARGM-MNR。
以此类推，将所有谓词-论元标签添加到句法树中，就完成了谓词-论元增强型
句法树的构建。

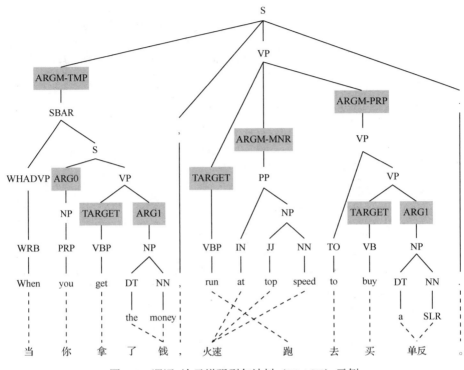

图 3-4　谓词–论元增强型句法树（PAAST）示例

3.3.2　句法补充的谓词–论元树

为了构建句法补充的谓词–论元树，本节首先将谓词–论元结构（由语义角色标注得到）转换成一棵树（谓词–论元树），再将句法信息补充到这棵树中。

谓词–论元树示例如图 3-5 所示。在转换的过程中，本节舍弃了一些重叠的标签，同时添加了 a、b、c 等后缀，以区分论元对应的不同谓词。例如，在图 3-5 中，以 a、b、c 为后缀的论元标签分别对应谓词 get、run、buy。

可以看出，图 3-5 中的谓词–论元树过于扁平，并且缺少句法和词汇信息，导致训练出的模型翻译性能不佳。为了解决这个问题，本节将句法分析的结果引入这棵树，得到了句法补充的谓词–论元树，如图 3-6 所示，灰色的节点代表补充的句法信息。

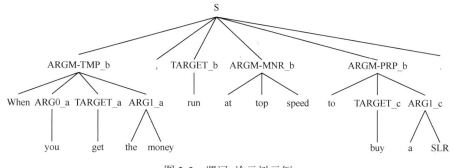

图 3-5   谓词-论元树示例

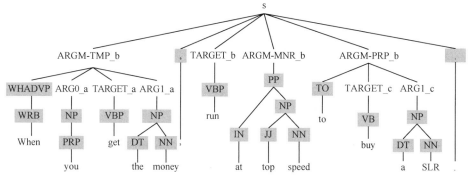

图 3-6   句法补充的谓词-论元树（SCPAT）示例

通过对比图 3-4 和图 3-6 可以发现两种树结构的区别：PAAST 的主体仍是句法结构，在句法结构的基础上添加了谓词-论元标签；而 SCPAT 的主体是谓词-论元结构，在论元标签下面补充了句法信息。

3.3.3   翻译规则的学习

在 SMT 的模型训练阶段，本节分别使用前面构建的 PAAST 和 SCPAT 代替串到树模型中的传统句法树。翻译性能（BLEU 和 Meteor）得到了提升。

与其他基于同步文法的模型一样，串到树模型是从词对齐的语料中学习翻译规则的。在源语言端使用 X 这样的非终结符，在目标语言端使用 NP 等树标签。例如，汉语中 "火速" 与英语中的 "at top speed" 是词对齐的。如果将词性信息也考虑进来，就得到如图 3-7（a）所示的对齐关系。在翻译规则的目标语言端，需要有一个节点包含这 3 个词。在该示例中，这 3 个词恰好是论元

ARGM-MNR 的孩子。这样就得到了如图 3-7（b）所示的目标语言（英语）端子树。最终，模型学习到如图 3-6（c）所示的翻译规则。

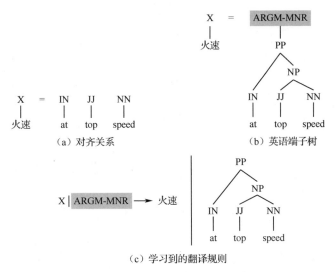

（a）对齐关系　　　　　　　　（b）英语端子树

（c）学习到的翻译规则

图 3-7　从图 3-4 中抽取翻译规则

3.3.4　实验与分析

1. 实验设置

相较于新闻文本，口语文本往往具有句法不规范的特点。为了测试本节方法在口语和新闻翻译上的表现，我们设置了中-英口语翻译任务和中-英新闻翻译任务，其中，中-英新闻翻译任务又分为在小规模语料上的任务和在大规模语料上的任务。

（1）中-英口语翻译任务。

本节使用 BOLT（Broad Operational Language Translation，广泛操作语言翻译）语料①验证模型在中-英口语翻译上的性能[60]。该语料来自 2015 年 NIST 国际 OpenMT′15 机器翻译评测比赛，由 DARPA BOLT 项目资助，包括聊天信

---

① LDC2013E80, LDC2013E81, LDC2013E83, LDC2013E85, LDC2013E118, LDC2013E125, LDC2013E132, LDC2014E08, LDC2014E69, LDC2013E119。

息（CHT）、短信息（SMS）和对话电话语音（CTS）。

本节仅抽取其中的 CHT 部分并分成 3 部分：训练集（121,078 对句对）、开发集（4,935 对句对）和测试集（4,977 对句对）。

（2）中-英新闻翻译任务。

对于中-英新闻翻译任务，本节使用 NIST OpenMT 2002（MT02）数据集作为开发集，使用其余年份的 NIST OpenMT 数据集作为测试集，包括 MT03、MT04、MT05、MT06、MT08、MT12 和 MT08-12。训练集有两个，分别是小规模新闻语料 FBIS 和中-英大规模新闻语料 LDC Zh-En。

① FBIS：本节使用 FBIS 语料[①]验证模型在小规模新闻语料上的表现，语料本身是篇章对齐的，本节使用 Champollion Toolkit（CTK）工具对该语料进行句子对齐。

② LDC Zh-En：该语料全部来自语言资源联盟（Linguistic Data Consortium，LDC）[②]，并且包含了 FBIS 语料。

本节涉及的数据集统计信息如表 3-1 所示。

表 3-1　数据集统计信息

数　据　集		句对数目/对	源端词数目/个	目标端词数目/个
BOLT	训练	121,078	844,552	1,122,261
BOLT	开发	4,935	37,727	49,148
BOLT	测试	4,977	31,315	37,730
FBIS		252,384	8,161,546	10,233,829
LDC Zh-En		2,032,497	55,636,231	61,062,511
MT02		878	22,350	25,339

---

① LDC2003E14。

② 与第 4 章的 LDC Zh-En 数据有重叠，但不完全相同，具体包括 LDC2003E14、DC2000T46、LDC2007T09、LDC2005T10、LDC2008T06、LDC2009T15、LDC2010T03、LDC2009T02、LDC2009T06、LDC2013T11、LDC2013T16、LDC2007T23、LDC2008T08、LDC2008T18、LDC2014T04、LDC2014T11、LDC2005T06、LDC2007E101、LDC2002E18。

数　据　集	句对数目/对	源端词数目/个	目标端词数目/个
MT03	919	23,992	25,999
MT04	1,597	43,128	46,952
MT05	1,082	29,475	30,882
MT06	1,664	37,822	41,014
MT08	1,357	32,042	37,307
MT08-12	1,370	30,935	36,043
MT12	820	21,321	25,316
English Gigaword	—	—	4,032,686,000

本节的基线系统采用开源 SMT 系统 Moses[61]提供的串到树（Str2tr）模型，同时将基于短语的系统（Phb）作为对比系统。目标端语料（英语）采用句法分析器 Berkeley Parser[62]进行句法分析，并采用断言机制 ASSERT[28]进行语义角色标注。语料的词对齐使用 MGiza 工具实现。在语言模型方面，对于口语语料，本节在英语语料上训练了 5 元语言模型；对于新闻语料，除使用英语语料训练外，本节还使用了 English Gigaword（第 5 版）语料①，共同训练了 5 元语言模型。

译文评价采用 BLEU 和 Meteor 两个指标，本节还采用文献[63]和[64]介绍的方法分别在 BLEU 和 Meteor 两个指标上对翻译效果的提升进行了显著性检验。

2. 实验结果

中-英口语翻译任务的实验结果如表 3-2 所示，*表示结果显著优于 Str2tr 系统。可以看出，本节所提出的两种方法——谓词-论元增强型句法树（PAAST）和句法补充的谓词-论元树（SCPAT），使 BLEU 值和 Meteor 值均较基线系统提高了。采用两种方法的系统 BLEU 值分别提高了 0.56%和 0.22%，Meteor 值分别提高了 0.62%和 0.21%。这说明通过融合语义角色信息，PAAST 系统获得了更好的效果。值得注意的是，在口语语料上，Str2tr、PAAST 和 SCPAT 系统都没有超越 Phb 系统。

---

① LDC2011T07。

表 3-2　中–英口语翻译任务的实验结果

系统	BLEU/%	Meteor/%
Str2tr	13.29	22.52
PAAST	13.85* (+0.56)	23.14* (+0.62)
SCPAT	13.51 (+0.22)	22.73 (+0.21)
Phb	**14.17**	**23.25**

在小规模语料上训练的中–英新闻翻译任务实验结果如表 3-3 所示。与口语翻译任务一样，PAAST 系统的结果比 SCPAT 系统要好，BLEU 值提升了1.33%，Meteor 值提升了 0.59%。但是两者都比口语翻译任务中提升得多，并且 PAAST 系统超越了 Phb 系统。这是因为新闻语料的语法规范性比口语语料好很多。在表 3-3 中，*和#表示结果显著优于 Str2tr 系统和 Phb 系统（$p < 0.01$）。

表 3-3　在小规模语料上训练的中–英新闻翻译任务实验结果

指标	系统	MT03	MT04	MT05	MT06	MT08	MT08-12	MT12	平均
BLEU/%	Str2tr	28.83	31.33	28.27	27.76	22.27	21.12	20.57	25.74
	PAAST	**30.35*** (+1.52)	**33.15*#** (+1.82)	**29.92*#** (+1.65)	**29.27*#** (+0.51)	**22.71*#** (+0.44)	**22.39*#** (+1.27)	**21.68*#** (+1.11)	**27.07** (+1.33)
	SCPAT	29.29 (+0.46)	31.87* (+0.54)	28.69 (+0.46)	28.32* (+0.56)	21.76 (−0.51)	21.00 (−0.12)	20.79 (+0.22)	25.96 (+0.22)
	Phb	29.57	31.46	28.33	28.72	22.11	21.84	21.00	26.14
Meteor/%	Str2tr	28.20	29.31	28.66	27.03	24.09	23.82	22.90	26.29
	PAAST	28.71* (+0.51)	30.11*# (+0.80)	29.26* (+0.60)	27.97* (+0.94)	**24.40*** (+0.31)	24.35* (+0.53)	23.34 (+0.44)	26.88 (+0.59)
	SCPAT	28.01 (−0.19)	29.53* (+0.22)	28.62 (−0.04)	27.20 (+0.17)	23.59 (−0.50)	23.26 (−0.56)	22.81 (−0.09)	26.15 (−0.14)
	Phb	**28.84**	29.97	**29.47**	**28.10**	24.37	**24.57**	**23.45**	**26.97**

在大规模语料上训练的中–英新闻翻译任务实验结果如表 3-4 所示，基于 PAAST 和 SCPAT 方法的系统都超越了基线系统和 Phb 系统，SCPAT 系统获得了最好的性能，BLEU 值提升了 1.13%。

表 3-4　在大规模语料上训练的中-英新闻翻译任务实验结果

指标	系统	MT03	MT04	MT05	MT06	MT08	MT08-12	MT12	平均
BLEU/%	Str2tr	31.80	34.29	33.19	32.85	26.11	25.34	22.88	29.49
	PAAST	33.74*	35.60*#	34.24*	32.89#	**26.32#**	25.13#	23.72*	30.23
		(+1.94)	(+1.31)	(+1.05)	(+0.04)	(+0.21)	(−0.21)	(+0.84)	(+0.74)
	SCPAT	**34.26*#**	**36.28*#**	**34.73*#**	**33.28#**	26.29#	**25.39#**	**24.08*#**	**30.62**
		(+2.46)	(+1.99)	(+1.54)	(+0.43)	(+0.18)	(+0.05)	(+1.20)	(+1.13)
	Phb	33.50	34.79	33.92	31.93	23.99	24.06	23.48	29.38
Meteor/%	Str2tr	30.55	31.20	31.55	29.76	26.48	26.32	24.89	28.68
	PAAST	30.92#	31.57#	31.51	29.75#	26.61#	26.20#	25.15#	28.82
		(+0.37)	(+0.37)	(−0.04)	(−0.01)	(+0.13)	(−0.12)	(+0.26)	(+0.14)
	SCPAT	**31.50*#**	**32.13*#**	**32.41*#**	**30.28*#**	**26.84#**	**26.60#**	**25.44*#**	**29.31**
		(+0.95)	(+0.93)	(+0.86)	(+0.52)	(+0.36)	(+0.28)	(+0.55)	(+0.63)
	Phb	30.64	31.09	31.56	29.15	25.39	25.70	24.94	28.35

3.实验分析

从表 3-2 中可以看出，在口语语料上，本章提出的基于 PAAST 和 SCPAT 两个方法的系统性能都比基线系统要好，但都比基于短语的系统（Phb）差。这是因为基于句法树的方法都依赖于句法分析或语义角色标注的性能，然而句法分析和语义角色标注在口语语料上的性能往往比新闻语料差。

但是，基于句法树的方法在新闻翻译任务上的表现就大为不同了（见表 3-3 和表 3-4）。句法分析和语义角色标注的性能获得了提升，使得串到树模型的性能比较接近 Phb 系统，甚至采用了两种方法的系统在大规模语料 LDC Zh-En 上超越了 Phb 系统。因此，本章得出结论：由于句法分析或语义角色标注的性能问题，这三种基于树的方法更适用于新闻语料，而不是口语语料。

在表 3-2 和表 3-3 中，PAAST 的表现比 SCPAT 好，但是表 3-4 中的结果却相反。原因是 SCPAT 面临着更为严重的数据稀疏问题。PAAST 与 SCPAT 的区别之一是，PAAST 的主体是句法结构，而 SCPAT 的主体是谓词-论元结构，并且谓词-论元树更为扁平。当使用的训练语料规模足够大时，数据稀疏问题得到缓解，谓词、论元信息的有效性就表现出来了。

本节通过三个翻译实例，分析了各个机器翻译系统解码时所使用的规则，说明谓词-论元结构对机器翻译的帮助，SMT 翻译实例分析如表 3-5 所示。在第一个例子中，Phb 和 Str2tr 系统将短语"the refugees"放错了位置，产生了错误的翻译。这是因为这两个系统无法识别单词"affected"和短语"the refugees"之间的语义关系。与此不同的是，本节的 PAAST 系统在正确处理了英语中定语后置情况下，谓词（TARGET）"affected"及其 ARG0 论元"this change"和 ARG1 论元"the refugees"的相对位置，对以上短语进行了正确调序。在第二个例子中，本章的 PAAST 系统正确地将介词短语"on the company's business or contract"识别为 ARG3 论元，并将之移动到句子末尾。在第三个例子中，本章的 PAAST 系统将短语"to promote the reunification of the motherland"识别为 ARGM-PNC 论元，并将之移动到句子末尾。但是 Phb 与 Str2tr 两个系统在翻译时并未考虑到这种调序。

表 3-5　SMT 翻译实例分析

序号	系统	译文
1	Phb	[受到 这 一 变更 影响] 的 [难民] 主要 分散 在 约旦、叙利亚 和 土耳其。 [Affected by this change] [the refugees] scattered mainly in Jordan，Syria and Turkey.
	Str2tr	[受到 这 一 变更 影响] 的 [难民] 主要 分散 在 约旦、叙利亚 和 土耳其。 [Affected by this change] [the refugees] scattered in Jordan，Syria and Turkey.
	PAAST	[受到 这 一 变更 影响] 的 [难民] 主要 分散 在 约旦、叙利亚 和 土耳其。 [　　ARG1　　][TARGET][ARG0] [　　　　ARG0　　　　]　　[TARGET][　　ARG2　　] [The refugees] [affected by this change] mainly scattered in Jordan，Syria and Turkey.
	Ref	[受到 这 一 变更 影响] 的 [难民] 主要 分散 在 约旦、叙利亚 和 土耳其。 [Refugees] [affected by this change] mainly spread around Jordan，Syria and Turkey.
2	Phb	[施密德 个人 破产][对 公司 的 业务 或 合约][没有 影响]。 [The company's personal bankruptcy 施密德][business or contract] [has not affected] .
	Str2tr	[施密德 个人 破产][对 公司 的 业务 或 合约][没有 影响]。 [施密德 personal bankruptcies] [in the business or contract] [has not been affected] .
	PAAST	[施密德 个人 破产][对 公司 的 业务 或 合约][没有][影响]。 [　　ARG0　　] [TARGET][ARG1][　　ARG 3　　] [施密德personal bankruptcy] [has no]　[impact]　[on the company's business or contract] .
	Ref	[施密德 个人 破产][对 公司 的 业务 或 合约][没有 影响]。 [Schmid's personal bankruptcy] [has no effect] [on the company's operation or contract] .

续表

序号	系统	译文
3	Phb	声明呼吁[海外 同胞][为 推动 祖国 统一][而 不断 作出 新 的 努力]。 The statement urged[overseas compatriots] [to promote the reunification of the motherland] [and continue to make new efforts].
	Str2tr	声明呼吁[海外 同胞][为 推动 祖国 统一][而 不断 作出 新 的 努力]。 The statement urged [the overseas compatriots] [to promote the reunification of the motherland] [and continue to make new efforts].
	PAAST	声明 呼吁 [海外 同胞][为 推动 祖国 统一]而 不断 [作出] [新 的 努力]。 [　　　　ARG0　　　][TARGET][　ARG1　][ARGM-PNC] The statement urged [overseas compatriots] [to make]　[new efforts] [to promote the reunification of the motherland] .
	Ref	声明 呼吁 [海外 同胞][为 推动 祖国 统一]而 不断[作出][新 的 努力]。 The statement urged [overseas compatriots] to[make] [unceasing and new efforts] [to promote the reunification of the motherland] .

3.4　基于句法语言模型的统计机器翻译

3.4.1　句法语言建模的基础方法

1. 结构化语言模型

结构化语言模型[65]（Structured Language Model）的研究致力于将句法、语义等语言结构信息引入语言模型，以提高其性能。Chelba 等人[66]将历史词语和处于开放状态的依存边作为最大熵模型的特征来共同预测当前位置的词，实现词语和依存句法的共同建模。随后，Chelba 和 Jelinek[67]提出了一种短语预测和短语结构句法树分析一体化的模型，该模型先利用历史词及其相应的局部二叉句法树进行词的预测，再对预测的词进行词性标注和句法分析。Charniak[68]提出的方法在计算词的概率时考虑了其句法父亲的中心词信息，Peng 和 Roth[69]开发的语言模型包含了语义框架和篇章信息。

基于词性的语言模型是引入浅层句法信息的一种方法，起源于对类别（Class-Based）语言模型的研究。类别语言模型[70]是使用单词类别或聚类（Cluster）信息的语言模型。其中，类别可以由手工设计或自动聚类得到，同一类别的词在某些方面具有相似性。词性可看作类别的一种，相比于自动聚类出来的无句法意义的类别，词性能够标识词在句子中的句法作用。Kneser 和 Ney[71]使用自动聚类算法获取词的类别，并应用于统计语言模型，与仅基于词的模型相比，将聚类模型和词性模型融合后 PPL 下降了 24%，在进一步融合词性模型后，PPL 下降了 37%。A. Heeman[72]通过融合词性语言模型，将语音识别的目标由寻找最佳词序列变为寻找词和词性的共同最佳序列，获得了性能提升。

2. 融入知识的神经网络语言模型

Bengio 等人[73]于 2003 年提出使用人工神经网络学习词序列的概率，他们使用具有固定上下文长度的前馈神经网络进行词的预测。Mikolov 等人[74]于 2010 年使用循环神经网络对任意长的上下文信息进行建模。随后，很多学者研究了如何在循环神经网络中融入知识，如主题信息、更丰富的上下文信息等。例如，Mikolov 和 Zweig[75]将主题信息作为一个特征层融入 RNNLM，Dieng 等人[76]提出了一个 TopicRNN 来融入全局主题信息，Ahn 等人[77]提出了一种将主题信息和知识图谱中的事实知识融入 RNNLM 的方法。Ji 等人[78]将前句的隐状态作为上下文信息，用于对当前句的词预测，后来 Ji 等人[79]又在 RNNLM 中使用隐变量对篇章关系进行建模。Wang 和 Cho 通过在 LSTM 中添加存有历史句子信息的向量，并使之参与 LSTM 输出层的计算，实现了篇章级的上下文信息建模。

3.4.2　融合浅层句法特征的循环神经网络语言模型

传统的 RNNLM 只考虑了词语序列，忽视了其他语言学知识，词性正是这些知识中的一种。获取高质量的词性标注是比较容易的事情。本节介绍一种平行的 RNN（p-RNN）结构，它蕴含了词语和词性两种信息。在该结构中，本节同时训练词语序列和词性序列两个 RNN，并使词性 RNN 的状态影响词语RNN 的状态。

1. 平行循环神经网络结构

平行循环神经网络的结构如图 3-8 所示。词语 RNN 几乎与传统的 RNN 相同，只不过它的隐状态 $s(t)$ 还要受到词性 RNN 状态的影响。词性 RNN 的输入层包括两部分，当前的词性标签 $p(t)$ 和词性 RNN 上一时刻的状态。词性 RNN 的隐藏层代表了该 RNN 的当前状态，输出层代表下一个词性标签的概率分布。

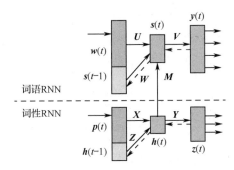

图 3-8　平行循环神经网络的结构

可以看出，词性 RNN 的结构与传统 RNN 的结构相似。理论上，RNNLM 的隐藏层包含之前所观测到的所有词的信息。相似地，词性 RNN 的隐藏层也包含了所有的词性历史信息。为了使这些信息有助于预测下一个词，本节在词性 RNN 与词语 RNN 之间添加了一个连接。

在图 3-8 中，实线表示前向计算，虚线表示误差的反向传播。需要注意的是，从词语 RNN 到词性 RNN 并没有反向传播，在这一点上，后者影响前者的方式与 Ji 等人[79]提出的隐变量相似。

词性 RNN 的隐藏层 $h(t)$ 与输出层 $z(t)$ 的计算如下：

$$h_i(t) = f\left(\sum_j p_j(t)x_{ij} + \sum_k h_k(t-1)z_{ik}\right) \tag{3-7}$$

$$z_k(t) = g\left(\sum_i h_i(t)y_{ki}\right) \tag{3-8}$$

词语 RNN 的隐藏层受到词性 RNN 隐藏层的影响，计算如下：

$$s_i(t) = f\left(\sum_j w_j(t)u_{ij} + \sum_k s_k(t)w_{ik} + \sum_l h_l(t)m_{il}\right) \tag{3-9}$$

2．模型训练

在语言建模任务中，模型的目标是得到最佳的词语序列。词语 RNN 的训练与传统 RNN 一致，这里不再赘述。虽然词性 RNN 的状态会影响词语 RNN 的状态，但本节并不打算将后者的误差回传到前者去，因此可以将前者看作影响词语序列的隐变量。

词性 RNN 的训练目标是在训练数据上最大化似然函数：

$$O = \sum_{t=1}^{T} \log z_{l_t}(t) \tag{3-10}$$

式中，T 是训练样本中词性标签的总数目；l_t 是第 t 个样本中正确的词性标签的 ID。输出层的误差向量 $\boldsymbol{e}_o(t)$ 计算如下：

$$\boldsymbol{e}_o(t) = \boldsymbol{d}(t) - \boldsymbol{z}(t) \tag{3-11}$$

式中，$\boldsymbol{d}(t)$ 是表示 t 时刻词性标签的目标独热向量。

本节使用随机梯度下降（Stochastic Gradient Descent，SGD）来更新词性 RNN 的参数。例如，图 3-8 中的矩阵 $\boldsymbol{Y}$ 按式（3-12）更新：

$$y_{jk}(t+1) = y_{jk}(t) + h_j(t)e_{ok}(t)\alpha - y_{jk}(t)\beta \tag{3-12}$$

式中，β 是 L2 正则化参数。从输出层传播到隐藏层的误差为

$$e_{hj}(t) = h_j(t)(1 - h_j(t))\sum_i e_{oj}(t)y_{ij} \tag{3-13}$$

矩阵 $\boldsymbol{X}$ 与 $\boldsymbol{Z}$ 的更新与式（3-12）类似，从隐藏层到其前一时刻的误差计算与式（3-13）类似，这里不再赘述。

3．实验与分析

本节通过两个实验验证所提出的模型的有效性：困惑度（PPL）实验和机器翻译重排序实验。

（1）困惑度实验设置。

本节在三个语料上验证所提出的模型的困惑度表现，包括 SWB、PTB[①]和 BBC 数据集。前两个语料的数据集也被 Ji 等人[79]使用，最后一个被 Wang 和 Cho[80]使用，本节实验与文献中的工作进行了对比。与文献[79]和[80]一样，本节将各个语料数据集都划分为训练集、验证集和测试集，统计数据如表 3-6 所示（为了方便，表中使用 K 表示千，M 表示万）。本章使用 Pidong Wang、Josh Schroeder 和 Philipp Koehn 提供的工具对所有语料进行分词，使用 Stanford POS Tagger 获得词性标注。

表 3-6　SWB、PTB 和 BBC 数据集统计数据

数 据 集	SWB		PTB		BBC	
	句子数/个	词语数/个	句子数/个	词语数/个	句子数/个	词语数/个
训练集	211K	1.8M	37K	1M	37K	879K
验证集	3.5K	32K	3.6K	97K	2K	47K
测试集	4.4K	38K	3.3K	91K	2.2K	51K

本节的模型基于 Mikolov 的 RNNLM 套件实现。词语 RNN 的隐藏层大小为 100 维，词表大小为 1 万词。词性标注器的标注集共包含 48 个标签。本节在 BBC 语料上统计了每个标签出现的次数，并按从大到小的顺序排序。为验证词性标签的作用，本节逐渐地扩大标签集的大小，即 5,10,15,…,45。将词性 RNN 的隐藏层大小设置为标签集大小的 1/5。例如，当 varsize = 40 时表示使用表 3-7 中的前 39 个标签，并将剩余标签统一归类为 OTHER 标签，词性 RNN 的隐藏层维数为 40/5 = 8。

表 3-7　BBC 语料中每个词性标签出现的次数统计

次　序	词　性	次数/次	次　序	词　性	次数/次
1	NN	121,359	5	JJ	52,851
2	IN	92,042	6	NNS	47,003
3	NNP	88,331	7	.	37,146
4	DT	75,397	8	,	31,840

---

① LDC97S62（SWB），LDC99T42（PTB）。

续表

次　序	词　性	次数/次	次　序	词　性	次数/次
9	VBD	31,575	25	:	5,219
10	VB	29,429	26	FW	4,041
11	RB	27,261	27	WDT	3,916
12	PRP	26,519	28	RP	3,583
13	CC	22,554	29	JJR	2,990
14	TO	22,440	30	WP	2,865
15	VBN	22,096	31	WRB	2,424
16	VBZ	20,795	32	JJS	2,215
17	CD	17,696	33	NNPS	1,904
18	VBG	15,773	34	EX	1,440
19	VBP	15,409	35	RBR	1,295
20	MD	11,015	36	$	1,127
21	"	11,010	37	RBS	438
22	PRP$	8,939	38	PDT	402
23	"	7,961	39	WP$	114
24	POS	7,711	OTHER		199

（2）困惑度实验结果。

困惑度实验结果如图3-9和表3-8所示。

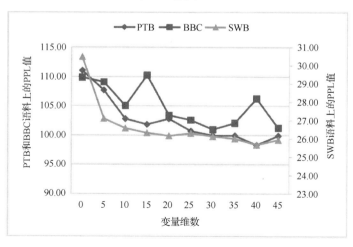

图3-9　困惑度随词性变量的维数增大而减小

表 3-8 困惑度实验对比结果

模　　型	SWB	PTB	BBC
5-Gram	32.10	120.18	127.32
RNNLM	31.38	113.63	120.49
Ji 等人采用的模型	39.60	108.30	—
Wang 和 Cho 采用的模型	—	126.20	**105.60**
p-RNNLM	**26.20**	**99.36**	112.35
PPL 值降低	16.5%	12.6%	6.8%

图 3-9 展示了使用不同数量的词性标签的实验结果，其中变量大小即词性 RNN 的隐藏层维数。注意，varsize = 0 表示传统的 RNNLM。可以看出，随词性标签集的增大，困惑度降低。

在表 3-8 中，本节的模型与经典的 5-Gram 统计模型、Mikolov 等人[74]的 RNNLM 模型、Ji 等人[79]基于篇章结构信息的模型、Wang 和 Cho[80]基于篇章级上下文的模型进行了对比。可以看出，除文献[80]在 BBC 语料上的实验外，平行 RNN 表现得更好，并且 p-RNN 模型比 Mikolov 等人的 RNNLM 模型降低了 6.8%～16.5%的 PPL 值。

（3）机器翻译重排序实验设置。

本节在中-英新闻翻译任务上以重排序的方式测试了语言模型的效果：首先在小规模训练语料 FBIS 上验证神经网络维数对模型效果的影响，然后选用效果最好的维数在大规模 LDC 训练语料上进行机器翻译重排序实验。

在小规模和大规模语料上实验，均将基于短语的机器翻译系统输出的前 1,000 个翻译候选用语言模型进行重打分，机器翻译系统均采用开源的 Moses[61]。在重排序阶段，作为基线系统，本章在 MT 得分（机器翻译系统输出的得分）和 LR 得分（Length Ratio，目标译文与原文的长度比）两种特征上执行 MERT 算法。同困惑度实验一样，使用 Stanford POS Tagger 获取所有语料的词性标注。然后使用训练得到的 RNNLM 和 p-RNNLM 对前 1,000 个翻译候选进行打分，分别得到 RNNLM 得分、p-RNNLM 得分。最后分别与 MT 得分和 LR 得分结合，通过 MERT 算法得到各自的权重。具体的 MERT 工具本节采用的是简单易用的 Z-MERT[81]。

在小规模语料实验中，本节使用 3.3 节表 3-1 中 LDC Zh-En 英语端新闻语料训练 RNNLM 和 p-RNNLM。词语 RNN 的维数设置为{100,300,500}，词表大小为 8 万。调参集使用 NIST MT 02 提供的测试集，使用 MERT 算法[81]进行调参。测试集包括 NIST MT 03～05。在大规模语料实验中，同 3.3 节一样，除英语端训练语料外，本节还使用 English Gigaword Fifth Edition 训练语言模型，词语 RNN 的维数设置为 500，词表大小为 8 万。调参集和测试集与 3.3 节中的新闻语料实验相同。所有数据集均在 3.3 节中介绍过，详细统计信息如表 3-1 所示。

（4）机器翻译重排序实验结果。

在小规模语料上验证神经网络维数对机器翻译重排序效果的影响实验结果如表 3-9 所示。RNN 和 p-RNN 都比 Moses、MT+LR 表现得好。500 维的 p-RNN 模型效果最好，比 MT+LR 得到了 0.59～1.04 BLEU 值的提升，与 RNN 模型相比得到了 0.31 个 BLEU 值的提升。p-RNN 模型在每个测试集每个维数上都比 RNN 模型表现得好。符号* 和** 表示与 Moses 系统相比，提升具有统计显著性（$p < 0.1/0.05$）；而+和++表示与 MT+LR+RNN 系统相比，提升具有统计显著性（$p < 0.1/0.05$）。

表 3-9　在小规模语料上验证神经网络维数对机器翻译重排序效果的影响实验结果

系　　　统	MT02	MT03	MT04	MT05
Moses	28.09	24.38	28.03	24.19
MT+LR	28.07	24.40	28.11	24.26
MT+LR+RNN-100	28.25	25.16**	28.48**	24.39*
MT+LR+p-RNN-100	28.46**+	25.23**	28.70**++	24.53**+
MT+LR+RNN-300	28.57*	25.16**	28.72**	24.50**
MT+LR+p-RNN-300	28.62**+	25.26**	28.85**+	24.79**++
MT+LR+RNN-500	28.48**	25.38**	28.72**	24.59**
MT+LR+p-RNN-500	**28.66****+	**25.44****	**28.84****+	**24.90****++

在大规模语料上的机器翻译重排序实验结果如表 3-10 所示。Phb、Str2tr 和 SCPAT 分别表示基于短语的系统、串到树系统和 3.3 节中采用句法补充的谓词–

论元树方法的系统，RNN-500 和 p-RNN-500 分别表示使用普通 RNNLM 和平行 RNNLM 进行重排序（均包含了 MT、LR 特征）。本节的方法比普通 RNNLM 表现得更好，在 3.3 节 SCPAT 方法的基础上使 BLEU 值提升了 0.97（平均）。符号 *和#分别表示相比 SCPAT 和 RNN-500，提升具有统计显著性（$p < 0.05$）。

表 3-10 在大规模语料上的译文重排序实验结果

指标	系统	MT03	MT04	MT05	MT06	MT08	MT08-12	MT12	平均
BLEU/%	Phb	33.50	34.79	33.92	31.93	23.99	24.06	23.48	29.38
	Str2tr	31.80	34.29	33.19	32.85	26.11	25.34	22.88	29.49
	SCPAT	34.26	36.28	34.73	33.28	26.29	25.39	24.08	30.62
	+RNN-500	34.97* (+0.71)	36.92* (+0.64)	35.42* (+0.69)	33.51 (+0.23)	26.57 (+0.28)	25.63 (+0.24)	24.53* (+0.45)	31.08 (+0.46)
	+p-RNN-500	**35.81***# (+1.55)	**37.35***# (+1.07)	**35.97***# (+1.24)	**34.14***# (+0.86)	27.18* (+0.61)	25.74* (+0.35)	24.97*# (+0.89)	**31.59** (+0.97)
Meteor/%	Phb	30.64	31.09	31.56	29.15	25.39	25.70	24.94	28.35
	Str2tr	30.55	31.20	31.55	29.76	26.48	26.32	24.89	28.68
	SCPAT	31.50	32.13	32.41	30.28	26.84	26.60	25.44	29.31
	+RNN-500	31.86 (+0.36)	32.58* (+0.45)	32.84* (+0.43)	30.56 (+0.28)	26.95 (+0.11)	26.82 (+0.22)	25.83* (+0.39)	29.63 (+0.32)
	+p-RNN-500	**32.31***# (+0.81)	**33.05***# (+0.92)	**33.39***# (+0.98)	**30.77***# (+0.49)	27.21* (+0.37)	27.11* (+0.51)	26.19*# (+0.75)	**30.00** (+0.69)

3.5 本章小结

本章分析了串到树模型存在的缺陷，进而引出本章的研究动机：①谓词-论元结构可以帮助改善串到树模型的调序；②谓词-论元结构具有层次结构性，可以较方便地与句法结构进行融合。本章还介绍了两种在串到树模型中融合谓词-论元结构知识的方法：谓词-论元增强型句法树（PAAST）和句法补充的谓词-论元树（SCPAT），并举例说明了如何通过这两种树学习带有谓词-论元结构知识的翻译规则。口语和新闻翻译任务的实现结果表明 PAAST 和 SCPAT 都比传统的句法树效果要好。此外，本章还提出一种平行 RNN 结构，以对词语序列和词性序列同时建模。词性 RNN 与词语 RNN 隐藏层之间的连接使得词性能对词语预测起作用。词性 RNN 隐藏层的作用与 Ji 等人[79]研究中的隐变量类似。在这种平行结构上训练的语言模型 PPL 值得到了 6.8%～16.5%的下降。本章还使用这种语言模型来对中-英机器翻译系统的输出进行重排序，平均得到了 0.97 BLEU 值的提升。

参考文献

[1] BROWN P F, COCKE J, DELLA PIETRA S A, et al. A Statistical Approach to Machine Translation. Computational Linguistics, 1990, 16 (2): 79-85.

[2] BROWN P F, DELLA PIETRA S A, DELLA PIETRA V J, et al. The Mathematics of Statistical Machine Translation: Parameter Estimation. Computational Linguistics, 1993, 19 (2): 263-311.

[3] KOEHN P, OCH F J, MARCU D. Statistical Phrase-Based Translation. Proceedings of the 2003 Human Language Technology Conference of the North American Chapter of the Association for Computational Linguistics, 2003: 127-133.

[4] OCH F J, NEY H. The Alignment Template Approach to Statistical Machine Translation. Computational Linguistics, 2004, 30 (4): 417-449.

[5] CHIANG D. A Hierarchical Phrase-Based Model for Statistical Machine Translation. Proceedings of the 43rd Annual Meeting of the Association for Computational Linguistics (ACL'05), 2005: 263-270.

[6] WU D. Grammarless extraction of phrasal translation examples from

parallel texts. Proceedings of the Sixth International Conference on Theoretical and Methodological Issues in Machine Translation, 1995: 354-372.

[7] WU D. A Polynomial-Time Algorithm for Statistical Machine Translation. 34th Annual Meeting of the Association for Computational Linguistics. Santa Cruz, California, USA, 1996: 152-158.

[8] LIU Y, LIU Q, LIN S. Tree-to-String Alignment Template for Statistical Machine Translation. Proceedings of the 21st International Conference on Computational Linguistics and 44th Annual Meeting of the Association for Computational Linguistics. Sydney, Australia, 2006: 609-616.

[9] MI H, HUANG L, LIU Q. Forest-Based Translation. Proceedings of the 2008 Conference on Empirical Methods in Natural Language Processing. Columbus, Ohio, 2008: 192-199.

[10] GALLEY M, HOPKINS M, KNIGHT K, et al. What's in a translation rule. Human Language Technology Conference of the North American Chapter of the Association for Computational Linguistics, HLT-NAACL 2004. Boston, Massachusetts, USA, 2004: 273-280.

[11] MARCU D, WANG W, ECHIHABI A, et al. SPMT: Statistical Machine Translation with Syntactified Target Language Phrases. Proceedings of the 2006 Conference on Empirical Methods in Natural Language Processing. Sydney, Australia, 2006: 44-52.

[12] YAMADA K, KNIGHT K. A Syntax-based Statistical Translation Model. Proceedings of the 39th Annual Meeting of the Association for Computational Linguistics. Toulouse, France, 2001: 523-530.

[13] LIU D, GILDEA D. Improved Tree-to-string Transducer for Machine Translation. Proceedings of the Third Workshop on Statistical Machine Translation. Stroudsburg, PA, USA, 2008: 62-69.

[14] HUANG L, CHIANG D. Better K-best Parsing. Proceedings of the Ninth International Workshop on Parsing Technology. Stroudsburg, PA, USA, 2005: 53-64.

[15] LIU Y, LIU Q. Joint Parsing and Translation. Proceedings of the 23rd International Conference on Computational Linguistics (COLING 2010). Beijing, China, 2010: 707-715.

[16] GILDEA D, JURAFSKY D. Automatic Labeling of Semantic Roles. Computational Linguistics, 2002, 28 (3): 245-288.

[17] SURDEANU M, HARABAGIU S, WILLIAMS J, et al. Using Predicate-Argument Structures for Information Extraction. Proceedings of the 41st Annual Meeting of the Association for Computational Linguistics. Sapporo, Japan, 2003: 8-15.

[18] SHEN D, LAPATA M. Using Semantic Roles to Improve Question Answering. Proceedings of the 2007 Joint Conference on Empirical Methods in Natural Language Processing and Computational Natural Language Learning (EMNLP-CoNLL). Prague, Czech Republic, 2007: 12-21.

[19] KHAN A, SALIM N, JAYA KUMAR Y. A framework for multi-document abstractive summarization based on semantic role labelling. Applied Soft Computing, 2015, 30: 737-747.

[20] ZHAI F, ZHANG J, ZHOU Y, et al. Machine Translation by Modeling Predicate-Argument Structure Transformation. Proceedings of International Conference on Computational Linguistics 2012. Mumbai, India, 2012: 3019-3036.

[21] XIONG D, ZHANG M, LI H. Modeling the Translation of Predicate-Argument Structure for SMT. Proceedings of the 50th Annual Meeting of the Association for Computational Linguistics. Jeju Island, Korea, 2012: 902-911.

[22] BAKER C F, FILLMORE C J, LOWE J B. The Berkeley FrameNet

Project. 36th Annual Meeting of the Association for Computational Linguistics and 17th International Conference on Computational Linguistics. Montreal, Quebec, Canada, 1998: 86-90.

[23] PALMER M, GILDEA D, KINGSBURY P. The Proposition Bank: An Annotated Corpus of Semantic Roles. Computational Linguistics, 2005, 31 (1).: 71-106.

[24] MEYERS A, REEVES R, MACLEOD C, et al. The NomBank Project: An Interim Report. Proceedings of the Workshop Frontiers in Corpus Annotation at HLT-NAACL 2004. Boston, Massachusetts, USA, 2004: 24-31.

[25] YOU L, LIU K. Building Chinese FrameNet database. 2005 International Conference on Natural Language Processing and Knowledge Engineering, 2005: 301-306.

[26] XUE N. Labeling Chinese Predicates with Semantic Roles. Computational Linguistics, 2008, 34 (2): 225-255.

[27] XUE N. Annotating the Predicate-Argument Structure of Chinese Nominalizations. Proceedings of the Fifth International Conference on Language Resources and Evaluation, LREC 2006. Genoa, Italy, 2006: 1382-1387.

[28] PRADHAN S S, WARD W H, HACIOGLU K, et al. Shallow Semantic Parsing using Support Vector Machines. Proceedings of the Human Language Technology Conference of the North American Chapter of the Association for Computational Linguistics: HLT-NAACL 2004. Boston, Massachusetts, USA, 2004: 233-240.

[29] BONIAL C, BONN J, CONGER K, et al. PropBank: Semantics of New Predicate Types. Proceedings of the Ninth International Conference on Language Resources and Evaluation, LREC 2014. Reykjavik, Iceland, 2014: 3013-3019.

[30] HARTMANN S, ECKLE-KOHLER J, GUREVYCH I. Generating

Training Data for Semantic Role Labeling based on Label Transfer from Linked Lexical Resources. Transactions of the Association for Computational Linguistics. 2016, 4: 197-213.

[31] SIKOS J, VERSLEY Y, FRANK A. Implicit Semantic Roles in a Multilingual Setting. Proceedings of the Fifth Joint Conference on Lexical and Computational Semantics. Berlin, Germany, 2016: 45-54.

[32] GORMLEY M R, MITCHELL M, VAN DURME B, et al. Low-Resource Semantic Role Labeling. Proceedings of the 52nd Annual Meeting of the Association for Computational Linguistics. Baltimore, Maryland, 2014: 1177-1187.

[33] LEWIS M, HE L, ZETTLEMOYER L. Joint A* CCG Parsing and Semantic Role Labelling. Proceedings of the 2015 Conference on Empirical Methods in Natural Language Processing. Lisbon, Portugal, 2015: 1444-1454.

[34] YANG H, ZONG C. Multi-Predicate Semantic Role Labeling. Proceedings of the 2014 Conference on Empirical Methods in Natural Language Processing (EMNLP). Doha, Qatar, 2014: 363-373.

[35] Do Q N T, Bethard S, Moens M-F. Facing the most difficult case of Semantic Role Labeling: A collaboration of word embeddings and co-training. Proceedings of COLING 2016, the 26th International Conference on Computational Linguistics: Technical Papers. Osaka, Japan, December 2016: 1275-1284.

[36] DESCHACHT K, MOENS M F. Semi-supervised Semantic Role Labeling Using the Latent Words Language Model. Proceedings of the 2009 Conference on Empirical Methods in Natural Language Processing. Singapore, 2009: 21-29.

[37] FÜRSTENAU H, LAPATA M. Graph Alignment for Semi-Supervised Semantic Role Labeling. Proceedings of the 2009 Conference on Empirical Methods in Natural Language Processing. Singapore, 2009: 11-20.

[38] FÜRSTENAU H, LAPATA M. Semi-Supervised Semantic Role Labeling via Structural Alignment. Computational Linguistics, 2012, 38 (1): 135-171.

[39] ABEND O, REICHART R, RAPPOPORT A. Unsupervised Argument Identification for Semantic Role Labeling. Proceedings of the Joint Conference of the 47th Annual Meeting of the ACL and the 4th International Joint Conference on Natural Language Processing of the AFNLP. Suntec, Singapore, 2009: 28-36.

[40] ABEND O, RAPPOPORT A. Fully Unsupervised Core-Adjunct Argument Classification. Proceedings of the 48th Annual Meeting of the Association for Computational Linguistics. Uppsala, Sweden, 2010: 226-236.

[41] GRENAGER T, MANNINg C D. Unsupervised Discovery of a Statistical Verb Lexicon. Proceedings of the 2006 Conference on Empirical Methods in Natural Language Processing. Sydney, Australia, 2006: 1-8.

[42] LANG J, LAPATA M. Unsupervised Induction of Semantic Roles. Human Language Technologies: The 2010 Annual Conference of the North American Chapter of the Association for Computational Linguistics. Los Angeles, California, 2010: 939-947.

[43] LANG J, LAPATA M. Unsupervised Semantic Role Induction with Graph Partitioning. Proceedings of the 2011 Conference on Empirical Methods in Natural Language Processing. Edinburgh, Scotland, UK, 2011: 1320-1331.

[44] RUPPENHOFER J, SPORLEDER C, MORANTE R, et al. SemEval-2010 Task 10: Linking Events and Their Participants in Discourse. Proceedings of the 5th International Workshop on Semantic Evaluation. Uppsala, Sweden, 2010: 45-50.

[45] SILBERER C, FRANK A. Casting Implicit Role Linking as an Anaphora Resolution Task. *SEM 2012: The First Joint Conference on Lexical and Computational Semantics Volume 1: Proceedings of the main conference and the

shared task, and Volume 2: Proceedings of the Sixth International Workshop on Semantic Evaluation (SemEval 2012). Montréal, Canada, 2012: 1-10.

[46] GERBER M, CHAI J. Beyond NomBank: A Study of Implicit Arguments for Nominal Predicates. Proceedings of the 48th Annual Meeting of the Association for Computational Linguistics. Uppsala, Sweden, 2010: 1583-1592.

[47] COLLOBERT R, WESTON J, BOTTOU L, et al. Natural Language Processing (Almost) from Scratch. Journal of Machine Learning Research, 2011, 12: 2493-2537.

[48] ZHOU J, XU W. End-to-end learning of semantic role labeling using recurrent neural networks. In Proceedings of the 53rd Annual Meeting of the Association for Computational Linguistics and the 7th International Joint Conference on Natural Language Processing. Beijing, China, 2015: 1127-1137.

[49] WANG Z, JIANG T, CHANG B, et al. Chinese Semantic Role Labeling with Bidirectional Recurrent Neural Networks. In Proceedings of the 2015 Conference on Empirical Methods in Natural Language Processing. Lisbon, Portugal, 2015: 1626-1631.

[50] ZHU J, ZHU M, WANG Q, et al. NiuParser: A Chinese Syntactic and Semantic Parsing Toolkit. Proceedings of ACL-IJCNLP 2015 System Demonstrations, Beijing, China, July 2015: 145-150.

[51] CHE W, LI Z, LIU T. LTP: A Chinese Language Technology Platform. Proceedings of the 23rd International Conference on Computational Linguistics (COLING 2010). Beijing, China, 2010: 13-16.

[52] PRADHAN S S, WARD W H, HACIOGLU K, et al. Shallow Semantic Parsing using Support Vector Machines. Proceedings of the Human Language Technology Conference of the North American Chapter of the Association for Computational Linguistics: HLT-NAACL 2004. Boston, Massachusetts, USA, 2004:

233-240.

[53] LIU D, GILDEA D. Semantic Role Features for Machine Translation. Proceedings of the 23rd International Conference on Computational Linguistics (COLING 2010). Beijing, China, 2010: 716-724.

[54] KOMACHI M, MATSUMOTO Y, NAGATA M. Phrase reordering for statistical machine translation based on predicate-argument structure. 2006 International Workshop on Spoken Language Translation, IWSLT 2006. Keihanna Science City, Kyoto, Japan, 2006: 77-82.

[55] WU D, FUNG P. Semantic Roles for SMT: A Hybrid Two-Pass Model. Human Language Technologies: Conference of the North American Chapter of the Association of Computational Linguistics. Boulder, Colorado, USA, Short Papers, 2009: 13-16.

[56] XIONG D, ZHANG M, LI H. Modeling the Translation of Predicate-Argument Structure for SMT. Proceedings of The 50th Annual Meeting of the Association for Computational Linguistics. Jeju Island, Korea, 2012: 902-911.

[57] AZIZ W, RIOS M, SPECIA L. Shallow Semantic Trees for SMT. Proceedings of the Sixth Workshop on Statistical Machine Translation. Stroudsburg, PA, USA, 2011: 316-322.

[58] BAZRAFSHAN M, GILDEA D. Semantic Roles for String to Tree Machine Translation. Proceedings of the 51st Annual Meeting of the Association for Computational Linguistics, ACL 2013. Sofia, Bulgaria, 2013: 419-423.

[59] OCH F J. Minimum Error Rate Training in Statistical Machine Translation. Proceedings of the 41st Annual Meeting of the Association for Computational Linguistics. Sapporo, Japan, 2003: 160-167.

[60] SONG Z, STRASSEL S, LEE H, ET Al. Collecting Natural SMS and Chat Conversations in Multiple Languages: The BOLT Phase 2 Corpus.

Proceedings of the Ninth International Conference on Language Resources and Evaluation (LREC'14). Reykjavik, Iceland, 2014.

[61] KOEHN P, HOANG H, BIRCH A, et al. Moses: Open Source Toolkit for Statistical Machine Translation. Proceedings of the 45th Annual Meeting of the Association for Computational Linguistics Companion Volume Proceedings of the Demo and Poster Sessions. Prague, Czech Republic, 2007: 177-180.

[62] PETROV S, BARRETT L, THIBAUX R, et al. Learning Accurate, Compact, and Interpretable Tree Annotation. Proceedings of the 21st International Conference on Computational Linguistics and 44th Annual Meeting of the Association for Computational Linguistics. Sydney, Australia, 2006: 433-440.

[63] KOEHN P. Statistical Significance Tests for Machine Translation Evaluation. Proceedings of the 2004 Conference on Empirical Methods in Natural Language Processing, EMNLP 2004. Barcelona, Spain, 2004: 388-395.

[64] CLARK J, DYER D, LAVIE A, et al. Better Hypothesis Testing for Statistical Machine Translation: Controlling for Optimizer Instability. The 49th Annual Meeting of the Association for Computational Linguistics: Human Language Technologies. Portland, Oregon, USA, 2011: 176-181.

[65] 翟飞飞. 基于语言结构知识的统计机器翻译方法研究. 北京: 中国科学院大学, 2014.

[66] CHELBA C, ENGLE D, JELINEK F, et al. Structure and performance of a dependency language model. Fifth European Conference on Speech Communication and Technology, EUROSPEECH 1997. Rhodes, Greece, 1997.

[67] CHELBA C, JELINEK F. Exploiting Syntactic Structure for Language Modeling. Proceedings of the 36th Annual Meeting of the Association for Computational Linguistics and 17th Interna-tional Conference on Computational Linguistics, COLING-ACL '98. Université de Montréal, Montréal, Quebec,

Canada., 1998: 225-231.

[68] CHARNIAK E. Immediate-Head Parsing for Language Models. Proceedings of the 39th Annual Meeting of the Association for Computational Linguistics. Toulouse, France, 2001: 124-131.

[69] PENG H, ROTH D. Two Discourse Driven Language Models for Semantics. Proceedings of the 54th Annual Meeting of the Association for Computational Linguistics. Berlin, Germany, August 2016: 290-300.

[70] BROWN P F, DELLA PIETRA V J, DESOUZA P V, et al. Class-Based n-gram Models of Natural Language. Computational Linguistics, 1992, 18 (4): 467-480.

[71] KNESER R, NEY H. Improved clustering techniques for class-based statistical language modelling. Third European Conference on Speech Communication and Technology, EUROSPEECH 1993. Berlin, Germany, 1993: 22-25.

[72] HEEMAN P A. POS Tagging versus Classes in Language Modeling. Sixth Workshop on Very Large Corpora, 1998.

[73] BENGIO Y, DUCHARME R, VINCENT P, et al. A Neural Probabilistic Language Model. Journal Of Machine Learning Research. 2003, 3: 1137-1155.

[74] MIKOLOV T, KARAFIÁT M, BURGET L, et al. Recurrent neural network based language model. INTERSPEECH 2010, 11th Annual Conference of the International Speech Communication Association, 2010: 1045-1048.

[75] MIKOLOV T, ZWEIG G. Context dependent recurrent neural network language model. 2012 IEEE Spoken Language Technology Workshop (SLT). Miami, FL, USA, 2012: 234-239.

[76] DIENG A B, WANG C, GAO J, et al. TopicRNN: A Recurrent Neural

Network with Long-Range Semantic Dependency. International Conference on Learning Representations, 2017.

[77] AHN S, CHOI H, PÄRNAMAA T, Et al. A Neural Knowledge Language Model. arXiv preprint,2016, abs/1608.00318.

[78] JI Y, COHN T, KONG L, et al. Document Context Language Models. arXiv preprint, 2015, abs/1511.03962.

[79] JI Y, HAFFARI G, EISENSTEIN J. A Latent Variable Recurrent Neural Network for Discourse-Driven Language Models. Proceedings of the 2016 Conference of the North American Chapter of the Association for Computational Linguistics: Human Language Technologies. San Diego, California, 2016: 332-342.

[80] WANG T, CHO K. Larger-Context Language Modelling with Recurrent Neural Network. Proceedings of the 54th Annual Meeting of the Association for Computational Linguistics (Volume 1: Long Papers), 2016: 1319-1329.

[81] ZAIDAN O F. Z-MERT: A Fully Configurable Open Source Tool for Minimum Error Rate Training of Machine Translation Systems. The Prague Bulletin of Mathematical Linguistics, 2009, 91: 79-88.

第 4 章

句法知识与神经机器翻译联合学习模型

4.1 引言

近年来，序列到序列（Sequence-to-Sequence，Seq2Seq）神经机器翻译模型已经取得了长足的进步[1-2]。然而，由于序列本身的特性，该模型难以对句子中长距离的词或短语之间的句法语义关系进行建模。基于树结构的模型有望解决这一问题[3]。Eriguchi 等人[4]提出了一种方法，即根据句法结构将词或短语向量构建成句子的向量表示。由于人工句法标注成本太高，他们使用句法分析工具的自动分析结果来做树到序列（Tree-to-Sequence，Tree2Seq）的翻译。然而，自动分析的准确率并不高，可能导致更为严重的翻译错误。

在统计机器翻译中，不依赖句法标注而从文本中学习形式文法已取得了一定的成功[5]。本章提出在神经机器翻译过程中自动学习源语言句子的"形式"树，从而完成树到序列的翻译。具体地，本章使用一种无监督树学习模型——Gumbel Tree-LSTM[6]，自动学习源语言句子的"形式"树及树上每个节点的向量表示，在解码时充分考虑树结构及其向量表示。给定词语序列作为输入时，Gumbel Tree-LSTM 模型首先生成所有可能的相邻节点组合，然后计算各组合的有效性评分来选出概率最高的一个组合作为新的节点。这个过程会递归进行，直到只剩下一个节点。这时，树的学习过程就完成了。

整合利用源端和目标端的句法树信息是一项挑战，因为在解码时目标端的句法树信息是未知的，要在生成词语序列的同时生成目标端的句法树无疑会增加解码难度。现有的神经机器翻译模型主要利用注意力（基于循环神经网络的模型[1-2,7]）或自注意力（Transformer 模型[8]）机制学习目标语言词和源语言词之间的软对齐。在统计机器翻译中，无论是基于短语还是基于句法的模型都取得了不错的效果，但是如何在神经机器翻译过程中进行双语句法成分对齐仍是亟待解决的问题。

本章先介绍树结构的编码器、解码器，以及无监督树学习等内容，然后详细介绍两种模型方法。

（1）采用无监督树编码器将无监督树融入基于循环神经网络和自注意力机制的神经机器翻译模型，在此基础上设计双语句法成分对齐与神经机器翻译联合学习模型的训练方法。本章在实验部分介绍了实验数据、训练细节和实验结果，并举例分析了自动学习的英语树、汉语树和在不同语种翻译任务中的树。

（2）采用句法跨度单元细粒度地表示源端和目标端的句法树，并通过互信息最大化的方式来对齐和强化双端句法结构，以此来约束传统的机器翻译损失函数，使得机器翻译模型在训练过程中得到句法信息修正，产生与源端句法结构更一致的译文，直接减少译文中的句法结构漂移等复杂错误。

4.2　树结构学习的基础方法

本章所做的工作主要与树结构的神经网络模型相关。递归神经网络（Recursive Neural Network，RvNN）[9]模型是一种经典的树结构神经网络模型。

近几年，学者们基于循环神经网络（Recurrent Neural Network，RNN）[10]或长短时记忆（Long Short-Term Memory，LSTM）[11]网络提出了一些树结构模型。由于大规模句法树库的标注成本高，部分学者将目光转向无监督树学习或隐式树学习，即直接从普通文本中学习适合下游任务的树结构，而不拘泥于语言学句法树。本节将对树结构的神经网络编码器、树结构的神经网络解码器和无监督树学习等方面进行简单的介绍。

4.2.1 树结构的神经网络编码器

Zhu等人[12]和Tai等人[13]都对LSTM网络进行了扩展，或者说他们将LSTM网络引入了RvNN，使得新网络的每一个单元都能够接收从它的多个孩子单元传递来的信息，从而能对树结构进行建模。他们将这种技术应用于句子级或短语级的情感分析任务，并取得了比RvNN更好的结果。Tai等人[13]还指出，序列LSTM网络可以看作树形LSTM网络的一个特例。Chen等人[14]提出使用序列LSTM网络和树形LSTM网络的混合模型来融合句法信息，以提高推理任务的准确度。

Li等人[3]为了对递归模型（或树结构模型）与循环模型（或序列模型）进行比较，在情感分类、短语匹配、语义关系分类和篇章分析4个任务上进行了实验，并得出结论：树结构模型在处理长距离依赖或较长序列任务上的效果更好。为了充分利用各级别视觉信息或语言上下文信息，Gao等人[15]提出了一种基于层次LSTM网络的自适应注意力模型，用于完成图片标题生成任务。

以上的研究成果全部用于机器翻译以外的任务。Eriguchi等人[4]提出了一种树到序列的机器翻译模型，以利用源语言句法信息。他们使用了Tai等人[13]提出的树结构模型Gumbel Tree-LSTM。Chen等人[16]将双向序列编码器扩展为树结构，提出了基于门控循环单元[1]（Gated Recurrent Unit，GRU）的双向树形编码器，其中的每一个节点都是由孩子节点和父亲节点共同计算得出的。

4.2.2　树结构的神经网络解码器

与在编码器中使用句法信息相比，在解码器中使用会更难。这是因为源语言的句法树可以通过自动分析工具或人工标注出来，但是在翻译任务中目标语言句子是未知的，需要生成句法树，这无疑增加了解码器的负担。

Zhang 等人[17]和 Zhou 等人[18]分别提出了一种用于依存句法树的生成式神经网络模型。主要区别是，Zhang 等人重新定义了依存路径，并使用 4 个 RNN 以特定的顺序预测树节点；而 Zhou 等人首次将依存句法树转换为三叉完全树，并开发了一个处理依存关系的 K 叉完全树模型。他们都将主要工作聚焦于解码器，并默认编码过程已经结束。

Alvarez-Melis 和 Jaakkola[19]提出了一种双向循环神经网络模型，模型中的每一个节点都从祖先节点和前面的兄弟节点接收信息。Chen 等人[20]将树到树模型用于程序语言翻译，为树到树模型的有效性提供了证据。但是本书认为，直接将树到树模型用于自然语言翻译仍有其局限性，实验效果并不好，原因可能是自然语言的句法不像程序语言那么规范，而且句法分析的准确率较低。本章聚焦于树形编码器，并考虑在未来工作中如何改进解码器。

4.2.3　无监督树学习

以上研究工作都使用了树结构来引导句法成分的有序组合。近年来，学者们开始研究使用神经网络预测句子的树结构，并将树结构用于句子表示，而不使用任何存在句法标注信息的数据做训练，这个领域被称为无监督树学习（Unsupervised Tree Learning）或隐式树学习（Latent Tree Learning）。

Choi 等人[6]将直通式 Gumbel-Softmax 评估器（Straight Through Gumbel-Softmax Estimator）[21]用于无监督树学习，并将生成的树用于自然语言推理和情感分析任务。本章使用他们提出的 Gumbel Tree-LSTM 模型作为源语言的树形编码器。Yogatama 等人[22]使用强化学习技术学习树结构。Williams 等人[23]重现并比较了以上两项工作，指出虽然学习到的树结构与宾州树库（Penn Tree

Bank，PTB）中的人工标注不同，但是仍有益于句子的语义表示。

Shen 等人[24]提出了分析－读入－预测网络（Parsing-Reading-Predict Network，PRPN），该网络包含 3 部分：分析网络、读入网络和预测网络。首先，由卷积神经网络构成的分析网络会计算出所有词对之间的句法距离，句法距离反映了词语之间的句法关系；其次，读入网络会将所有与当前词语有关的存储单元读入，并计算词语的表示；最后，预测网络会预测下一个词语。Le 和 Zuidema[25]提出了一种森林 CNN，使每一个节点都能从所有可能的孩子节点接收信息，而不是像以往那样只能利用单一的句法树信息。

Kim 等人[26]提出了一种无监督的循环神经网络文法（Unsupervised Recurrent Neural Network Grammars，URNNG）。有监督的循环神经网络文法（RNNG）是一种基于转移句法分析和语言建模的技术[27]，需要读入有标注的数据进行训练，而 URNNG 能够从推理网络中采样二叉树，故不需要有标注的数据。Shen 等人[28]提出了一种有序神经元 LSTM（Ordered Neurons-LSTM，ON-LSTM）网络模型，通过向 LSTM 网络添加主输入门（Master Input Gate）和主忘记门（Master Forget Gate），来对短语树结构中的信息更新进行控制：在一个隐藏层中，序号较高的神经元更新频率较低，而序号较低的神经元更新频率较高。随后，Shen 等人[29]又提出了有序记忆（Ordered Memory）单元，通过使用带累积概率的遮罩注意力（Masked Attention）来控制记忆单元的读和写，并提出了一种门控递归单元（Gated Recursive Cell）用于完成从低层级向量表示到高层级的归约计算，在逻辑推理、情感分类等任务上取得了性能提升。

Bisk 和 Tran[30]使用结构化的自注意力模型学习隐式的依存结构，并将它们输入一个共享的注意力模型来改善翻译效果。Drozdov 等人[31]提出了一种在节点内部自底向上而在节点外部自顶向下的树结构处理算法，利用该算法可学习更好的句子表示方式。

在所有这些无监督树学习技术中，本章选择有潜力的一种——Gumbel Tree-LSTM，来学习适用于机器翻译任务的句内语义组合方式。

4.2.4　利用统计机器翻译短语表

在研究重心从 SMT 转向 NMT 的过程中，学者们提出了一些混合模型，目的是融合 SMT 和 NMT 两者的优点。Cho 等人[1]用基于 RNN 的编码器-解码器对 SMT 短语表中的短语对进行打分。Mi 等人[32]使用从 SMT 系统中抽取的短语表构建句子级的词汇表，替换了原有的完整词汇表，这样可以加快训练速度，减少训练所需的内存空间。Dahlmann 等人[33]提出了一种混合的束搜索策略，以利用 NMT 和 SMT 的特征产生短语翻译假设。Guo 等人[34]通过查找 SMT 短语表，丰富了非自回归神经机器翻译模型解码器的输入，还提出了一种结合了词级对抗学习和句子级对齐的词向量映射方法。

本章的研究工作也可以看作 SMT 和 NMT 的融合：使用 SMT 中的词对齐技术，构建句法成分级的训练样本。但是本章的主要目的是使用句法成分级的对齐来指导 NMT 模型的训练。

4.2.5　在神经机器翻译中学习短语

Yu 等人[35]将短语对齐问题看作寻找一个转移操作序列的问题，并介绍了一个动态规划算法来寻找最优路径。Huang 等人[36]提出了一个基于沉睡-唤醒网络（Sleep-WAke Networks，SWAN）[37]的短语级神经机器翻译（Neural Phrase-based Machine Translation，NPMT）模型，在该模型的一个时间步中，沉睡的输入不产生任何目标语言片段，而唤醒的输入产生。使用这种模型的好处是，它不靠注意力机制就能学习源语言和目标语言的对齐关系，但是由于 SWAN 的限制，它需要对源语言句子进行预先调序。Feng 等人[38]对 NPMT 模型进行了改进，他们引入了短语级注意力机制和来自外部的短语词典。Nguyen 等人[39]将传统 NMT 模型中的注意力机制功能进行了扩展，使得它能够对词语序列（短语）建模。Park 和 Tsvetkov[40]借鉴了 SMT 中的繁衍率模型，预测一个源语言单词能够产生多少个目标语言单词，还将解码器最后一层的 Softmax 函数替换为连续的词向量及短语向量。Wiseman 等人[41]使用隐半马尔可夫模型（Hidden Semi- Markov Model，HSMM）解码器来学习包含若干短语的模板，用于数据库到文本的生成。

这些模型改造了 NMT 内部的编码器或解码器，使其能够处理短语。本章模型先在 NMT 外部的判别器中学习句法成分级的对齐，再将对齐知识传递给 NMT 生成器。我们认为，这种方式能够更好地学习句法成分对齐，而不受编码器、解码器的限制。

4.2.6　基于句法的神经机器翻译

目前，已经有研究人员开始探索如何在源端或目标端向神经机器翻译过程融入句法树信息。

在源语言句法树方面，Eriguchi 等人[4]提出了树到序列的机器翻译模型，以利用源语言短语的树结构信息，并研究了在源语言树上应用注意力机制。他们使用 Tai 等人提出的 Gumbel Tree-LSTM[13]模型作为非叶子节点的表示方式。Chen 等人[16]将双向序列编码器扩展为双向树结构编码器，使得每一个节点的计算不仅依赖于其孩子节点，还接受来自父亲节点的信息，弥补了部分节点信息不足的缺陷。Zaremoodi 和 Haffari[42]提出了森林到序列（Forest-to-Sequence）的神经机器翻译模型，该模型可以利用源语言多个句法树的分析结果，降低句法分析错误带来的错误放大效应，但是时间效率会有所下降。Wu 等人[43]利用源语言句子的依存句法关系改善了翻译效果。

在目标语言句法树方面，Aharoni 和 Goldberg[44]将目标端的句法树进行线性转化，将其看作序列来完成序列到树的神经机器翻译。Wang 等人[45]提出的方法能够同时产生目标端的树结构和译文，并用树结构指导翻译过程。Wu 等人[46]通过在解码器中添加额外的 RNN 来产生依存句法树，完成序列到依存（Sequence-to-Dependency）的神经机器翻译。Akoury 等人[47]提出了带句法监督的 Transformer 模型，该模型先预测一个句法树再产生单词序列。

一些研究者通过多任务学习（Multi-task Learning）将句法知识融入神经机器翻译。多任务学习是机器学习的范式之一，目的是共同提高若干相关任务的性能。例如，Luong 等人[48]将机器翻译和句法分析两个任务的序列到序列编码器、解码器进行共享；Eriguchi 等人[49]提出将神经机器翻译的解码过程和基于规则转移的句法分析模型进行融合，以同时进行句法分析和机器翻译学习。

以上研究均在源端或目标端单独利用句法标注信息。Wu 等人[50]提出了一个同时利用两端依存句法结构的翻译模型。我们也尝试了同时利用两端的句法结构，但不是短语句法树和依存句法树，而是自动学习的无监督树，并且在模型架构上与 Wu 等人的研究不同。本章提出了以生成器-判别器框架为基础的双语句法成分对齐学习方法。

4.2.7　对齐学习

对齐包含文本与图像的对齐和文本与文本的对齐。Kiros 等人[51]将词向量与谷歌搜索得到的图片进行了对齐。Shi 等人[52]将句法成分与图像进行了对齐，利用视觉信息提高了句法分析的准确性。Yang 等人[53]提出了协同注意力（Co-Attention）模型，以捕捉文本和视觉特征之间的共同点，并使用一个视觉信息规则化的训练目标来支持双向翻译模型在翻译语义相同的单词时关注相应图像的同一部分。与规则化的训练目标不同，本章将对齐学习引入生成器-判别器框架。相关研究见文献[54]，文献中使用句子级的对齐学习来指导 NMT 模型的训练，而本章使用句法成分级的对齐来对句子对齐进行评分。此外，本章还使用了 SMT 的词对齐技术抽取了句法成分对齐的训练样本。

4.3　源端句法信息与神经机器翻译联合学习模型

本节提出一种基于无监督树学习的树到序列神经机器翻译框架，将 Gumbel Tree-LSTM 无监督树编码器技术融入基于 RNN 和自注意力机制的翻译模型。在图 4-1 的左半部分（编码器），源语言的词向量序列被输入 RNN 层或自注意力层，最后一层的输出被送入无监督树编码器来学习源语言句子的树结

构；在图 4-1 的右半部分（解码器），进行过右移的目标语言词向量序列也被
送入 RNN 层或自注意力层，然后源语言无监督树编码器的叶子节点（对应于
标准编码器-解码器框架下的编码器输出）和非叶子节点（本章提供的树结构
信息）作为上下文信息被送入解码器的上下文注意力模块，为解码提供更多的
句子结构信息，最后通过 Softmax 层产生输出序列（译文）。

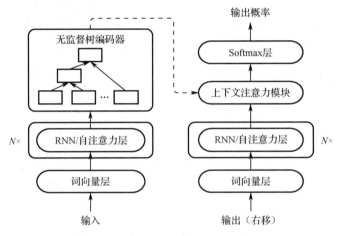

图 4-1　基于无监督树学习的树到序列神经机器翻译框架

本节使用 Gumbel Tree-LSTM[6]模型完成无监督树的编码过程。Gumbel
Tree-LSTM 模型能够从无标注的普通文本数据中学习如何构成树结构。它自底
向上递归地从所有相邻节点组成的语义组合中选择最佳的一个，直到只剩下一
个根节点。它使用直通式 Gumbel-Softmax 评估器[21]，在前向计算时取得离散
采样结果，在反向传播时使用连续的残差信号，这可以让误差得以回传。

4.3.1　无监督树编码器

无监督树学习的核心任务是从所有语义组合中选择最有可能的一个。
Gumbel Tree-LSTM 模型的语义组合选择过程如图 4-2 所示。首先，给定第 t 层
的向量表示序列(A, cat, sits, down)，每两个相邻节点都使用 Gumbel Tree-LSTM
模型计算得到它们的父亲节点 A cat、cat sits、sits down 作为候选。然后使用一
个可训练的查询向量 q 计算每个候选的有效性评分并选择得分最高的那个。将
选出的父亲节点 A cat 和未被选择的节点 sits、down 复制到第 t+1 层的相应位

置。重复以上过程，直到只剩下一个节点（根节点），树的构建就完成了。

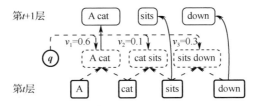

图 4-2   Gumbel Tree-LSTM 模型的语义组合选择过程

下面介绍计算细节。本节使用与文献[6]相同的参数设置，通过一个可训练的查询向量 q 衡量每一个组合的有效性并选择最佳的一个，有效性评分计算如下。

$$v_i = \frac{\exp(q \cdot \tilde{h}_i^{t+1})}{\sum_{j=1}^{M_{t+1}} \exp(q \cdot \tilde{h}_j^{t+1})} \tag{4-1}$$

在验证或测试阶段，模型选择有效性评分最高的一个组合作为父亲节点。但是在训练阶段，本节需要使用直通式 Gumbel-Softmax 评估器来采样得出一个父亲节点。假设 π_i 是规一化之前的有效性评分 $\exp(q \cdot \tilde{h}_i^{t+1})$，Gumbel-Softmax 分布计算如下。

$$O_i = \frac{\exp((\log(\pi_i) + g_i)/\tau)}{\sum_{j=1}^{k} \exp((\log(\pi_j) + g_j)/\tau)} \tag{4-2}$$

式中，g_i 是 Gumbel 噪声；τ 是温度参数。在前向计算时，直通式 Gumbel-Softmax 评估器将连续的概率向量 O 离散化，变为独热向量 O^{ST}，

$$O_i^{ST} = \begin{cases} 1, & i = \mathrm{argmax}_j O_j \\ 0, & \text{其他} \end{cases} \tag{4-3}$$

而在反向传播时，直通式 Gumbel-Softmax 评估器使用 Gumbel-Softmax 分布 O。这个分布是连续的，因而能够用于反向传播，并且能够证明，当 $\tau \to 0$ 时，Gumbel-Softmax 分布逼近离散采样值[21,41]。

最后，选择出的组合及其他节点共同组成第 $t+1$ 层。假设选择的两个节点

是 r_i^t 及 r_{i+1}^t，那么第 $t+1$ 层的节点将是

$$r_j^{t+1} = \begin{cases} r_j^t, & j < i \\ \text{Tree-LSTM}_1(r_j^t, r_{j+1}^t), & j = i \\ r_{j+1}^t, & j > i \end{cases} \qquad (4\text{-}4)$$

重复上述过程，直至只剩下一个节点，树的构建完成。

4.3.2　无监督树与神经机器翻译联合学习

构建完无监督树后，接下来学习把树结构融入神经机器翻译模型，以指导其训练。具体地，将树结构应用到两种主流的神经机器翻译模型中：基于循环神经网络的 RNMT 模型和基于自注意力机制的 Transformer 模型。由于两种模型的结构不同，融合过程也不同。

1．融入 RNMT 模型

本节使用 Gumbel Tree-LSTM 模型作为编码器，使用序列 LSTM 模型作为解码器。与文献[4]一样，使用编码器中的最后一个序列状态 $r_{M_1}^1$ 和树的根节点状态 r_1^N 共同初始化解码器。将它们分别作为左孩子和右孩子输入 Tree-LSTM 树结构：

$$s_1 = \text{Tree-LSTM}_2(r_{M_1}^1, r_1^N) \qquad (4\text{-}5)$$

式中，M_1 表示第 1 层的节点数目。

注意力机制已被证明有益于确定哪些词或短语对当前的解码状态更为重要[55]。本节也融合了注意力机制，使得解码器能够关注包括叶子和非叶子节点在内的所有源端树节点。

如图 4-3 所示为基于无监督树学习的 RNMT 模型。该模型包含 LSTM 编码器（节点 x_i）、LSTM 解码器（节点 s_i）、无监督树编码器和注意力模块。假设源语言句子的词向量序列 $e_1, \cdots, e_N$ 被传入 LSTM 编码器，且节点 x_i 表示 LSTM 编码器的最后一层第 i 个时间步的状态。当所有时间步完成后，最后一层的所

有状态被传入无监督树编码器并构建树结构，表示为节点 r_1^N。然后，与文献[4]一样，本节使用树的根节点 r_1^N 和 LSTM 编码器最后一个时间步的状态 x_N 来初始化解码器的状态 s_1。当进行到第 j 步解码时，将序列编码器的状态（x_i）和树结构编码器的非叶子节点（$r_i^{>1}$）一同作为上下文信息来计算注意力权重 $\alpha_j(i,t)$ 和注意力向量 d_j。最后，将原解码器的隐藏层状态 s_j 和注意力向量 d_j 进行融合，以计算产生 y_j 的概率。

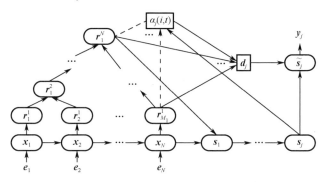

图 4-3　基于无监督树学习的 RNMT 模型

下面介绍计算细节。假设一个源语言句子已经经过词向量层和 LSTM 编码层，且编码层的输出为向量序列 $(x_1,\cdots,x_N)$，则本节使用文献[6]中介绍的基于 LSTM 模型的叶子节点转换方法来初始化隐藏层状态。

$$r_i^t = \begin{bmatrix} h_i^t \\ c_i^t \end{bmatrix} = W_{\text{leaf}} x_i + b_{\text{leaf}} \qquad (4\text{-}6)$$

式中，r_i^t 表示第 t 层第 i 个节点；h_i^t 和 c_i^t 表示相应的隐藏层和单元（Cell）状态。

本节使用一个单独的 Tree-LSTM 树来初始化解码器的状态，把 LSTM 编码器最后一个时间步的状态 x_N 和树结构编码器的根节点 r_1^N 分别作为该 Tree-LSTM 树的左孩子和右孩子。

$$s_1 = \text{Tree-LSTM}_2(x_N, r_1^N) \qquad (4\text{-}7)$$

其中，树结构编码器的层数和源语言的单词数是相等的（都为 N），因为 Gumbel Tree-LSTM 模型每次只归约两个节点。

注意力机制常被用于选择对当前解码最重要的词或短语[55]。因此，这里也使用注意力机制，使解码器关注树上的所有节点（叶子节点和非叶子节点）。如图 4-3 所示，源端树结构中第 t 层第 i 个节点和目标端解码器第 j 个状态的注意力评分 $\alpha_j(i,t)$ 计算如下：

$$\alpha_j(i,t) = \frac{\exp(r_i^t \cdot s_j)}{\sum\limits_{l=1}^{N}\sum\limits_{k=1}^{M_l}\exp(r_k^l \cdot s_j)} \qquad (4\text{-}8)$$

式中，$r_k^l \cdot s_j$ 是源端第 l 层第 k 个节点状态和目标端第 j 个状态的内积。上下文向量按式（4-9）计算。

$$d_j = \sum\limits_{t=1}^{N}\sum\limits_{i=1}^{M_t}\alpha_j(i,t)r_i^t \qquad (4\text{-}9)$$

在解码时，使用一个额外增加的隐藏层 $\tilde{s}_j$ 来预测第 j 个词：

$$\tilde{s}_j = \tanh(W_d[s_j;d_j]+b_d) \qquad (4\text{-}10)$$

最终第 j 个词为 y_i 的概率为

$$p(y_i \mid y_{<j}, x) = \mathrm{Soft\,max}(W_s\tilde{s}_j + b_s) \qquad (4\text{-}11)$$

训练目标是最小化交叉熵损失，即最大化似然函数：

$$J(\theta) = \frac{1}{|D|}\sum\limits_{(x,y)\in D}\log p(y \mid x) \qquad (4\text{-}12)$$

式中，θ 是神经网络模型中的可训练参数；D 是所有的训练集。

2. 融入 Transformer 模型

基于无监督树学习的神经机器翻译方法同样可应用于基于自注意力机制的 Transformer 模型。如图 4-4 所示，与基于 RNN 的模型类似，Transformer 模型编码器的输出在经过一个线性变换后用作树结构编码器底层的隐藏层状态和单元状态，基于此学习树结构。完成树的构建后，学习到的组合（短语）表示作为无监督树编码器的输出，即树的记忆库。最后，原编码器的输出和树记忆库被传入解码器。

在解码器中，我们提出两种使用树记忆库的方式：一是树记忆库被融入原 Transformer 模型解码器的每一层的上下文注意力模块中［见图 4-4（a）］；二是在原 Transformer 模型解码器的所有层之外，即在所有解码步骤完成之后，融合树记忆库［见图 4-4（c）］。

（1）在每一层融合。

在本方法中，解码器的每一层都需要注意到原有的上下文记忆库和本节提出的树记忆库。如图 4-4（b）所示，图中有两个上下文注意力模块：源语言上下文注意力模块和无监督树上下文注意力模块，分别关注源语言编码器和无监督树编码器。这两个模块是级联的，即模块的输入先被传入源语言上下文注意力模块以关注源语言词，其输出再被传入无监督树上下文注意力模块，通过关注源语言的句法树成分，增强对目标词的选择能力。最后，整个模块的输出被传入一个全连接的前馈网络层。假设图 4-4（b）的输入为 E，源语言编码器的输出为 S，无监督树编码器的输出为 T，则输出 Z 可按式（4-13）计算：

$$
\begin{aligned}
X &= \mathrm{MultiHead}(E, S, S) \\
Y &= \mathrm{MultiHead}(\mathrm{Norm}(X), T, T) \\
Z &= \mathrm{FeedForward}(X + Y)
\end{aligned}
\tag{4-13}
$$

式中，MultiHead、Norm 和 FeedForward 分别表示多头注意力、层规范化和全连接前馈网络，参见 2.4.3 节。

（2）在所有层之外单独融合。

在本方法中，树注意力模块在 Transformer 模型解码器的上部［见图 4-4（c）］，树记忆库不会影响所有的原 Transformer 模型解码器层，而解码器最后一层的输出作为树注意力模块的查询（Query）。通过这种做法，模型仅关注树记忆库一次，因此需要更少的训练参数和更快的解码速度。假设原解码器 N 层 Transformer 模型的最终输出为 X'，无监督树编码器的输出为 T，则单独的树注意力模块的输出 Z' 可按式（4-14）计算：

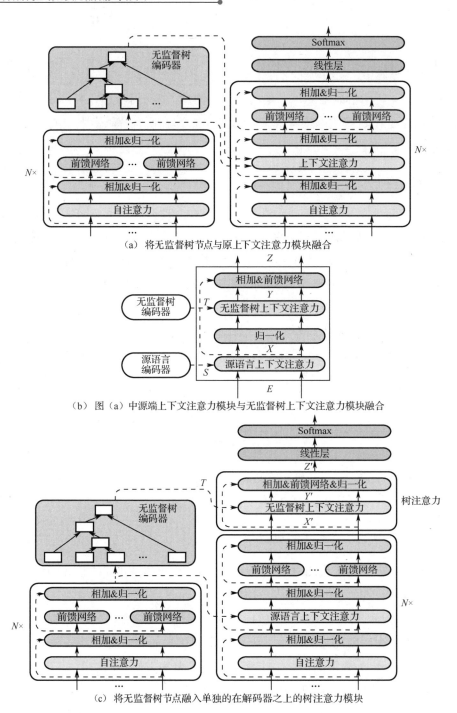

（a）将无监督树节点与原上下文注意力模块融合

（b）图（a）中源端上下文注意力模块与无监督树上下文注意力模块融合

（c）将无监督树节点融入单独的在解码器之上的树注意力模块

图 4-4　无监督树编码器与 Transformer 模型的融合

$$Y' = \text{MultiHead}(X', T, T)$$
$$Z' = \text{Norm}(\text{FeedForward}(X' + Y'))$$

（4-14）

式中，MultiHead、Norm 和 FeedForward 分别表示多头注意力、层规范化和全连接前馈网络，参见 2.4.3 节。

4.3.3　实验分析

1. 实验数据

为测试本章所提出的模型性能，本节在 4 个机器翻译任务上做了实验，分别是汉-英口语翻译、英-日科技翻译、汉-英新闻翻译和 WMT14 英-德新闻翻译。在 3.3 节中，受作者学识所限，对目标端日语和德语的句法、语义分析不甚了解，无法验证所述方法在日语和德语上的表现。而本章不需要对这两种语言的句子进行标注，为了与相关工作进行对比，本实验增加了对这两种语言的测试。汉-英口语翻译任务已在 3.3 节中介绍过，这里不再赘述。本节部分实验数据集统计如表 4-1 所示。

英-日科技翻译任务采用亚洲科学论文摘要语料库（Asian Scientific Paper Excerpt Corpus，ASPEC）语料验证模型的表现，包含第二届亚洲翻译研讨会（WAT2015）提供的科技论文领域的英-日和汉-日平行语料。其中，英-日平行语料约 300 万对句对。为与 Eriguchi 等人的工作[4]进行比较，本实验做了一样的前期处理：采用前 150 万对句对进行训练，日语句子由 KyTea 工具[56]分词，清除句长超过 50 个词的句子，还进行了其他 WAT2015 推荐的处理工作。

本实验在汉-英新闻翻译任务上使用的开发集和测试集与 3.3 节相同，这里不再赘述。为与神经机器翻译领域常用的 LDC Zh-En 训练集保持一致，本实验采用的训练集与 3.3 节中的汉-英大规模新闻语料 LDC Zh-En 有重叠但不完全相同，是来自 LDC 的新闻领域的翻译数据①，共包含约 168 万对句对。汉语句子是用 LTP[57]工具进行分词的，部分语料（LDC2003E14）不是句对齐的，

---

① 包括 LDC2002E18、LDC2003E07、LDC2003E14、LDC2004T07、LDC2004T08 的 Hansards 部分和 LDC2005T06。

本实验使用 Champollion Toolkit（CTK）[58]工具进行句对齐。

WMT14 英–德新闻翻译任务使用 WMT14 英–德数据集测试翻译性能，该数据集包含约 450 万对平行句对。使用 Newstest2013 作为验证集，使用 Newstest2014 作为测试集，分别包含 3,000 对句对和 2,737 对句对。

表 4-1　部分实验数据集统计

任　务	数　据　集		句对数目/对	源端词语数目/个	目标端词语数目/个
英–日科技翻译	ASPEC	训练集	1,500,000	39,642,405	47,987,387
		开发集	1,790	49,148	53,960
		测试集	1,812	45,035	53,719
汉–英新闻翻译	LDC Zh-En		1,678,061	47,575,832	54,859,204
WMT14 英–德新闻翻译	WMT14 英–德		4,520,620	117,013,968	110,233,786
	Newstest2013		3,000	64,807	63,412
	Newstest2014		2,737	61,752	57,987

2. 训练细节

本实验将前面提出的方法应用于两个基线系统：一个是带注意力机制的基于循环神经网络的 RNMT 系统，另一个是基于自注意力机制的 Transformer 系统。其中，RNMT 系统的编码器采用 3 层的双向 LSTM 模型，解码器采用 3 层的 LSTM 模型；Transformer 系统是编码器和解码器各含 6 层自注意力网络的基础版本。两种系统词向量和隐藏层维数都为 512，使用参数 β_1=0.9、β_2=0.998 的 Adam 优化器[59]进行训练，学习率按照文献[60]中所述的方法设置，并设置 warmup_steps= 8000 进行改变。将 Dropout 概率设置为 0.1，以避免过拟合。对于汉–英口语、英–日科技、汉–英新闻和 WMT14 英–德新闻翻译任务，词表大小分别设置为 2 万、6 万、3 万和 5 万；前两者的批大小设置为 2,048，后两者的批大小设置为 4,096。采用与文献[6]相同的温度 τ = 1.0。为解决集外词（Out-of-vocabulary Word）问题，本章在 WMT14 英–德新闻翻译任务上使用了子词（Subword）模型[61]。

所有的模型均训练了 20 万步，并将开发集上词预测准确率最高的模型用于测试。在测试阶段，本实验采用束大小为 5 的集束搜索（Beam Search）。为验证模型性能的统计显著性，本章按照文献[62]和[63]分别在 BLEU 和 Meteor 两个指标上进行了显著性检验。

在时间开销方面，由于无监督树学习模块的引入，我们应在 TITAN Xp GPU 上进行训练，本实验的模型相较于对应的 RNMT 模型及 Transformer 模型，时间开销增加约 1/4。

3. 实验结果

汉-英口语、英-日科技和 WMT14 英-德新闻这 3 个翻译任务的实验结果如表 4-2 所示。其中，Tree2Seq 为 Eriguchi 等人[4]提出的树到序列模型，我们使用相应的代码进行了实验；Dep2Seq、Seq2Dep、Dep2Dep 分别表示 Wu 等人提出的依存到序列[43]、序列到依存[46]和依存到依存[50]模型，我们通过复现其方法进行了实验。在汉-英口语翻译任务上，本实验融合了无监督树方法（+LaTr），在 RNMT 模型上获得 0.19% 和 0.33% 的 BLEU 和 Meteor 值的提升，在 Transformer 模型上获得了 0.54% 和 0.30% 的 BLEU 和 Meteor 值的提升；在英-日科技翻译任务上，本实验方法在 RNMT 模型上获得 0.17% 和 0.19% 的 BLEU 和 Meteor 值的提升，Transformer 模型上获得 0.75% 和 0.42% 的 BLEU 和 Meteor 值的提升；在英-德新闻翻译任务上，本实验方法在 RNMT 模型上获得 0.79% 和 0.93% 的 BLEU 和 Meteor 值的提升，在 Transformer 模型上获得了 0.95% 和 0.56% 的 BLEU 和 Meteor 值的提升。符号*和#分别表示该结果显著好于 RNMT 和 Transformer 模型（$p < 0.05$）。

表 4-2　汉-英口语、英-日科技和 WMT14 英-德新闻翻译任务的实验结果（%）

序号	模型	汉-英口语		英-日科技		WMT14 英-德新闻	
		BLEU	Meteor	BLEU	RIBES	BLEU	Meteor
1	Tree2Seq	12.87	20.11	34.91	80.69	19.76	39.72
	Dep2Seq	13.21	20.28	35.85	81.64	20.31	40.43
	Seq2Dep	13.05	20.54	36.07	81.67	20.59	40.82
	Dep2Dep	13.27	20.82	36.39	81.83	20.84	41.29
2	RNMT	13.56	21.57	37.50	82.53	20.83	41.35
	+LaTr	13.75 (+0.19)	21.90* (+0.33)	37.67 (+0.17)	82.72 (+0.19)	21.62* (+0.79)	42.28* (+0.93)

序号	模型	汉-英口语		英-日科技		WMT14 英-德新闻	
		BLEU	Meteor	BLEU	RIBES	BLEU	Meteor
3	Transformer	15.05	23.12	39.22	83.43	25.68	46.67
	+LaTr（agg）	**15.59#** (+0.54)	**23.42#** (+0.30)	**39.97#** (+0.75)	**83.85** (+0.42)	**26.63#** (+0.95)	**47.23#** (+0.56)
	+LaTr（ind）	15.43# (+0.38)	23.24 (+0.12)	39.78# (+0.56)	83.76 (+0.33)	26.57# (+0.89)	46.85# (+0.18)

汉-英新闻翻译任务的实验结果如表 4-3 所示。在汉-英新闻翻译任务上，本实验方法在 RNMT 模型上 BLEU 值和 Meteor 值平均提升了 0.46% 和 0.35%，在 Transformer 模型上 BLEU 值和 Meteor 值平均提升了 0.57% 和 0.51%。符号*和#同样表示结果的显著优秀性。

表 4-3　汉-英新闻翻译任务的实验结果

指标	系统	MT03	MT04	MT05	MT06	MT08	MT08-12	MT12	平均
BLEU/%	RNMT	36.89	37.95	34.59	31.91	25.62	23.01	20.28	30.04
	+LaTr	37.47* (+0.58)	39.19* (+1.24)	34.36 (−0.23)	32.20 (+0.29)	25.58 (−0.04)	24.02* (+1.01)	20.65 (+0.37)	30.50 (+0.46)
	Transformer	41.32	42.28	39.14	35.38	29.24	26.78	22.43	33.80
	+LaTr（agg）	**41.80#** (+0.48)	**42.73#** (+0.45)	39.76 (+0.62)	35.53 (+0.15)	**30.07#** (+0.83)	27.09 (+0.31)	**23.61#** (+1.18)	**34.37** (+0.57)
	+LaTr（ind）	41.24 (−0.08)	42.55 (+0.27)	**39.98#** (+0.84)	**36.09#** (+0.71)	29.41 (+0.17)	**27.33#** (+0.55)	22.70 (+0.27)	34.19 (+0.39)
Meteor/%	RNMT	24.94	24.18	24.39	23.40	19.73	19.18	17.55	21.91
	+LaTr	25.49* (+0.55)	24.62* (+0.44)	24.53 (+0.14)	23.54 (+0.14)	19.96 (+0.23)	19.75* (+0.57)	17.93 (+0.38)	22.26 (+0.35)
	Transformer	27.00	25.66	26.68	25.08	20.92	20.78	18.35	23.50
	+LaTr（agg）	**27.47#** (+0.47)	**26.13#** (+0.47)	26.82 (+0.14)	25.58# (+0.50)	**21.58#** (+0.66)	21.32# (+0.54)	19.14# (+0.79)	**24.01** (+0.51)
	+LaTr（ind）	27.21 (+0.21)	26.07 (+0.41)	26.74 (+0.06)	**25.66#** (+0.58)	21.39# (+0.47)	**21.46#** (+0.68)	**19.23#** (+0.88)	23.97 (+0.47)

4.3.4　实例分析

1. 自动学习的英语树

图 4-5（a）和图 4-6（a）展示了采用本章模型自动学习的两个英语句子的树结构，图 4-5（b）和图 4-6（b）是文献[4]给出的用 Enju 工具[64]分析得到的句法树。通过对比发现，它们之间有一些相似之处。

在图 4-5 的例子中，全句划分为两个部分："SiO_2 films ... or less" 和 "and the ... confirmed"。这通过逗号可以比较容易地学到。例子中还发现了一些有意义的短语组合，如 "430℃ or less" "memory effect" 等。本章模型倾向于将句子的前两个和后两个词分别组合成短语，这与文献[23]中的分析一致。

在图 4-6 的例子中，分析出了短语 "into the cells"，但是 Gumbel Tree-LSTM 模型仍倾向于将句首的两个词连接，正如文献[23]所述，这样有可能产生不符合语法的子树，如 "the liquid" 而不是 "liquid crystal"。对 Gumbel Tree-LSTM 模型来说，正确处理介词是比较困难的，它有时将介词与其前面的名词短语相连，如 "the liquid crystal for"，有时又将其与后面的词相连，如 "into the cells"。

2. 自动学习的汉语树

图 4-7 展示了学习得到的 3 个汉语句子的树结构。在图 4-7（a）中，模型组合了短语 "这个价" 和 "买不到"；在图 4-7（b）中，模型将助词 "了" 和它前面的形容词 "懒" 结合在一起，再和后面的程度副词 "很多" 组成更大的短语 "懒了很多"；在图 4-7（c）中，有一些常见短语，如 "在画" 和 "原理图"。除图 4-7（a）外，模型还是倾向于将句首的两个词组合在一起。

3. 在不同语种翻译任务上自动学习的树结构

根据文献[6]所述，Gumbel Tree-LSTM 模型能够根据任务的特点学习到更适合任务的树结构。为了验证这一观点，我们选取了两个语法差别比较大的语种的翻译任务（英-日、英-汉），将在这两个任务上学习得到的树结构进行对比。

（a）自动学习的英语句子树结构及机器翻译注意力权重

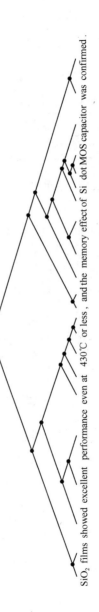

（b）采用 Enju 工具分析得到的句法树

图 4-5　自动学习的英语句子树结构及采用 Enju 工具分析得到的句法树对比示例 1

[Reference]

セル に は アクティブ マトリックス 用 液晶 を 注入 した。

[Translation]

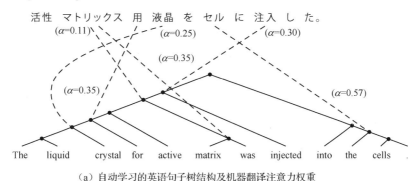

（a）自动学习的英语句子树结构及机器翻译注意力权重

（b）采用Enju工具分析得到的句法树

图 4-6　自动学习的英语句子树结构及 Enju 工具分析得到的句法树对比示例 2

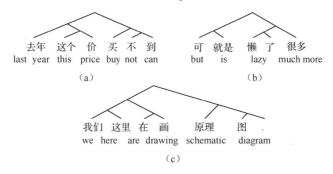

图 4-7　从汉-英口语翻译任务中自动学习的汉语树结构示例

　　图 4-8 展示了一个例子。在图 4-8（a）中，英-日翻译从句尾向前依次将词组成短语，而在图 4-8（b）中这种情况并不明显。本书认为，这是因为汉语是 SVO 语言而日语是 SOV 语言，因此在翻译成汉语时需要将动词"介绍"调序到句首，而在翻译成日语时却不需要调序。保持动词"introduced"与短语"accidents of a tanker"的独立性，有助于完成这种调序。

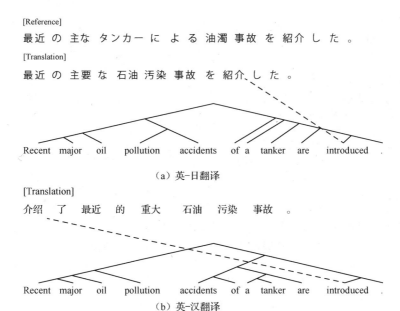

[Reference]
最近 の 主な タンカー に よる 油濁 事故 を 紹介 した 。

[Translation]
最近 の 主要な 石油 汚染 事故 を 紹介 した 。

Recent　major　oil　pollution　accidents　of a　tanker　are　introduced　.

（a）英-日翻译

[Translation]
介绍 了 最近 的 重大 石油 污染 事故 。

Recent　major　oil　pollution　accidents　of a　tanker　are　introduced　.

（b）英-汉翻译

图4-8　在不同语种翻译任务（英-日、英-汉）中自动学习的树结构示例

4．注意力权重分析

最后，我们分析+LaTr（att）模型在英-日翻译任务上的注意力权重。注意力权重表示在翻译一个目标语言词时对各源语言短语的关注程度，权重越大，说明这个源语言短语对目标语言词越重要。

在图4-5（a）中，日语词"Ｓｉ"相对于英语短语"SiO_2 films"和"of Si"有较高的注意力权重（分别为0.35和0.23）。日语词"優れ"和"性能"与英语短语"SiO_2 films showed excellent performance"对齐权重较高。这是因为图中节点与"excellent"和"performance"在句法树上的距离较近。

在图4-6（a）中，日语词"液晶"主要与英语短语"the liquid crystal"对齐（$\alpha = 0.25$）。日语词"用"与英语短语"the liquid crystal for"对齐（$\alpha = 0.35$），这是因为该节点与单词"for"的距离较近。日语词"セル"与英语短语"the cells"对齐（$\alpha = 0.57$）。

以上例子说明本实验所用方法能够增强模型对目标语言词与源语言短语之间对齐关系的建模能力，从而提升机器翻译质量。

4.4　双语句法成分对齐与神经机器翻译联合学习模型

4.4.1　概述

在从 SMT 转向 NMT 的过程中，为结合两者的优点，学者们提出了一些混合模型[1,32-34]，还有一些工作研究了纯 NMT 中短语级对齐[35-36,38]。这些研究为利用双语短语对齐改善神经机器翻译展示了前景。

根据语言的句法规则，每一个句子可以被分成若干短语，每个短语又是由若干词构成的。这种分解过程通常被称为句法成分分析（Syntactic Constituent Analysis，或 Syntactic Parsing）。例如，在图 4-9 中，汉语名词短语（Noun Phrase，NP）"一只猫"在语义上与英语名词短语"a cat"相同，而汉语表示地点的短语（Location Phrase，LCP）"雨伞下"与英语的介词短语（Preposition Phrase，PP）"under an umbrella"同义。如果能学习到这种句法成分之间的对齐关系，神经机器翻译系统就能更方便地进行调序，即在将汉语翻译成英语时，应将地点状语"雨伞下"（under an umbrella）移动到它修饰的动词（sit）后，并将短语"一只猫"（a cat）移动到该动词前。同时，汉语词"着""只"及英语单词"an"在另一语言中都找不到相应的词与之对应。这种规律对于词级对齐系统是较难学习的，但是对于句法成分级别的系统却是容易学习的。

本节提出利用源语言和目标语言的无监督树句法成分对齐改善神经机器翻译模型。具体地，首先对获得的双语无监督树句法成分对齐进行打分，然后提出两种方式将句法成分对齐引入感知式（Perceptual，与对抗式 Adversarial 对应）生成器-判别器训练框架中。一种是使用双语句法成分对齐衡量训练样本中双语句子的对齐，另一种是利用词对齐知识直接生成句法成分级别的训练样本。此外，本节还分别定义了句子级对齐和句法成分级对齐，用于训练判别器，使得判别器能够学习如何利用句法成分对齐将真实译文和生成译文区分开来。最后判别器将学习到的句法成分对齐知识传递给生成器中的神经机器翻译模型，提高其翻译性能。

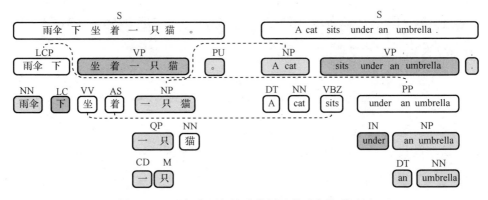

图 4-9　汉语与英语句法成分树及其对齐关系示例

　　双语句法成分对齐与神经机器翻译联合学习模型架构如图 4-10 所示，本节使用的是一个特殊的生成器-判别器框架。在该架构中，生成器 G（Generator）由一个 NMT 模型和一个 Gumbel-Softmax 采样器[54]构成。给定源语言句子 X，NMT 模型负责输出目标单词序列的概率，然后 Gumbel-Softmax 采样器从 NMT 模型输出的概率中采样译文 $\hat{Y}$。判别器 D（Discriminator）由源端和目标端无监督树编码器、对齐样本构建器、深度度量损失构成。两个无监督树编码器分别负责从源语言和目标语言文本中自动地学习无监督树的结构并按该结构将各句法成分编码为向量表示，用于衡量句子级对齐或构建句法成分级的训练样本，以及计算深度度量损失。由于 Gumbel-Softmax 分布[21,65]的特殊性质，用一个连续的分布逼近原有的离散数据，模型参数的梯度得以计算，并由判别器 D 反向传播给生成器 G。

　　本节首先预训练一个 NMT 模型和判别器 D，然后用感知式训练从判别器 D 向生成器传递句法成分对齐知识。在预训练中，判别器 D 以源语言和参考译文$(X; Y^r)$为输入，使用源端和目标端句法编码器自动地学习无监督树。对齐样本构建器有两种工作方式，一种是句子级别的训练，用学习到的句法成分衡量句子级的对齐打分；另一种是在成分级的训练中生成成分级的训练样本再对其对齐性进行打分。在预训练判别器时使用 4.4.4 节的深度度量损失函数 L_D。在感知式训练中，本节固定判别器 D 的模型参数，生成器生成的译文 $\hat{Y}$、源语言和参考译文$(X; Y^+)$共同输入判别器 D，使用 4.4.4 节的感知式训练的损失函数 L_G训练生成器 G。

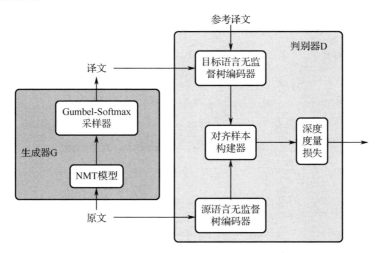

图 4-10　双语句法成分对齐与神经机器翻译联合学习模型架构

4.4.2　无监督树编码器

本节使用的无监督树编码器与第 4.3.1 节使用的句法编码器 Gumbel Tree-LSTM 相同，在此不再赘述。

4.4.3　对齐样本构建

本节提出的利用无监督树句法成分的两种方法，即对齐样本构建器的两种工作模式。一种是使用句法成分对齐衡量句子对齐，以训练判别器 D；另一种是从源端和目标端的无监督树中抽取句法成分对，舍弃对齐可能性较低的句法成分对，构建句法成分级的训练样本，用于训练判别器 D。

本节使用子树对齐算法[66]从学到的双语句法树中抽取句法成分对，使它们之间尽量是互译的。对于一个句法树对，该算法基于词对齐信息推测各个源语言子树和各个目标语言子树之间的对齐可能性，即计算所有可能的候选对的对齐分数。然后，对源语言树 S 中的每一个成分 s，从目标语言树 T 中选择分数

最高的成分 t 作为 s 的真实翻译。这些成分对将用于构建句法成分级的训练样本。

如图 4-11 所示，给定句法树对 $\langle S, T \rangle$，候选句法成分对 $\langle s, t \rangle$ 的分数根据公式（4-15）计算：

$$\gamma(\langle s,t \rangle) = \alpha(\tilde{s} \mid \tilde{t}) \cdot \alpha(\tilde{t} \mid \tilde{s}) \cdot \alpha(\overline{s} \mid \overline{t}) \cdot \alpha(\overline{t} \mid \overline{s}) \qquad （4-15）$$

式中，$\tilde{x}$ 表示 x 所辖的终结符序列，而 $\overline{s} = \tilde{S} - \tilde{s}$，$\overline{t} = \tilde{T} - \tilde{t}$。例如，如果 $\tilde{S} = s_1 \cdots s_N$ 且 $\tilde{s} = s_i \cdots s_j$，那么 $\overline{s} = s_1 \cdots s_{i-1} s_{j+1} \cdots s_N$。字符串匹配分数 $\alpha(a \mid b)$ 由公式（4-16）计算得出：

$$\alpha(a \mid b) = \prod_i^{|a|} \frac{\sum_j^{|b|} P(a_i \mid b_j)}{|b|} \qquad （4-16）$$

式中，$P(a_i \mid b_j)$ 表示词对齐概率，本章采用 Moses 系统[66]词汇翻译表中 a_i 对应 b_i 的概率。

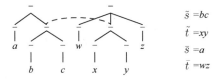

图 4-11　待抽取的句法成分对示例

4.4.4　深度度量损失

对源语言句子 x 和目标语言句子 y，学习到的句法成分表示为 s 和 t，分别包含 I 和 J 个元素：

$$\{s_i\}_{i=1}^{I} = f(x), \quad \{t_j\}_{j=1}^{J} = g(y) \qquad （4-17）$$

对于句子级别的训练样本，本节使用句法成分定义句子的对齐分数，即 x 和 y 之间的对齐分数为

$$\text{score}(\boldsymbol{x}, \boldsymbol{y}) = \frac{1}{I} \sum_i \max_j \boldsymbol{s}_i^{\mathrm{T}} \boldsymbol{t}_j \tag{4-18}$$

对于句法成分级的训练样本，将源语言句法成分 $\boldsymbol{s}$ 和目标语言句法成分 $\boldsymbol{t}$ 之间的对齐分数定义为它们之间的相似度：

$$\text{score}(\boldsymbol{s}, \boldsymbol{t}) = \boldsymbol{s}^{\mathrm{T}} \boldsymbol{t} \tag{4-19}$$

在训练过程中，生成器 G 中的 NMT 模型和判别器 D 是需要预训练的。本章使用 N-pair 损失函数来训练 D，即

$$
\begin{aligned}
\mathcal{L}_{\mathrm{D}} &= \mathcal{L}_{N-\text{pair}}(\{X, Y^+, \{Y_n^-\}_{n=1}^{N-1}\}) \\
&= \log\left(1 + \sum_{n=1}^{N-1} \exp(\text{score}(X, Y_n^-) - \text{score}(X, Y^+))\right)
\end{aligned}
\tag{4-20}
$$

式中，X 为源语言端的样本，Y^+ 为目标语言端的正样本，Y^- 为目标语言端的负样本。源语言端样本与采样生成的译文被送入判别器 D。生成器 G 从判别器 D 接收梯度来进行训练。此时，训练 G 的损失定义为一个 1-pair 损失。

$$
\begin{aligned}
\mathcal{L}_{\mathrm{G}} &= \mathcal{L}_{1-\text{pair}}(\{X, Y^+, \hat{Y}\}) \\
&= \log(1 + \exp(\text{score}(X, Y^+) - \text{score}(X, \hat{Y})))
\end{aligned}
\tag{4-21}
$$

式中，$\hat{Y}$ 是由采样器生成的样本。

在本模型中，判别器 D 的目标是利用双语句法成分计算句子级或句法成分级的对齐分数，并用该分值来区分真实译文与 NMT 生成的译文。而生成器 G 的目标是使生成的译文足够好，以不能被判别器 D 区分出来。Gumbel-Softmax 采样器使得判别器 D 学习的对齐知识能够回传给生成器 G，故 NMT 模型能利用该双语句法成分对齐知识并得到提升。

4.4.5　实验分析

1. 实验数据

本节在 4 个翻译任务中测试了所提出方法的有效性：汉-英口语翻译、英-

日科技翻译、汉-英新闻翻译和 WMT14 英-德新闻翻译。这些任务涉及的数据集与 4.3.3 节介绍的完全相同，不再赘述。

在训练判别器 D 时，本节需要对涉及的语料进行扩展。对于句子级的训练样本，本章为每个源语言句子设置 20 个候选目标语言句子，其中只有一个是正确译文，剩余 19 个均为从语料中随机选取的错误译文。为了保证训练偏差不至于太大，候选错误译文与正确译文的长度之差不超过 3；对于句法成分级的训练样本，候选列表的大小同为 20，只不过对于每一个源语言句子的句法成分，真实的翻译是按 4.3.2 节的方法选出的，候选的错误翻译是从本句中的其他句法成分或其他句子中的句法成分随机选出的。

2．训练细节

首先训练一个 NMT 模型和一个判别器 D，然后固定模型，使得生成器 G 能够从判别器 D 接收梯度。

（1）NMT 模型。

本章使用两个主流的 NMT 模型作为基线系统：基于循环神经网络的带注意力机制的 NMT 模型 RNMT 和基于自注意力机制的 Transformer 模型。RNMT 模型的编码器为 3 层双向 LSTM 网络，解码器为 3 层单向 LSTM 网络；Transformer 模型为基础版本，即编码器和解码器都为 6 层的自注意力网络。两个模型均使用 512 维的词嵌入向量和隐藏层维数，训练使用的优化器为 Adam 优化[59]，参数 β_1= 0.9，β_2=0.998。学习率按文献[8]的描述调整，并设置 warmup_steps=8000。Dropout 概率设置为 0.1。对于汉-英口语、英-日科技、汉-英新闻和 WMT14 英-德新闻 4 个翻译任务，词表大小分别为 2 万、6 万、3 万和 5 万。对于前两个任务，批大小设置为 2,048；对于后两个任务，批大小设置为 4,096。为解决集外词问题，本章在 WMT14 英-德新闻翻译任务上使用了子词（Subword）模型[61]。

（2）判别器 D。

由于 GPU 显存大小的限制，训练判别器 D 时批大小设置为 256，句子的最大长度为 50。优化器和学习率的设置同 NMT 模型。本章预训练判别器约 200 万步，并在开发集上每 1,000 步做一次验证。最终选择将真实翻译排序靠前的检查点用于后续的 NMT 训练。

（3）Moses 系统。

为得到用于抽取句法成分对的词汇翻译表（见 4.4.4 节），本节在各个语料上运行 Moses 解码器的前 4 步，包括准备数据、运行 GIZA、词对齐及学习词汇翻译表。

主要的时间开销在预训练 NMT 模型和判别器 D 上，两者可以同时预训练。在 TITAN Xp GPU 上进行预训练，预训练判别器 D 达到最佳效果需要比 NMT 模型长 1/4～1/3 的时间。在正式训练时，仅需经过数小时的微调，NMT 模型就可以达到最佳效果。由于本方法得到的 NMT 模型与原 NMT 模型在结构、参数规模上一致，故解码时没有任何的时空开销增长。

3. 实验结果

汉-英口语、英-日科技和 WMT14 英-德新闻 3 个翻译任务的实验结果如表 4-4 所示，汉-英新闻翻译任务的实验结果如表 4-5 所示。其中，Tree2Seq 表示 Eriguchi 等人[63]提出的树到序列翻译模型，本实验使用了其提供的代码；Dep2Seq、Seq2Dep、Dep2Dep 分别表示 Wu 等人提出的依存到序列[43]、序列到依存[46]和依存到依存[50]翻译模型，本节通过复现其方法进行了实验。RNMT 和 Transformer 是本章的基线系统。+SentAlign 表示使用句子级对齐样本进行训练，句子对齐使用句法成分对齐来衡量，见式（4-18）；+ConstAlign 表示使用按 4.4.3 节构建的句法成分级对齐样本进行训练，其对齐分数按式（4-19）计算。本节使用了 3 种自动评测指标：大小写不敏感的 BLEU（所有翻译对），RIBES（英-日）和 Meteor（汉-英及英-德）。符号*和#分别表示实验结果显著好于 RNMT 和 Transformer 系统（$p < 0.01$）。

由表 4-4 和表 4-5 可以看出，在所有的评测指标上，+SentAlign 和 +ConstAlign 模型超越了基线系统 RNMT 和 Transformer。而且以 RNMT 为基础时，+ConstAlign 模型比+SentAlign 模型的结果更好，但是在 Transformer 基

础上取得的提升较弱一些。可能的原因是，Transformer 模型比 RNMT 模型能够学习到更多的句法信息及长距离依赖。

表 4-4　汉-英口语、英-日科技和 WMT14 英-德新闻翻译任务实验结果（%）

序号	系统	汉-英口语		英-日科技		WMT14 英-德新闻	
		BLEU	Meteor	BLEU	RIBES	BLEU	Meteor
1	Tree2Seq	12.87	20.11	34.91	80.69	19.76	39.72
	Dep2Seq	13.21	20.28	35.85	81.64	20.31	40.43
	Seq2Dep	13.05	20.54	36.07	81.67	20.59	40.82
	Dep2Dep	13.27	20.82	36.39	81.83	20.84	41.29
2	RNMT	13.56	21.57	37.50	82.53	20.83	41.35
	RNMT+ SentAlign	14.41* （+0.85）	22.51* （+0.94）	37.86 （+0.36）	82.82 （+0.29）	21.22* （+0.39）	41.86* （+0.51）
	RNMT+ ConstAlign	**14.52*** （+0.96）	**22.61*** （+1.04）	**37.96*** （+0.46）	**82.89*** （+0.36）	**21.34*** （+0.51）	**41.90*** （+0.55）
3	Transformer	15.05	23.12	39.22	83.43	25.68	46.67
	Transformer+ SentAlign	**15.78**$^\#$ （+0.73）	**23.97**$^\#$ （+0.85）	39.64$^\#$ （+0.42）	**83.65** （+0.22）	26.73$^\#$ （+1.05）	47.05$^\#$ （+0.38）
	Transformer+ ConstAlign	15.63$^\#$ （+0.58）	23.74$^\#$ （+0.62）	**39.73**$^\#$ （+0.51）	83.64 （+0.21）	26.68$^\#$ （+1.00）	46.97 （+0.30）

表 4-5　汉-英新闻翻译任务实验结果

指标	系统	MT03	MT04	MT05	MT06	MT08	MT08-12	MT12	平均
BLEU/%	RNMT	36.89	37.95	34.59	31.91	25.62	23.01	20.28	30.04
	RNMT+ SentAlign	37.35* （+0.46）	38.55* （+0.60）	34.86 （+0.27）	32.39* （+0.48）	26.11* （+0.49）	24.00* （+0.99）	20.90* （+0.62）	30.59 （+0.55）
	RNMT+ ConstAlign	37.21 （+0.32）	38.79* （+0.84）	34.83 （+0.24）	32.44* （+0.53）	26.30* （+0.68）	24.23* （+1.22）	20.94* （+0.66）	30.68 （+0.64）
	Transformer	41.32	42.28	39.14	35.38	29.24	26.78	22.43	33.80
	Transformer+ SentAlign	**41.85**$^\#$ （+0.53）	42.51 （+0.23）	**40.14**$^\#$ （+1.00）	**36.45**$^\#$ （+1.07）	**29.88**$^\#$ （+0.64）	**27.75**$^\#$ （+0.97）	**23.85**$^\#$ （+1.42）	34.63 （+0.83）
	Transformer+ ConstAlign	41.75$^\#$ （+0.43）	**42.89**$^\#$ （+0.61）	39.63$^\#$ （+0.49）	35.64 （+0.26）	29.08 （-0.16）	27.15 （+0.37）	23.06 （+0.36）	34.17 （+0.37）
Meteor/%	RNMT	24.94	24.18	24.39	23.40	19.73	19.18	17.55	21.91
	RNMT+ SentAlign	25.59* （+0.65）	24.83* （+0.65）	24.80* （+0.41）	23.90* （+0.50）	20.40* （+0.67）	19.99* （+0.81）	18.17* （+0.62）	22.53 （+0.62）

续表

指标	系统	MT03	MT04	MT05	MT06	MT08	MT08-12	MT12	平均
Meteor/%	RNMT+ ConstAlign	25.46*	24.86*	24.74	23.91*	20.80*	20.17*	18.22*	22.59
		(+0.52)	(+0.68)	(+0.35)	(+0.51)	(+1.07)	(+0.99)	(+0.67)	(+0.68)
	Transformer	27.00	25.66	26.68	25.08	20.92	20.78	18.35	23.50
	Transformer+ SentAlign	**27.73#**	**26.04**	**26.90**	**25.81#**	**21.63#**	**21.49#**	**19.43#**	**24.15**
		(+0.73)	(+0.38)	(+0.22)	(+0.73)	(+0.71)	(+0.71)	(+1.08)	(+0.65)
	Transformer+ ConstAlign	27.54#	26.02	26.49	25.40	21.17	21.13	19.04#	23.83
		(+0.54)	(+0.36)	(−0.19)	(+0.32)	(+0.25)	(+0.35)	(+0.69)	(+0.33)

4. 实例分析

本节分析了 3 个翻译实例，如表 4-6 所示，重点关注粗斜体标注的短语。在第一个实例中，虽然 Transformer 模型将每个短语都翻译对了，但整个句子并不流畅。本节模型将它们正确译成"although""repeated mentioned""it"，并流畅地构成句子。在第二个实例中，Transformer 模型错误地将短语"真正的爱"和"建立在"翻译成"what really matters"和"foster"，本节模型翻译正确。在第三个实例中，Transformer 模型漏译了短语"靠武器"，而本节模型正确地翻译成"relying on weapons"。本节模型在流畅性和短语翻译上占有优势。

表 4-6　翻译实例

实例一	原文	***数字 电视 虽然*** 在 过去 几年 被 ***一再 提及，但*** 始终 都 未 成为 现实。
	参考译文	Although digital TV has been brought up repeatedly in the past few years, it has still not become reality.
	Transformer	***Despite repeated references*** to ***digital television*** in the past few years, ***digital television*** has never become a reality.
	本节模型	***Although digital television*** has been ***repeatedly mentioned*** in the past few years, ***it*** has never become a reality.
实例二	原文	***真正 的 爱*** 是 ***建立 在*** 互相 吸引，互相 尊重，互相 支持，互相 关爱 之上 的。
	参考译文	True love is built on mutual attraction, mutual respect, mutual support and caring for each other.
	Transformer	***What really matters*** is to ***foster*** mutual appeal, respect, support and care.
	本节模型	***The real love*** is to ***build on*** mutual attraction, respect, mutual support and care.

续表

实例三	原文	但是 他 表示 说 这些 **靠** **武器** 来 威胁 别国 的 超级 大国 即将 消失。
	参考译文	However, he said that these super powers that rely on their weapons to bully other countries will soon disappear.
	Transformer	However, he said that these superpower threatening other countries would soon disappear.
	本节模型	However, he said that these superpower *relying on weapons* to threaten other countries will soon disappear.

4.5 基于跨语言句法互信息的机器翻译

4.5.1 概述

通过开发面向机器翻译的深层神经机器翻译器，包括递归神经网络[67]、卷积神经网络[68]、Transformer[69]、词向量及其变体[70-71]，神经机器翻译取得了显著的进展。在机器翻译中，句法知识对于从源语言-目标语言序列中提取和学习有效的语言学表示是必不可少的，在统计机器翻译[72]和神经机器翻译[73-75]中就是这样的。例如，Eriguchi[74]等人提出了具有源语言短语结构的树到序列模型来显式地利用句法成分树指导解码器，通过将其与源语言句子的短语和单词进行弱对齐来生成当前的翻译词。图形卷积网络（GCN）[76]向 NMT 模型的标准编码器添加了层，以显式地建模源语言的依存关系词向量表示。一个多粒度的自注意力机制[75]随机地修改 Transformer 模型中的几个自注意力头，以 *n*-Gram 或句法形式化的方式关注短语建模。上述工作展示了利用源语言句法信息来改进翻译的效果。

然而，现有的句法感知 NMT 模型只整合了单语端句法，忽略了源语言和目标语言的句法结构之间的一致性与差异性。受语言学的启发，源语言和目标语言之间可能存在一定的句法一致性和对齐性，这可以作为序列到序列 NMT

的一种独特的语言学特征。

图 4-12 展示了源语言（英语）和目标语言（德语）句对在句法跨度单元粒度上的对齐。句法跨度单元是一个三元组句法单元，由边界词位置和一个句法成分树的句法标签组成。这些句法跨度单元由神经网络句法成分树模型生成。每个源语言或目标语言句法跨度向量通过边界词的隐藏层状态和句法标签向量连接。虽然每种语言都有自己的句法跨度单元搭配和句法标签，但源语言和目标语言句法成分之间存在对齐（如英语中的(the,dary,'ADJP')和德语中的(wirklich,mutig,'AP-PD')）和非对齐（如英语中的(was, did,'VP')和德语中的(Es, mutig,'S')）。

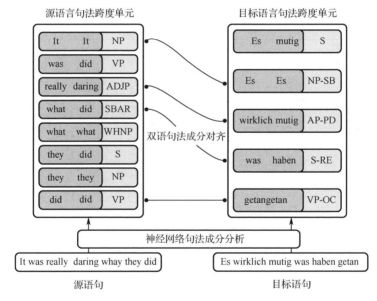

图 4-12　源语言和目标语言句对在句法跨度单元粒度上的对齐示例

事实上，到目前为止，我们对 NMT 源语言-目标语言的双语句法关系的理解和应用非常有限，捕捉双语句法关系是一项挑战。不同语言之间通常存在复杂且多变的句法差异，如主语-动词-宾语顺序（德语-英语）、特殊疑问句顺序（汉语-英语）和代词脱落（日语）。因此，目前没有普遍的语言规则或标准数据来描述双语句法关系。现有的单语句法 NMT 模型无法应对这些挑战。幸运的是，序列到序列的 NMT 体系结构天然适合作为一个平台，以无监督的方式对齐双语句法结构。基于图 4-12，我们看到一种可能：识别和对齐双语句法跨度，并最大化它们对句法对齐的相互依赖性。然后，通过诸如转换器、编码器和解码器等在内的单词隐藏层状态来模拟双语句法关系，并且在传统的 NMT 单词对齐基础上在源语言句子和目标语言句子之间进行抽象的语言对齐。

基于以上分析，本节提出了一种自监督双语句法对齐方法 SyntAligner，用于在高维深层空间中精确对齐源语言−目标语言双语句法结构，并最大化对齐后的双语句法结构样本之间的互信息，以便进行翻译。首先，句法分析器通过组合顺序表示和句法表示来表示源语句和目标语句各自的句法跨度向量。其次，句法对齐器引入了一种边界敏感的跨度注意力机制来表征源语言和目标语言句法跨度之间的对齐关系。考虑到句法分析器包含潜在噪声，我们利用来自 Transformer 编码器（和解码器）的句法跨度开始和结束边界词之间的自注意力来评估语法跨度的置信度。然后，这些注意力权重用于偏置对齐注意力分布，以获得最终的对齐注意力矩阵。随后，句法对齐器通过课程学习策略对具有高注意力分数对齐的句法跨度对进行采样，以逐渐增加的尺度对对齐的句法跨度对进行采样，从而更好地训练跨度对齐。最后，自监督目标函数双语句法互信息最大化地优化了 NMT 模型，使双语句法互依存性最大化。

本章在 3 个广泛使用的翻译任务上测试了 SyntAligner：WMT14 英−德翻译，IWSLT14 德−英翻译，NC11 英−法翻译。大量的分析表明，基于双语端句法对齐的 NMT 模型可以有效地提高翻译性能。本节还可视化了双语句法跨度对齐和互信息的变化过程，以此来阐释句法对齐的过程。

图 4-13 显示了我们提出的基于互信息最大化的双语句法对齐器 SyntAligner 架构。句法对齐器首先表示出双语句法跨度单元，然后通过边界敏感的跨度自注意力机制将它们对齐，以来自 Transformer 编码器和解码器的边界词自注意力权重作为缩放偏量。SyntAligner 还可以用于 Transformer 跨度单元之间的双语句法互信息最大化的自监督目标函数，其最大化值用于采样对齐的双语句法跨度对的互信息下界，然后用 NMT 的交叉熵训练目标联合训练句法对齐器。

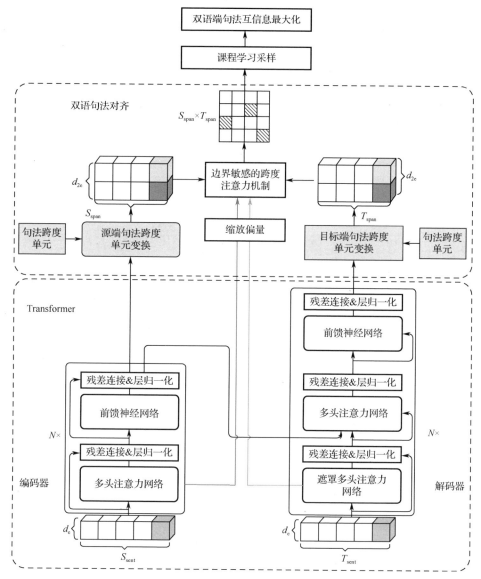

图 4-13　基于互信息最大化的双语句法对齐器 SyntAligner 架构

4.5.2　双语句法对齐

1. 句法跨度单元表示

给定源输入基于词的序列 $S_{\text{sent}} = (x_1, x_2, \cdots, x_M)$，它们隐藏的基于状态的

序列 $H_{\text{sent}} = \{h_1, h_2, \cdots, h_M\}$ 可以从 Transformer 编码器的顶层获得。然后，我们用源语言句法跨度单元序列获得源语言句法跨度单元 $S_{\text{span}} = \{s_1, s_2, \cdots, s_I\}$。其中每个源语言句法跨度向量为 $s_i^x = [(\boldsymbol{x}_{e_i} - \boldsymbol{x}_{s_i}) : \boldsymbol{l}_i^x]$，我们通过将句法跨度边界词隐藏层状态 $\boldsymbol{x}_{e_i} - \boldsymbol{x}_{s_i}$ 与其对应的 POS-tag 句法标签向量 $\boldsymbol{l}_i^x$ 结合来表示句法跨度向量，$\boldsymbol{x}_{s_i}, \boldsymbol{x}_{e_i}, \boldsymbol{l}_i^x \in \mathbb{R}^{d_e}$，$s_i^x \in \mathbb{R}^{d_{2e}}$。类似地，我们可以使用解码器顶层输出生成目标端句法跨度序列 $T_{\text{span}} = \{s_1^y, s_2^y, \cdots, s_I^y\}$，其中每个目标端句法跨度向量为 $s_j^y = [(\boldsymbol{y}_{e_j} - \boldsymbol{y}_{s_j}) : \boldsymbol{l}_j^y]$。

2. 边界敏感的句法跨度单元注意力机制

为了在句法跨度单元粒度上对齐源端和目标端句法结构，我们提出了边界敏感的自注意力机制（Border Sensitive-Self Attention，BS-SA），该方法通过使用缩放点积注意力（Scaled Dot Product Attention）来反映每个源端和目标端句法跨度单元对的向量 s_i^x 和 s_j^y 之间的对齐关系：

$$\mathbf{Span}_{\text{Attn}}(\boldsymbol{S}_{\text{span}}, \boldsymbol{T}_{\text{span}}) = \text{softmax}\left(\frac{\boldsymbol{S}_{\text{span}} \cdot \boldsymbol{T}_{\text{span}}^{\mathrm{T}}}{\sqrt{d_{2e}}}\right) \tag{4-22}$$

式中，注意力权重矩阵 $\mathbf{Span}_{\text{Attn}}(\boldsymbol{S}_{\text{span}}, \boldsymbol{T}_{\text{span}}) \in \mathbb{R}^{I \times J}$。式（4-22）强制对齐双语句法跨度单元，我们选择注意力分数高于对齐阈值 η 的对齐句法跨度对。

此外，由于噪声很可能是由句法解析器引入的，所以 BS-SA 方法根据其边界词 $\boldsymbol{x}_{e_i}$ 和 $\boldsymbol{x}_{s_i}$（或 $\boldsymbol{y}_{e_j}$ 和 $\boldsymbol{y}_{s_j}$）之间的相关性来评估每个句法跨度单元 $\boldsymbol{S}_{\text{span}}$（或 $\boldsymbol{T}_{\text{span}}$）的置信度。在 Transformer 中，自注意力机制可以捕捉词之间的语言学关系，尤其是在顶层。更高的注意力分数代表词之间具有更强的联系。因此，我们参考词之间的注意力分数来反映句法跨度单元边界词之间相关性的置信度。具体来说，对于源端词注意力 $\boldsymbol{S}_{\text{Attn}} \in \mathbb{R}^{M \times M}$，我们首先为每个源端句法跨度单元找到相应的边界词注意力分数，并生成一个置信度矩阵 $\boldsymbol{S}_{\text{Conf}} \in \mathbb{R}^{I \times J}$，其中每一行 i 都具有源端句法跨度 s_i 的相同 J 个置信度偏差。接下来，我们将缩放权重 $\boldsymbol{W}_s$ 乘以 $\boldsymbol{S}_{\text{Conf}}$ 以扩大不同源语言句法跨度之间的置信度差距。然后，我们将 $\boldsymbol{S}_{\text{Conf}}$ 与 $\mathbf{Span}_{\text{Attn}}$ 按元素相乘，得到一个 BS-SA$_{\text{Src}}$ 注意力矩阵，如式（4-23）所示。

$$\mathbf{BS\text{-}SA}_{\mathrm{Src}}(\boldsymbol{S}_{\mathrm{span}}, \boldsymbol{T}_{\mathrm{span}}) = \mathrm{Softmax}\left(\boldsymbol{W}_s \times \boldsymbol{S}_{\mathrm{Conf}} \odot \mathrm{Softmax}\left(\frac{\boldsymbol{S}_{\mathrm{span}} \cdot \boldsymbol{T}_{\mathrm{span}}^{\mathrm{T}}}{\sqrt{d_{2e}}}\right)\right) \quad (4\text{-}23)$$

在经过最外面的 Softmax 函数归一化后，较高的置信度分数将扩大每行 $\mathbf{Span}_{\mathrm{Attn}}$ 分布的差异。我们进一步利用目标端句法跨度置信度向量 $\boldsymbol{T}_{\mathrm{Conf}} \in \mathbb{R}^{I \times J}$ 从目标词的遮罩自注意力网络（解码器的底部子层）$\boldsymbol{T}_{\mathrm{Attn}} \in \mathbb{R}^{N \times N}$ 中获得，其中每一行 j 都具有目标端句法跨度 y_i 的相同 I 个置信度偏差。实际上，对于 $\boldsymbol{T}_{\mathrm{Attn}}$ 中的每一行 n，词 $[\boldsymbol{T}_{\mathrm{attn}_{n+1}}, \cdots, \boldsymbol{T}_{\mathrm{attn}_N}]$ 的注意力将被屏蔽，以避免接触到未来的信息。为了获得任意词之间的注意力分数，我们对 BS-SA 使用未屏蔽的版本 $\boldsymbol{T}'_{\mathrm{Attn}}$。同时，它还具有缩放权重 $\boldsymbol{W}_t$。我们可以对 $\mathbf{Span}_{\mathrm{Attn}}$ 的每一列进行偏置影响以生成 BS-SA$_{\mathrm{Tgt}}$ 注意力矩阵。

$$\mathbf{BS\text{-}SA}_{\mathrm{Tgt}}(\boldsymbol{S}_{\mathrm{span}}, \boldsymbol{T}_{\mathrm{span}}) = \mathrm{Softmax}\left(\boldsymbol{W}_t \times \boldsymbol{T}_{\mathrm{Conf}} \odot \mathrm{Softmax}\left(\frac{\boldsymbol{S}_{\mathrm{span}} \cdot \boldsymbol{T}_{\mathrm{span}}^{\mathrm{T}}}{\sqrt{d_{2e}}}\right)\right) \quad (4\text{-}24)$$

与源端置信偏量相比，目标置信偏量更直接地更改了最终的跨度单元注意力矩阵，因为最外面的 Softmax 函数将行维度中的跨度注意力矩阵归一化了，并且目标置信偏量调整了每个列元素的注意力分数。

3. 基于课程学习的采样方法

为了获得更准确的句法跨度对正样本来实现更好的双语互相依存性，我们使用 BS-SA 方法在 NMT 预训练后对齐双语句法跨度。此外，我们采用从容易到困难及从更少到更多的原则采样语法对。因此，我们将基于时间的指数衰减对齐阈值 η 设置如下：

$$\eta = \eta_0 \times \eta_d^{\left\lfloor \frac{\max(\mathrm{step}_n - \mathrm{step}_s + \mathrm{step}_d, 0)}{\mathrm{step}_d} \right\rfloor} \quad (4\text{-}25)$$

式中，$\eta \in (0,1)$ 代表初始阈值；$\eta_d \in (0,1)$ 代表衰减门；step_n、step_s、step_d 代表当前训练步数、开始衰减的步数、衰减的间隔步数。在刚开始训练时，我们仅对跨度注意力分数最高的对齐句法对（如 $\eta = 1$）进行采样，以降低采样规模并确保 BS-SA 网络可以捕获更准确的句法对齐对。当 BS-SA 网络可以捕获更多精准的句法对齐对时，我们降低了采样阈值以获得更多的正样本并实现互信息最大化。

最后，对于双语句法跨度序列 S_{span}、T_{span}，我们可以采样对齐的双语句法跨度对 $B_{\text{span}} = \{(s_i^x, s_j^y)\}$。

4.5.3　最大化双语句法相互依存

为了产生更多句法一致的翻译，我们有必要加强源端句法和目标端句法跨度向量之间的句法对应。我们可以利用互信息来衡量随机变量之间的依存关系，并使它们之间的依存关系最大化。一个对齐的句法对 (s_i^x, s_j^y) 之间的互信息可以被写作

$$I(s_i^x, s_j^y) = H(s_i^x) - H(s_i^x \mid s_j^y) = H(s_j^y) - H(s_j^y \mid s_i^x) \tag{4-26}$$

式中，$H(\cdot)$ 表示熵。

我们选择一个特定的互信息下界 InfoNCE，它基于噪声对比估计方法[77]。对齐的语法对 (s_i^x, s_j^y) 的 InfoNCE 边界定义为

$$I(s_i^x, s_j^y) \geqslant E_{p(s_i^x, s_j^y)}[f_\theta(s_i^x, s_j^y) - E_{q(\tilde{s}_j^y)} \log \sum_{\tilde{s}_j^y \in \tilde{S}} \exp f_\theta(s_i^x, \tilde{s}_j^y)] + \log|\tilde{S}| \tag{4-27}$$

式中，$f_\theta \in \mathbb{R}$ 表示由 θ 参数化的函数（如双语端句法跨度单元之间的点积），而 $\tilde{s}_j^y$ 是从假设分布 $q(\tilde{S})$ 中抽取的样本集 $\tilde{S}$ 的一个目标端句法跨度。$\tilde{S}$ 由一个当前目标端句子的正样本 $\tilde{s}_j^y$（对齐的目标端句法跨度）和 $|\tilde{S}| - 1$ 个来自所有句子的负样本（未对齐的目标端句法跨度）组成。实际上，我们将负样本规模限制在当前的训练批次中，因此负样本的大小仍可控制。

我们使用对比学习框架来设计一个任务，该任务以对齐的源端句法跨度和目标端句法跨度为负样本，目标是最大化对齐的源端句法跨度单元和目标端句法跨度单元之间的互信息。因此，自监督的目标函数 $\mathcal{J}_{\text{MIM}}$ 为

$$\mathcal{J}_{\text{MIM}} = -E_{p(s_i^x, s_j^y)} \left[\boldsymbol{s}_i^{x\text{T}} \boldsymbol{s}_j^y - \log \sum_{\boldsymbol{s}_j^y} \boldsymbol{s}_i^{x\text{T}} \boldsymbol{s}_j^y \right] \qquad (4\text{-}28)$$

传统的 NMT 监督交叉熵训练目标函数为

$$\mathcal{J}_{\text{CE}}(\theta) = \sum_{n=1}^{N} \log P(\boldsymbol{y}^{(n)} | \boldsymbol{x}^{(n)}; \theta) \qquad (4\text{-}29)$$

下面的双语句法对齐的目标函数 $\mathcal{J}_{\text{BLS-MIM}}$ 是通过将自监督的目标函数 $\mathcal{J}_{\text{MIM}}$ 与 NMT 监督的目标函数 $\mathcal{J}_{\text{CE}}$ 结合来训练 NMT 模型的，它是两项训练目标的加权组合。

$$\mathcal{J}_{\text{BLS-MIM}} = \lambda_{\text{MIM}} \mathcal{J}_{\text{MIM}} + \lambda_{\text{CE}} \mathcal{J}_{\text{CE}}(\theta) \qquad (4\text{-}30)$$

式中，λ_{MIM} 和 λ_{CE} 用于平衡每项训练目标的超参数。

通常，互信息计算会被提供稳定的正样本和负样本，然后最大化正样本之间的相互依赖性，同时最小化负样本之间的关系。挑战是，我们事先不知道句法跨度在源端与目标端的准确对齐情况。因此，我们的正样本 (s_i^x, s_j^y) 的置信度取决于 BS-SA 方法的准确性。为了提高 BS-SA 的准确性，首先我们对 NMT 模型进行预训练，直到收敛，以从编码器和解码器中获得更多训练稳定的词隐藏层状态，并构建双语句法跨度向量。然后，我们使用上式中的联合训练目标对 NMT 模型进行微调。

4.5.4 实验分析

1. 实验设置

本节通过 3 种语言翻译任务测试 SyntAligner 模型：WMT14 英-德翻译（En-De），IWSLT14 德-英翻译（De-En）和 WMT14 News Commentary 11（NC11）英-法翻译（En-Fr）。对于英-德翻译，训练集包括 450 万对句对（以 newstest2013 和 newstest2014 为开发集和测试集）。对于德-英翻译，训练集包含 16 万对句对，我们从训练集中随机抽取 0.7 万个样本作为开发集，同时将

dev2010、dev2012、tst2010、tst2011 和 tst2012 数据集串联为测试集。对于英-法翻译，训练集包括 18 万对句对（以 newstest2013 和 newstest2014 为验证集和测试集）。综上，我们通过不同的语言和数据大小来评估 SyntAligner 模型。

基线系统包括：Transformer，拥有目前最强性能的基线系统；LightConv，简单但效果很好的基线系统；MG-SA，最新的源端句法融合机器翻译方法，该方法修改了 Transformer 编码器自注意力网络的一部分头部网络，以捕获句法短语表示。本节使用 OpenNMT 工具实现了一个基于 Transformer-Base 的翻译系统，其性能优于最初提出的 Transformer。

我们比较了几种有/无 BS-SA 机制的 SyntAligner 变体。+ SyntAligner-Base 是不带有边界词自注意力影响 BS-SA 对齐分布的 SyntAligner。各种 BS-SA 机制用于生成：带有源句法跨度边界词自注意力的+ SyntAligner-Src 方法；带有目标句法跨度边界词自注意力的+ SyntAligner-Tgt 方法；同时具有源句法和目标句法跨度边界词自注意力的+ SyntAligner-Bi。这些模型变体极大地提升了 SyntAligner 方法的翻译性能及对齐效果。

SyntAligner 方法的变体和基于 Transformer 框架的所有基线系统都是通过开源工具包 OpenNMT 实现的。我们参考 Vaswani 中的模型参数设置来训练模型并在英-德翻译任务中复现了其报告中的结果。隐藏单元维数为 512，过滤器维数为 2,048，注意力头的数量为 8。所有模型都在 4 块 NVIDIA TITAN Xp 显卡上训练，每个显卡分配长度为 4,096 个字符的批数据。我们对所有 SyntAligner 方法变体都采用了微调训练策略，首先使用交叉熵训练目标对所有翻译任务预迭代训练 30 次。然后，联合使用 SyntAligner 和交叉熵损失函数对 NMT 模型迭代微调训练 1～3 次。具体来说，我们轮流通过自监督或监督的训练目标来优化网络。由于引入了双语句法互信息最大化的自监督训练目标，我们的微调训练速度比传统的 NMT 训练方法慢了约 50%。

2. 实验结果

表 4-7 展示了 SyntAligner 方法及其变体与 3 种 Transformer 基线系统的翻译结果对比。

针对 SyntAligner 变体的测试表明，使用精确对齐的跨度样本最大限度地提高了双语句法表示之间的相互依赖性。并且边界词的自注意力进一步提升了 SyntAligner 方法的效果，如 SyntAligner-Tgt 方法在英-德翻译上的 BLEU 值比 Transformer 高 1.25 %，在德-英翻译上 BLEU 值提升了+1.50%，在英-法翻译中 BLEU 值提升了 0.61%。这些结果证明了 SyntAligner 的效果和适用性，以及 BS-SA 机制的句法对齐准确性。

对于三种基线系统类型 Transformer、LightConv 和 MG-SA，虽然 LightConv 和 MG-SA 都比 Transformer 有所改进，但 BS-SA 机制增强的 SyntAligner 模型及其变体（SyntAligner-Base、SyntAligner-Src、SyntAligner-Tgt、SyntAligner-Bi）在翻译效果上超越了它们。例如，SyntAligner-Tgt 方法在英-德翻译上 BLEU 值比 MG-SA 高 0.28%，在德-英翻译上 BLEU 值比 LightConv 高 0.33%。

这是由于 BS-SA 和 SyntAligner 设计的目的是使双语句法表示对齐，并使编码器和解码器的单词隐藏层状态之间的句法一致性最大化。同时，SyntAligner-Tgt 和 SyntAligner-Bi 模型的结果优于 SyntAligner-Src 模型。可能是由于目标端的自注意力权重比前者更直接地影响Softmax 函数句法跨度对齐权重的相对值。同时，与所有基线系统相比，在模型中参数规模得到了很好的控制，因为我们的模型通常将单词隐藏层状态转换为句法跨度向量，无须使用其他网络，所以不会产生太多的训练参数。

表 4-7 机器翻译实验结果

系　　统		BLEU/%		
		英-德翻译	德-英翻译	英-法翻译
基线	Transformer	27.31	33.63	25.35
	LightConv	N/A	34.80	N/A
	MG-SA	25.28	N/A	N/A
变体	Transformer-Base	27.61	34.43	25.54
	+SyntAligner-Base	25.29	35.05	25.85
	+SyntAligner-Src	25.22	35.01	29.12
	+SyntAligner-Tgt	**25.56**	**35.13**	25.96
	+SyntAligner-Bi	25.42	35.11	**29.28**

3. 实验分析

（1）课程学习门控调节分析。

这项工作的主要挑战是，没有以前的标准对齐句法跨度对作为正样本来最大化 SyntAligner 中的句法互信息。因此，虽然我们可以使用基于课程学习的采样策略来保证正样本的对齐质量，但要以牺牲初始抽样规模为代价。

图 4-14 显示了课程学习门控对翻译效果的影响。图 4-14（a）显示了固定了衰减门控（$\eta_d = 0.8$）来评估初始对齐质量对性能的影响，其中较高的初始门控会产生更好的结果，证明严格控制初始时期的对齐质量对于互信息最大化很关键。

图 4-14（b）显示固定了初始门控（$\eta_0 = 1.0$）可以在有效对齐的句法对的规模和质量之间找到平衡。性能首先随着衰减门控的减小而增加，直到 $\eta_d = 0.8$，然后随着衰减门控的减小而下降。结果表明，过于宽松的采样策略可能无法保证 SyntAligner 训练目标的有效性。例如，当 $\eta_d = 0.5$ 时，表示课程门控 $\eta = 0.075$ 经过 5 万步训练。因此，它可能会引入一些噪声，因为它几乎对整个句法跨度对进行了采样。

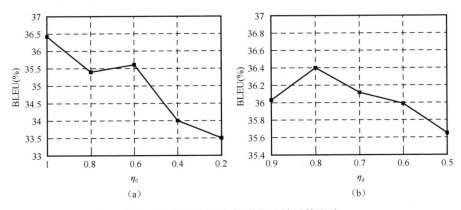

图 4-14　课程学习门控对翻译效果的影响

（2）联合训练目标函数的效果。

SyntAligner 引入了一个基于互信息最大化的自监督训练目标，以利用双语句法结构的对齐信息，并结合监督的交叉熵最小化训练目标，共同对 NMT 模型进行训练。图 4-15 展现了联合训练目标函数的效果。翻译性能和损失函数变化都遵循相同的趋势，该趋势首先在最初的几个训练步骤中下降，然后在后期的训练步骤中逐渐增加。在图 4-15 的右侧，在 1 万步训练步骤之前，新应用的互信息最大化（MI 损失）损失使交叉熵最小损失（CE 损失）受到干扰。相应地，翻译性能在图 4-15 的左侧也有所降低。这可能是由于初始微调中的句法对齐质量低所致，这为互信息最大化提供了噪声较多的正样本。同时，交叉熵损失函数的恶化趋势对互信息损失函数产生了负面影响，导致双语句法互信息的下降。随着训练的进行，两个训练目标逐渐适应联合优化 NMT 模型。图 4-15 左侧显示 NMT 的翻译水平在训练到 4.8 万步时达到了峰值。这说明了在自监督和监督训练目标之间寻求平衡的必要性。

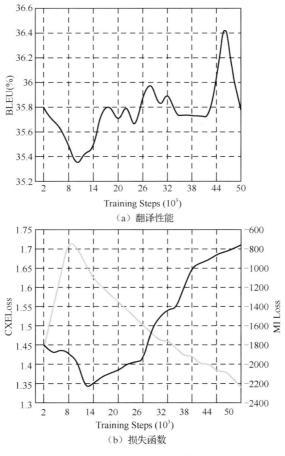

（a）翻译性能

（b）损失函数

图 4-15　联合训练目标函数的效果

4.6 本章小结

本章提出了一种基于无监督树学习的树到序列的神经机器翻译方法。该方法的树结构是从普通文本中自动学习出来的，而不是由句法分析工具获得的。因此，该方法克服了人工标注昂贵和自动标注准确率低的缺点，并且能够针对不同语种的翻译任务学习不同的树结构。实验表明该方法能够有效提升神经机器翻译模型的翻译性能。

进一步地，本章还提出了一种面向神经机器翻译的双语句法成分对齐学习方法。首先使用无监督树学习方法从文本中学习句法树及句法成分，然后这些成分被送入一个感知式的生成器-判别器框架。除了传统的句子级训练（其中也利用了句法成分对齐来衡量句子对齐）方式，本章还使用了基于词对齐的子树对齐算法，直接构建句法成分级的训练样本。由于子树对齐算法的准确性有限，本章中句法成分级的训练仍有提高的空间。在未来工作中将考虑改进子树对齐算法，并详细分析对齐的句法成分对。

最后，本章提出了一种对齐机器翻译模型中的双语句法结构的方法。通过引入基于自监督式方法的互信息最大化的训练目标，结合传统的监督式交叉熵训练目标，使机器翻译生成具有双语句法一致性的译文成为可能，从而向前迈出了一步，该方法在多种语言对中有效地对齐了源端和目标端的句法结构。

参考文献

[1] CHO K, VAN MERRIENBOER B, GULCEHRE C, et al. Learning Phrase

Representations using RNN Encoder-Decoder for Statistical Machine Translation. Proceedings of the 2014 Conference on Empirical Methods in Natural Language Processing (EMNLP), 2014: 1724-1734.

[2] SUTSKEVER I, VINYALS O, LE Q V. Sequence to Sequence Learning with Neural Networks. Advances in Neural Information Processing Systems 27: Annual Conference on Neural Information Processing Systems 2014. Montreal, Quebec, Canada, 2014: 3104-3112.

[3] LI J, LUONG T, JURAFSKY D, et al. When Are Tree Structures Necessary for Deep Learning of Representations?. Proceedings of the 2015 Conference on Empirical Methods in Natural Language Processing, 2015: 2304-2314.

[4] ERIGUCHI A, HASHIMOTO K, Tsuruoka Y. Tree-to-Sequence Attentional Neural Machine Translation. Proceedings of the 54th Annual Meeting of the Association for Computational Linguistics (Volume 1: Long Papers), 2016: 823-833.

[5] CHIANG D. A Hierarchical Phrase-Based Model for Statistical Machine Translation. Proceedings of the 43rd Annual Meeting of the Association for Computational Linguistics (ACL'05), 2005: 263-270.

[6] CHOI J, YOO K M, LEE S. Learning to Compose Task-Specific Tree Structures. Proceedings of the Thirty-Second AAAI Conference on Artificial Intelligence, (AAAI-18), the 30th innovative Applications of Artificial Intelligence (IAAI-18), and the 8th AAAI Symposium on Educational Advances in Artificial Intelligence (EAAI-18). New Orleans, Louisiana, USA, 2018: 5094-5101.

[7] BAHDANAU D, CHO K, BENGIO Y. Neural Machine Translation by Jointly Learning to Align and Translate . 3rd International Conference on Learning Representations, ICLR 2015. San Diego, CA, USA, 2015.

[8] VASWANI A, SHAZEER N, PARMAR N, et al. Attention is All you Need. Advances in Neural Information Processing Systems 30. Curran Associates, Inc., 2017: 5998-6005.

[9] SOCHER R, PERELYGIN A, WU J, et al. Recursive Deep Models for Semantic Compositionality Over a Sentiment Treebank. Proceedings of the 2013 Conference on Empirical Methods in Natural Language Processing, 2013: 1631-1642.

[10] ELMAN J L. Finding Structure in Time. Cognitive Science. 1990, 14 (2): 179-211.

[11] HOCHREITER S, SCHMIDHUBER J. Long Short-Term Memory. Neural Computation, 1997, 9 (8): 1735-1780.

[12] ZHU X, SOBHANI P, GUO H. Long Short-Term Memory Over Recursive Structures. Proceedings of the 32nd International Conference on Machine Learning, ICML 2015. Lille, France, 2015: 1604-1612.

[13] TAI K S, SOCHER R, MANNING C D. Improved Semantic Representations From Tree-Structured Long Short-Term Memory Networks. Proceedings of the 53rd Annual Meeting of the Association for Computational Linguistics and the 7th International Joint Conference on Natural Language Processing (Volume 1: Long Papers), 2015: 1556-1566.

[14] CHEN Q, ZHU X, LING Z H, et al. Enhanced LSTM for Natural Language Inference. Proceedings of the 55th Annual Meeting of the Association for Computational Linguistics (Volume 1: Long Papers). Vancouver, Canada, 2017: 1657-1665.

[15] GAO L, LI X, SONG J, et al. Hierarchical LSTMs with Adaptive Attention for Visual Captioning. IEEE Transactions on Pattern Analysis and Machine Intelligence. 2020, 42 (5): 1112-1131.

[16] CHEN H, HUANG S, CHIANG D, et al. Improved Neural Machine Translation with a Syntax-Aware Encoder and Decoder. Proceedings of the 55th Annual Meeting of the Association for Computational Linguistics (Volume 1: Long Papers), 2017: 1936-1945.

[17] ZHANG X, LU L, LAPATA M. Top-down Tree Long Short-Term Memory Networks. Proceedings of the 2016 Conference of the North American Chapter of the Association for Computational Linguistics: Human Language Technologies. San Diego, California, 2016: 310-320.

[18] ZHOU G, LUO P, CAO R, et al. Tree-Structured Neural Machine for Linguistics-Aware Sentence Generation. Proceedings of the Thirty-Second AAAI Conference on Artificial Intelligence, (AAAI-18), the 30th innovative Applications of Artificial Intelligence (IAAI-18), and the 8th AAAI Symposium on Educational Advances in Artificial Intelligence (EAAI-18). New Orleans, Louisiana, USA, 2018: 5722–5729.

[19] ALVAREZ-MELIS D, JAAKKOLA T S. Tree-structured decoding with doubly-recurrent neural networks. 5th International Conference on Learning Representations, ICLR 2017. Toulon, France, 2017.

[20] CHEN X, LIU C, SONG D. Tree-to-tree Neural Networks for Program Translation. 6th International Conference on Learning Representations, ICLR 2018. Vancouver, BC, Canada, 2018.

[21] JANG E, GU S, POOLE B. Categorical Reparameterization with Gumbel-Softmax. 5th International Conference on Learning Representations, ICLR 2017. Toulon, France, 2017.

[22] YOGATAMA D, BLUNSOM P, DYER C, et al. Learning to Compose Words into Sentences with Reinforcement Learning. 5th International Conference on Learning Representations, ICLR 2017. Toulon, France, 2017.

[23] WILLIAMS A, DROZDOV A, BOWMAN S R. Do latent tree learning models identify meaningful structure in sentences?. Transactions of the Association for Computational Linguistics. 2018, 6: 253-267.

[24] SHEN Y, LIN Z, HUANG C, et al. Neural Language Modeling by Jointly Learning Syntax and Lexicon. 6th International Conference on Learning Representations, ICLR 2018. Vancouver, BC, Canada, 2018.

[25] LE P, ZUIDEMA W. The Forest Convolutional Network: Compositional Distributional Semantics with a Neural Chart and without Binarization. Proceedings of the 2015 Conference on Empirical Methods in Natural Language Processing. Lisbon, Portugal, 2015: 1155-1164.

[26] KIM Y, RUSH A, YU L, et al. Unsupervised Recurrent Neural Network Grammars. Proceedings of the 2019 Conference of the North American Chapter of the Association for Computational Linguistics: Human Language Technologies, Volume 1 (Long and Short Papers). Minneapolis, Minnesota, 2019: 1105-1117.

[27] DYER C, KUNCORO A, BALLESTEROS M, et al. Recurrent Neural Network Grammars. Proceedings of the 2016 Conference of the North American Chapter of the Association for Computational Linguistics: Human Language Technologies. San Diego, California, 2016: 199-209.

[28] SHEN Y, TAN S, SORDONI A, et al. Ordered Neurons: Integrating Tree Structures into Recurrent Neural Networks. 7th International Conference on Learning Representations, ICLR 2019. New Orleans, LA, USA, 2019.

[29] SHEN Y, TAN S, HOSSEINi S A, et al. Ordered Memory. Advances in Neural Information Processing Systems 32: Annual Conference on Neural Information Processing Systems 2019, NeurIPS 2019. Vancouver, BC, Canada, 2019: 5038-5049.

[30] BISK Y, TRAN K. Inducing Grammars with and for Neural Machine

Translation. Proceedings of the 2nd Workshop on Neural Machine Translation and Generation. Melbourne, Australia, 2018: 25-35.

[31] DROZDOV A, VERGA P, YADAV M, et al. Unsupervised Latent Tree Induction with Deep Inside-Outside Recursive Auto-Encoders. Proceedings of the 2019 Conference of the North American Chapter of the Association for Computational Linguistics: Human Language Technologies, Volume 1 (Long and Short Papers). Minneapolis, Minnesota, 2019: 1129-1141.

[32] MI H, WANG Z, ITTYCHERIAH A. Vocabulary Manipulation for Neural Machine Translation. Proceedings of the 54th Annual Meeting of the Association for Computational Linguistics (Volume 2: Short Papers). Berlin, Germany, 2016: 124-129.

[33] DAHLMANN L, MATUSOV E, PETRUSHKOV P, et al. Neural Machine Translation Leveraging Phrase-based Models in a Hybrid Search. Proceedings of the 2017 Conference on Empirical Methods in Natural Language Processing. Copenhagen, Denmark, 2017:1411-1420.

[34] GUO J, TAN X, HE D, Et al. Non-Autoregressive Neural Machine Translation with Enhanced Decoder Input. The Thirty-Third AAAI Conference on Artificial Intelligence, AAAI 2019, The Thirty-First Innovative Applications of Artificial Intelligence Conference, IAAI 2019, The Ninth AAAI Symposium on Educational Advances in Artificial Intelligence, EAAI 2019. Honolulu, Hawaii, USA, 2019: 3723-3730.

[35] YU L, BUYS J, BLUNSOM P. Online Segment to Segment Neural Transduction. Proceedings of the 2016 Conference on Empirical Methods in Natural Language Processing. Austin, Texas, 2016: 1307-1316.

[36] HUANG P S, WANG C, HUANG S, et al. Towards Neural Phrase-based Machine Translation. International Conference on Learning Representations, 2015.

[37] WANG C, WANG Y, HUANG P S, et al. Sequence Modeling via Segmentations. Proceedings of the 34th International Conference on Machine Learning - Volume 70, 2017: 3674-3683.

[38] FENG J, KONG L, HUANG P, et al. Neural Phrase-to-Phrase Machine Translation. arXiv e-print, 2018, abs/1811.02172.

[39] NGUYEN P X, JOTY S R. Phrase-Based Attentions. arXiv e-print, 2018, abs/1810.03444.

[40] PARK C Y, TSVETKOV Y. Learning to Generate Word-and Phrase-Embeddings for Efficient Phrase-Based Neural Machine Translation. Proceedings of the 3rd Workshop on Neural Generation and Translation. Hong Kong, 2019: 241-245.

[41] WISEMAN S, SHIEBER S, RUSH A. Learning Neural Templates for Text Generation. Proceedings of the 2018 Conference on Empirical Methods in Natural Language Processing, Brussels. Belgium, 2018: 3174-3187.

[42] ZAREMOODI P, HAFFARI G. Incorporating Syntactic Uncertainty in Neural Machine Translation with a Forest-to-Sequence Model. Proceedings of the 27th International Conference on Computational Linguistics. Santa Fe, New Mexico, USA, 2018: 1421-1429.

[43] WU S, ZHOU M, ZHANG D. Improved Neural Machine Translation with Source Syntax. Proceedings of the Twenty-Sixth International Joint Conference on Artificial Intelligence, IJCAI-17, 2017: 4179-4185.

[44] AHARONI R, GOLDBERG Y. Towards String-To-Tree Neural Machine Translation. Proceedings of the 55th Annual Meeting of the Association for Computational Linguistics (Volume 2: Short Papers). Vancouver, Canada, 2017: 132-140.

[45] WANG X, PHAM H, YIN P, et al. A Tree-based Decoder for Neural

Machine Translation. Proceedings of the 2018 Conference on Empirical Methods in Natural Language Processing. Brussels, Belgium, 2018: 4772-4777.

[46] WU S, ZHANG D, YANG N, et al. Sequence-to-Dependency Neural Machine Translation. Proceedings of the 55th Annual Meeting of the Association for Computational Linguistics (Volume 1: Long Papers). Vancouver, Canada, 2017: 698-707.

[47] AKOURY N, KRISHNA K, IYYER M. Syntactically Supervised Transformers for Faster Neural Machine Translation. Proceedings of the 57th Annual Meeting of the Association for Computational Linguistics. Florence, Italy, 2019: 1269-1281.

[48] LUONG M, LE Q V, SUTSKEVER I, et al. Multi-task Sequence to Sequence Learning. 4th International Conference on Learning Representations, ICLR 2016. San Juan, Puerto Rico, 2016.

[49] ERIGUCHI A, TSURUOKA Y, CHO K. Learning to Parse and Translate Improves Neural Machine Translation. Proceedings of the 55th Annual Meeting of the Association for Computational Linguistics (Volume 2: Short Papers). Vancouver, Canada, 2017: 72-75.

[50] WU S, ZHANG D, ZHANG Z, et al. Dependency-to-Dependency Neural Machine Translation. IEEE/ACM Transactions on Audio, Speech, and Language Processing. 2018, 26 (11): 2132-2141.

[51] KIROS J, CHAN W, HINTON G. Illustrative Language Understanding: Large-Scale Visual Grounding with Image Search. Proceedings of the 56th Annual Meeting of the Association for Computational Linguistics (Volume 1: Long Papers). Melbourne, Australia, 2018: 922-933.

[52] SHI H, MAO J, GIMPEL K, et al. Visually Grounded Neural Syntax Acquisition. Proceedings of the 57th Annual Meeting of the Association for

Computational Linguistics. Florence, Italy, 2019: 1842-1861.

[53] YANG P, CHEN B, ZHANG P, et al. Visual Agreement Regularized Training for Multi-Modal Machine Translation. The Thirty-Fourth AAAI Conference on Artificial Intelligence, AAAI 2020, The Thirty-Second Innovative Applications of Artificial Intelligence Conference, IAAI 2020, The Tenth AAAI Symposium on Educational Advances in Artificial Intelligence, EAAI 2020. New York, NY, USA, 2020: 9418-9425.

[54] SHI X, HUANG H, WANG W, et al. Improving Neural Machine Translation by Achieving Knowledge Transfer with Sentence Alignment Learning. Proceedings of the 23rd Conference on Computational Natural Language Learning (CoNLL). Hong Kong, China, 2019: 260-270.

[55] LUONG T, PHAM H, MANNING C D. Effective Approaches to Attention-based Neural Machine Translation. Proceedings of the 2015 Conference on Empirical Methods in Natural Language Processing, 2015: 1412-1421.

[56] NEUBIG G, NAKATA Y, MORI S. Pointwise Prediction for Robust, Adaptable Japanese Morphological Analysis. Proceedings of the 49th Annual Meeting of the Association for Computational Linguistics: Human Language Technologies, 2011: 529-533.

[57] CHE W, LI Z, LIU T. LTP: A Chinese Language Technology Platform. COLING 2010: Demonstrations. Beijing, China, 2010: 13-16.

[58] MA X. CHAMPOLLION: A Robust Parallel Text Sentence Aligner. Proceedings of the Fifth International Conference on Language Resources and Evaluation, LREC 2006. Genoa, Italy, 2006: 489-492.

[59] KINGMA D P, BA J. Adam: A Method for Stochastic Optimization. 3rd International Conference on Learning Representations, ICLR 2015. San Diego, CA, USA, 2015.

[60] VASWANI A, SHAZEER N, PARMAR N, et al. Attention is All you Need. Advances in Neural Information Processing Systems 30. Curran Associates, Inc., 2017: 5998-6005.

[61] SENNRICH R, HADDOW B, BIRCH A. Neural Machine Translation of Rare Words with Subword Units. Proceedings of the 54th Annual Meeting of the Association for Computational Linguistics (Volume 1: Long Papers). Berlin, Germany, 2016: 1715-1725.

[62] KOEHN P. Statistical Significance Tests for Machine Translation Evaluation. Proceedings of the 2004 Conference on Empirical Methods in Natural Language Processing , EMNLP 2004, A meeting of SIGDAT, a Special Interest Group of the ACL, held in conjunction with ACL 2004. Barcelona, Spain, 2004: 388-395.

[63] CLARK J, DYER D, LAVIE A, et al. Better Hypothesis Testing for Statistical Machine Translation: Controlling for Optimizer Instability. The 49th Annual Meeting of the Association for Computational Linguistics: Human Language Technologies, Proceedings of the Conference. Portland, Oregon, USA, 2011: 176-181.

[64] MIYAO Y, TSUJII J. Feature Forest Models for Probabilistic HPSG Parsing. Computational Linguistics, 2008, 34 (1).

[65] MADDISON C J, Mnih A, Teh Y W. The Concrete Distribution: A Continuous Relaxation of Discrete Random Variables. 5th International Conference on Learning Representations, ICLR 2017. Toulon, France, 2017.

[66] TINSLEY J, ZHECHEV V, HEARNE M, et al. Robust language pair-independent sub-tree alignment. Proceedings of Machine Translation Summit XI. Copenhagen, Denmark, September 2007: 467-474.

[67] HOCHREITER S, SCHMIDHUBER J. Long Short-Term Memory.

Proceedings of the Neural Computation, 1997, 9(8): 1735-1780.

[68] KIM, Y. Convolutional Neural Networks for Sentence Classification. Proceedings of the EMNLP, 2014: 1746-1751.

[69] VASWANI A, SHAZEER N, PARMAR N, USZKOREIT J, et al. Attention is All you Need. Proceedings of the NeurIPS, 2017: 5998-6005.

[70] MUKHERJEE A, ALA H, SHRIVASTAVA M, et al. MEE : An Automatic Metric for Evaluation Using Embeddings for Machine Translation. 2020 IEEE 7th International Conference on Data Science and Advanced Analytics (DSAA). IEEE, 2020: 292-299.

[71] PIAZZA N. Classification Between Machine Translated Text and Original Text By Part Of Speech Tagging Representation. 2020 IEEE 7th International Conference on Data Science and Advanced Analytics (DSAA). IEEE, 2020: 739-740.

[72] KOEHN P, OCH F J, MARCU D, et al. Statistical Phrase-Based Translation. 2003 Conference of the North American Chapter of the Association for Computational Linguistics on Human Langauge Technology (HLT-NAACL 2003). Association for Computational Linguistics, 2003: 48-54.

[73] BUGLIARELLO E, OKAZAKi N, et al. Enhancing Machine Translation with Dependency-Aware Self-Attention. Proceedings of the 58th Annual Meeting of the Association for Computational Linguistics, ACL 2020, Online, July 5-10, 2020, 1618-1627.

[74] ERIGUCHI A, HASHIMOTO K, TSURUOKA Y, et al. Tree-to-Sequence Attentional Neural Machine Translation. Proceedings of the 54th Annual Meeting of the Association for Computational Linguistics, ACL 2016. Berlin, Germany, 2016.

[75] HAO J, WANG X, SHI S, et al. Multi-Granularity Self-Attention for

Neural Machine Translation. Proceedings of the 2019 Conference on Empirical Methods in Natural Language Processing and the 9th International Joint Conference on Natural Language Processing, EMNLP-IJCNLP 2019. Hong Kong, China, 2019: 887-897.

[76] BASTINGS J, TITOV I, AZIZ W, et al. Graph Convolutional Encoders for Syntax-aware Neural Machine Translation. Proceedings of the 2017 Conference on Empirical Methods in Natural Language Processing, EMNLP 2017. Copenhagen, Denmark: Association for Computational Linguistics, 2017.

[77] GUTMANN M, HYVARINEN A, et al. Noise-Contrastive Estimation of Unnormalized Statistical Models, with Applications to Natural Image Statistics. Journal of Machine Learning Research, 2012, 13: 307-361.

第 5 章

基于句子对齐信息的机器翻译训练

5.1 引言

在神经机器翻译的训练阶段，经典的神经机器翻译方法通过对每个目标语言词进行最大似然估计（Maximum Likelihood Estimation，MLE）来最优化翻译模型[1-7]。然而，该训练目标更多地关注生成词的流畅性，缺少对所生成翻译充分性的考量，经过该训练的模型常面临翻译结果中包含的源语言信息不完整等问题[8-10]。

为在一定程度上解决上述问题，我们将统计机器翻译中的覆盖[11]概念引入到神经机器翻译的训练或解码过程中，以记录源语言词是否被翻译[5,8-9,12-14]。Tu 等人[8]为神经机器翻译引入覆盖向量，用于记录注意力的历史轨迹信息，避免注意力模型重复注意或漏掉某些源语言词。Feng 等人[9]利用基于循环神经网络（RNN）的注意力模型，将繁衍率（Fertility）的概念引入神经机器翻译。Zheng 等人[12-13]在工作中提出了 PAST 和 FUTURE 网络层，区分已翻译和未翻译的源语言词。He 等人[14]在解码端引入了额外的打分网络，用于估计未被覆盖到的源语言词的未来代价。

然而，由于神经机器翻译中没有像统计机器翻译中那样明确的词对齐机制，覆盖计算通常依赖于神经机器翻译模型中的注意力（Attention）机制[5,8-10]。

而基于注意力机制的覆盖计算对翻译错误和注意力"对齐"错误并不敏感。此外，由于不同的源语言词对正确翻译的贡献不同，在衡量翻译充分性时按照同等比例考虑全部词也是不合理的。（区别于统计机器翻译[11]中的对齐概念，神经机器翻译中的对齐是由解码时注意力模型的输出权重反推得到的。在统计机器翻译中，每个源语言词必须被翻译且只能被翻译一次。覆盖指源语言词已被翻译。在神经机器翻译中，源语言是否被覆盖通常通过注意力权重来计算，按照目标语言的生成顺序，每个源语言词至多被覆盖一次，被覆盖的源语言词选取生成该目标语言词时注意力权重最高值对应位置上的源语言词。）

此外，在神经机器翻译模型中引入源语言信息约束可以提升翻译的充分性。Tu 等人[15]在神经机器翻译模型中加入了"重构器"（Re-Constructor），用于还原源语言信息。这样，一个重构源语言目标函数就被引入了神经机器翻译的训练过程。上述引入源语言信息约束的方法可以有效地增强神经机器翻译编码器在对源语言编码时的信息完整性，但目标语言的最终生成过程并没有显式的监督信号。对偶学习[16-17]（Dual Learning）和对偶推断[18]（Dual Inference）方法也被用于对对偶任务的概率关联性建模，以正则化神经机器翻译的训练和解码过程（源语言到目标语言翻译和目标语言到源语言翻译可以看作对偶任务）。与 Cheng 等人[19]提出的方法相似，利用对偶学习和对偶推断的相关方法在对偶任务中采取一种策略：将目标语言到源语言（Target Language to Source Language）生成过程中的损失函数作为监督信号来训练主任务——源语言到目标语言（Source Language to Target Language）的翻译。这实质上是给主任务一个约束，确保目标语言中包含完整的源语言信息。该方法相当于同时训练了两种机器翻译模型，对于主任务来说，训练的运行效率会受到影响。此外，在对偶任务模型的训练过程中产生的误差并不一定由主任务模型的源语言信息完整性问题造成，虽然整个对偶学习的架构旨在确保源语言信息的完整性，但并没有直接针对主任务中目标语言的充分性进行约束。对于主任务来说，该完整性的训练目标并不直接。

在本章中，我们将介绍两种方法，分别在神经机器翻译模型的训练过程和预测过程中，直接引入源语言与目标语言的句子对齐信息作为附加约束条件，以提升译文的充分性。首先，我们提出一个源语言与目标语言的句子对齐判别器，该判别器基于神经网络自注意力机制分别对源语言句子和目标语言句子进行编码，然后计算跨语言相似度，作为句子对齐的得分。该编码器的自注意力机制可以有效地捕捉对句子对齐贡献较大的关键词[20]信息，而不像前人工作中使用的覆盖策略[5,8,10]那样，将所有源语言词和目标语言词一视同仁地对待，以前的覆盖策略极容易受虚词和翻译错误干扰。

对于神经机器翻译模型的训练过程，我们提出了一个基于对抗训练的框架。在该框架中，我们将神经机器翻译模型视为生成器（记作 G），将上文中提到的基于自注意力机制的句子对齐判别器作为对抗训练中的判别器（记作 D）。在训练过程中，神经机器翻译模型的训练目标是尽可能地生成判别器得分较高的译文。判别器会尽可能地区分模型生成的译文和训练数据中真实的人工译文。与生成对抗网络[21]（Generative Adversarial Network，GAN）不同，该框架中的判别器没有采用简单的二分类模型去对人工译文和机器译文进行二元区分，而是采用了度量学习[22-23]（Metric Learning）方法。与生成对抗网络相比，度量学习方法可以有效防止"（基本）正确但与人工译文不同的机器译文"被判别器过度惩罚，判别器将包容更多的译文形式，同时也能区分出"正确的译文""基本正确的译文""错误的译文"等不同层次的机器译文。

对于基于句子对齐的神经机器翻译解码方法，我们将句子对齐判别器得分引入到神经机器翻译的解码搜索过程中。具体地，在神经机器翻译解码过程中结合判别器的得分，这样在解码搜索过程中可以同时参考传统解码器得分（即语言模型得分）和句子对齐得分，显式地将句子对齐的信息引入解码过程。由于神经机器翻译的解码过程中存在"短视"问题[14]，即当前解码过程的得分无法预测未来生成句子的全貌，因此我们提出了结合价值网络[14,24]的神经机器翻译解码方法。该方法通过预测解码器未来可能的得分，在一定程度上解决了解码搜索过程中的"短视"问题。

5.2　问题分析

大多数流行的神经机器翻译模型[4-7]训练时采用最大化对数似然作为优化目标，在解码时，每个解码步骤保留的翻译候选也均通过对数似然排序得到。然而，基于目标语言词的似然函数并不能显式地衡量源语言是否被完整地翻译成目标语言，因此，以对数似然作为优化目标或翻译候选排序的依据并不能解决神经机器翻译的译文充分性问题。为解决上述问题，许多研究者将统计机器翻译中的覆盖[11]策略用于神经机器翻译模型的训练或解码过程中，以记录源语言词是否被翻译[5,8-10,12-14]。利用覆盖率来判断译文的充分性主要存在三方面的问题。

（1）与统计机器翻译中的覆盖不同，神经机器翻译中的覆盖通常依赖于模型内部的对齐模型，以对齐模型的得分作为判断目标语言与源语言对应关系的依据。神经机器翻译中的对齐通常为软对齐，只能从侧面反映源语言和目标语言的对应关系，不能以此为依据。尤其是对于 Transformer[7]等基于多头注意力（Multi-Head Attention）机制的神经机器翻译模型来说，同一注意力模型中不同注意力头所包含的信息也是南辕北辙的。

（2）覆盖计算并不能识别出翻译错误和对齐错误。在进行覆盖计算时，所有目标语言词都会通过注意力矩阵与源语言词绑定,因为神经机器翻译模型在解码时是逐次生成单词的，所以之前已经被绑定的源语言词将不会被修改，即使后续生成的译文的注意力得分更高。另外，生成的译文可能有错误，但在进行覆盖计算时,错误的译文与正确的译文会被同等对待,计入覆盖率。

（3）覆盖计算并不区分对应词的属性，即使是无具体语义的虚词在计算时也会被计入覆盖率，这样会"稀释"关键词的影响力，与人类对自然语言的理解习惯完全不同。人类理解自然语言时更注重的是关键词的作用，因为虚词在语言中发挥的主要是语法层面的作用，不同语言之间的虚词的对齐通常是没有意义的。

　　如图 5-1 所示为两种 NMT 模型在中-英翻译任务中生成的注意力矩阵实例。其中，竖排显示的是源语言（汉语），横排显示的是目标语言（英语）。在灰度矩阵中，亮度越高代表注意力权重越大，"五角星"和"三角形"分别表示正确和不正确的对齐（注意力）。在图 5-1 中，源语言为汉语"人类共有 23 对染色体。"（拼音），目标语言是英语。若按覆盖率衡量图中的两句译文[5,8,10]，可以看出，（b）图中"对齐"的源语言-目标语言词更多，而（a）图中被视为"对齐"的词很少，则在覆盖率这个指标下，（b）图中的译文要优于（a）图中的译文，这与人类的判断恰恰相反。此外，我们看到，（a）和（b）两图中均有"△"标注的对齐错误（在覆盖计算过程中，这些错误均会被记录）。（a）图中的两个对齐错误均因解码的先后顺序产生，从整体的注意力矩阵来看，"染色体"与"chromosomes"、"。"与"."均为正确的对齐，但由于"beings"和"pairs"优先生成且错误地"对齐"在"。"和"染色体"上，导致后续生成的目标语言词无法正确地对齐。本章介绍的基于自注意力机制的句子对齐判别器模型独立于神经机器翻译模型，避免了翻译错误对句子对齐得分造成的影响。判别器在进行句子对齐打分时，面向的是完整的目标语言译文和源语言句子，避免了解码顺序对对齐的影响。此外，自注意力机制可以有效地区分关键词和非关键词，防止对对齐有用的关键信息被虚词等干扰。

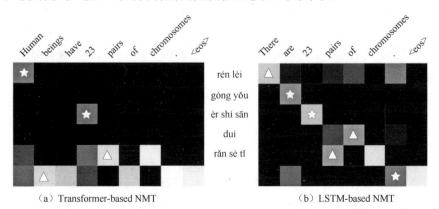

（a）Transformer-based NMT　　　　　（b）LSTM-based NMT

图 5-1　两种 NMT 模型在中-英翻译任务中生成的注意力矩阵实例

为了避免仅仅依赖词级最大似然估计训练神经机器翻译模型出现"短视"问题，除了引入覆盖等策略，研究者[5,25-27]将句子级的目标函数引入了神经机器翻译模型的训练过程。然而，这些句子级的目标函数忽略了源语言信息，缺乏对译文充分性的考虑[28]。生成对抗网络[21]的训练框架也是将句子级的目标函数引入神经机器翻译模型训练过程的方法。Yang 等人[28]和 Wu 等人[29]分别将 GAN 的训练框架融入神经机器翻译模型。该框架包含两个子模型：神经机器翻译模型（生成器，G）和判别器（D）模型。其中，判别器被训练出来用于区分一个目标语言句子是由神经机器翻译模型生成的还是由人工翻译的，而神经机器翻译模型作为生成器被训练，以生成令判别器难以区分的目标语言句子。在理想状况下，判别器和生成器以对抗的方式来训练，生成器生成的目标语言句子将愈加贴近人类的翻译结果。上述句子级对齐的训练目标大都不考虑源语言信息[26]，少数研究将源语言信息考虑进来但没有显式地考虑译文的充分性[28-29]。另外，生成对抗网络采用二元分类判别，对几乎正确、勉强正确和完全错误的译文并不进行区分，可能会对接近正确的生成结果进行过度的惩罚。Kong 等人[10]针对上述问题提出了一种衡量译文妥善性的判别器，用以估计目标语言和源语言句子之间的覆盖差异率（Coverage Difference Ratio，CDR）。然而，CDR 是基于覆盖计算的，无法区分出翻译错误，且忽略了翻译中不同词的重要性差异。

与之前的工作[10,29-30]不同，本章提出的面向词对齐的判别器对不同的词赋予了不同的权重，并且对翻译错误是敏感的。在本章提出的对抗训练框架中，训练过程采用的损失函数基于度量而非分类，这样可以对一些正确但与人工译文不同或几乎正确的机器译文提供更多的包容性，避免过度惩罚几乎正确的生成结果，同时区分出好的译文与坏的译文。

5.3　基于自注意力机制的对齐判别器

基于自注意力机制的对齐判别器由两部分组成：①基于门控自注意力网络

的句子编码器，用于对源语言和目标语言句子进行编码表示；②句子对齐得分算法模块，将源语言和目标语言的编码表示向量进行内积计算，得到二者的对齐得分。

5.3.1 基于门控自注意力网络的句子编码器

基于门控自注意力网络的句子编码器架构如图 5-2 所示。句子编码器主要包含一个门控隐藏层和一个自注意力层。门控隐藏层负责将输入的词分布式表示序列转换为隐藏层序列，再由自注意力层将隐藏层序列压缩编码为一维的向量。自注意机制与简单的网络结构搭配，可以使编码器更倾向于依据词级的证据（Evidence）估计对齐得分。

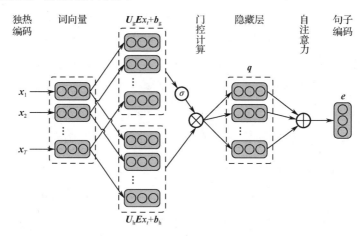

图 5-2　基于门控自注意力网络的句子编码器架构

该句子编码器的形式化定义如下：给定一个长度为 T 的独热（One-Hot）编码序列 $X = \{x_1, \cdots, x_T\}$ 和对应语言的词向量矩阵 $E \in \mathbb{R}^{|V| \times d}$（$|V|$ 为词典规范）。门控计算采用 Dauphin 等人[31]提出的方法，计算得到序列 $H = \{h_1, \cdots, h_T\}$，其中任意位置 t 的隐藏层状态 h_t 的计算方法为

$$h_t = (U_h E x_t + b_h) \otimes \sigma(U_g E x_t + b_g) \qquad (5\text{-}1)$$

式中，U_h、U_g（$\in \mathbb{R}^{d_m \times d_e}$）和 b_h、b_g（$\in \mathbb{R}^{d_m}$）均为自由参数；$\otimes$ 是元素积（Element-Wise Product）；$\sigma(\cdot)$ 是 Sigmoid 函数。这样，通过自注意力机制计

算句子编码 $e(\in \mathbb{R}^{d_m})$：

$$e = \mathrm{LayerNorm}\left(\boldsymbol{U}_o \sum_{t=1}^{T} w_t h_t + \boldsymbol{b}_o\right) \tag{5-2}$$

式中，$\mathrm{LayerNorm}(\cdot)$ 是层正则化函数[32]，$\boldsymbol{U}_o \in \mathbb{R}^{d_m \times d_e}$，$\boldsymbol{b}_o \in \mathbb{R}^{d_m}$，自注意力权重 w_t 计算方法为

$$w_t = \frac{\exp(a_t)}{\sum_{i=1}^{T} \exp(a_i)} \tag{5-3}$$

$$a_t = \boldsymbol{v}_a^{\mathrm{T}} \tanh(\boldsymbol{U}_a h_t) \tag{5-4}$$

式中，$\boldsymbol{U}_a \in \mathbb{R}^{d_m \times d_m}$，$\boldsymbol{v}_a \in \mathbb{R}^{d_m}$。在本章中，模型维数 $d_m = 512$，句子编码维数 $d_e = 256$，$|V|$ 为词典规模。

5.3.2　句子对齐得分计算与判别器损失函数

接下来介绍句子对齐得分的计算方法，以及训练判别器采用的损失函数。给定源语言句子编码 $\boldsymbol{e}_x$ 和目标语言句子编码 $\boldsymbol{e}_y$，则对齐得分 $s_{(X,Y)}$（判别器的输出）的计算方法为

$$s_{(X,Y)} = D(X, Y; \theta_D) = \boldsymbol{e}_x^{\mathrm{T}} \boldsymbol{e}_y \tag{5-5}$$

式中，θ_D 代表判别器的所有自由参数，包括源语言和目标语言编码器部分（源语言和目标语言分别采用两个网络结构相同但参数相互独立的编码器）。

对于判别器 D 的训练，给定目标语言的候选译文列表 y，判别器的目标是令给定的对齐句子 Y^+ 得分最高。由于句子级别的对齐数据通常是从可比语料中自动抽取的，精确度有限，我们希望训练判别器时不要对接近给定"答案"的候选译文进行过多的惩罚。因此，我们引入了度量学习的损失函数——N-pair 损失函数[33-34]，来训练判别器。N-pair 损失函数的计算公式如下。

$$\mathcal{L}_D = \mathcal{L}_{N-pair}(\{X, Y^+, \{Y_n^-\}_{n=1}^{N-1}\}; \theta_D)$$

$$= \log\left(1 + \sum_{n=1}^{N-1} \exp(D(X, Y_n^-; \theta_D) - D(X, Y^+; \theta_D))\right) \quad (5\text{-}6)$$

式中，Y^+ 是源语言句子 X 给定的对齐句子；Y_n^- 是 $N-1$ 个未对齐的目标语言候选译文之一；$D(\cdot)$ 是判别器的输出。

与之前研究工作[29-30,35]中采用的交叉熵（Cross Entropy）损失函数相比，N-pair 损失函数对一些与给定的对齐句子相似的译文会更加包容。在翻译任务中，那些正确但与给定的对齐句子不同的译文将不会被给予过度的惩罚。

5.3.3 判别器训练数据构建与预训练

由于判别器的训练采用了 N-pair 损失函数，与训练机器翻译模型通常使用的平行句对不同，判别器的训练数据需要除对齐句子外的更多候选译文作为负样本。因此，我们手动构建了判别器的训练数据。我们将候选译文列表设置为 $N=100$，其中除与源语言句子对齐的目标语言句子外，还包括 99 句候选译文作为负样本。负样本优先从对齐句子所在段落内的相邻上下文中选取，若段落中上下文句子不足 99 个，则从其余语料中随机选取。至于数据的保存格式，我们参考了 VisDial[36]数据集的格式。

相较于神经机器翻译模型，句子对齐判别器神经网络层数少，拥有的自由参数规模很小，属于轻量级的模型。训练该模型过程相对简单，用时较短。为提升训练效率，可以先独立预训练判别器，当判别器达到一定的准确率时再将其与神经机器翻译模型同时置入对抗训练的框架中共同训练。（事实上，与句子对齐判别器一样，神经机器翻译模型也需要先进行预训练达到一定的正确率。其原因在于，未经预训练的神经机器翻译模型输出的译文较为混乱，在此时传入译文充分性相关监督信号对于初始的机器翻译模型来说可能会增加训练的不稳定性。同样地，未经预训练的词对齐判别器无法正确地估计目标语言句子与源语言句子的词对齐得分，若将未经预训练的判别器直接引入对抗训练框架，则会在初期干扰神经机器翻译模型的训练，而神经机器翻译模型输出的译文质量过低也会对判别器的训练造成干扰。因此，本节提出的对抗训练框架中的句子对齐判别器和神经机器翻译模型均需要预训练。）

5.4　基于对齐信息的神经机器翻译对抗训练

本节将介绍将基于对齐信息的神经机器翻译对抗训练框架。与应用 GAN[28-29]类似，该框架主要包含两个模型：①一个句子对齐判别器 D，用于学习估计源语言句子和候选译文的对齐得分；②一个神经机器翻译模型 G，给定源语言句子 X，会尽量生成令判别器 D 得分更高的译文 $\hat{Y}$。算法 5-1 给出了训练框架：给定包含 N_D 组平行句对的训练数据 $D_{train} = \{(X_1, Y_1^+), \cdots, (X_{N_D}, Y_{N_D}^+)\}$ 及经过独立预训练的神经机器翻译模型 G 和判别器 D。在每个训练步骤中，不重复地随机取其中一个训练样本 (X, Y^+)，并令神经机器翻译模型生成译文 $\hat{Y} \sim G(X; \theta_G)$，我们采用 1-pair 损失函数作为神经机器翻译模型生成译文的损失函数 $\mathcal{L}_G$，并以此作为误差，利用梯度下降和梯度上升算法分别训练神经机器翻译模型 G 和判别器 D。为了使对神经机器翻译模型的训练更加稳定，我们在训练阶段还引入了教师强制[37]（Teacher-Forcing）步骤。教师强制步骤可以使神经机器翻译模型兼顾生成译文的流畅性。

5.4.1　判别损失函数

神经机器翻译模型的训练目标之一是尽量生成使判别器得分超过人工翻译的译文。具体地，对于训练集中的平行句对 (X, Y^+)，首先令神经机器翻译模型利用贪婪搜索（Greedy Search）解码得到译文 $\hat{Y}$，然后使用判别器计算得到 $D(X, Y^+; \theta_D)$ 和 $D(X, \hat{Y}; \theta_D)$，并通过 $\mathcal{L}_G$ 将误差信号反馈给神经机器翻译模型。式（5-7）给出了 $\mathcal{L}_G$ 的具体计算方法。

$$\begin{aligned}
\mathcal{L}_{\text{G}} &= \mathcal{L}_{1-\text{pair}}(\{X, Y^+, \hat{Y}\}) \\
&= \log(\exp(D(X, Y^+; \theta_{\text{D}}) - D(X, \hat{Y}; \theta_{\text{D}})))
\end{aligned} \tag{5-7}$$

从式（5-7）中可以看出，对于不同质量的机器译文 Y^+，该损失函数对于判别器得分高与得分低的译文的惩罚程度不同，可以有效地区分出好的机器译文和坏的机器译文。这一点与采用交叉熵损失函数的生成对抗网络神经机器翻译训练框架[28-30]有显著的区别。

算法 5-1 基于对齐信息的神经机器翻译对抗训练框架

输入：训练数据 D_{train}，经过独立预训练的神经机器翻译模型 G，经过独立预训练的句子对齐判别器 D。

1：**for** 迭代次数 **do**

2：　　随机从 D_{train} 中采样 (X, Y^+)；

3：　　利用神经机器翻译模型生成译文 $\hat{Y} \sim G(X)$，译文的生成利用

　　　　Gumbel-Softmax 采样方法；

4：　　计算 1-pair 损失函数 $\mathcal{L}_{\text{G}}$：

　　　　$\mathcal{L}_{\text{G}} = \log(\exp(D(X, Y^+; \theta_{\text{D}}) - D(X, \hat{Y}); \theta_{\text{D}}))$；

5：　　利用梯度下降更新神经机器翻译模型 G：

　　　　　　$\theta_{\text{G}} \leftarrow \theta_{\text{G}} - \eta_{\text{G}} \nabla_{\theta_{\text{G}}} \mathcal{L}_{\text{G}}$，

　　　　其中 η_{G} 为学习率；

6：　　利用对抗损失函数 $\mathcal{L}_{\text{D}} = -\mathcal{L}_{\text{G}}$ 更新判别器 D：

　　　　　　$\theta_{\text{D}} \leftarrow \theta_{\text{D}} - \eta_{\text{D}} \nabla_{\theta_{\text{D}}} \mathcal{L}_{\text{D}}$，

　　　　其中 η_{D} 是学习率；

7：　　教师强制：利用最大似然估计方法，以 (X, Y^+) 为监督数据更新 G；

8：**end for**

输出：参数为 θ_{G} 的神经机器翻译模型 G。

5.4.2　Gumbel-Softmax 采样

神经机器翻译的解码过程通常需要引入不可微分的操作 $\text{argmax}(\cdot)$，因此生成译文 $\hat{Y}$ 的过程通常是不可微分的，这使得模型难以通过 $\mathcal{L}_{\text{G}}$ 训练。为解决上

述问题，我们采用 Gumbel-Softmax[38]采样方法生成译文 $\hat{Y}$。具体地，在某个解码的时间步 j，假设 $\boldsymbol{p}_j \in \mathbb{R}^{|V_y|}$ 包含了模型输出的在目标语言词表 V_y 上的对数概率值，而 $\boldsymbol{g}_j \in \mathbb{R}^{|V_y|}$ 包含了基于 Gumbel(0,1) 分布的独立同分布采样，则此时解码器的输出 $\boldsymbol{y}_j$ 转化为

$$\hat{\boldsymbol{y}}_j = \text{Softmax}((\boldsymbol{p}_j + \boldsymbol{g}_j)/\tau) \qquad (5\text{-}8)$$

式中，τ 是温度系数，该数值越小，采样的期望越接近 $\text{argmax}(\cdot)$ 的结果，采样得到的样本越接近独热向量，但是其对应的梯度估计方差越大；τ 大代表温度高，采样的期望会更平均，采样得到的期望更不像独热向量，但是其对应的梯度估计方差会比较小，在本节中 $\tau = 0.5$。

这样，通过将 $\text{argmax}(\cdot)$ 替换为 Gumbel-Softmax，神经机器翻译模型的解码过程转化为可微分的过程，进而使得模型可以通过梯度下降的方法进行优化。

5.4.3　教师强制步骤

在式（5-7）中，$\mathcal{L}_G$ 主要考虑了译文与源语言句子的对齐性，会忽略译文语法的正确性和行文的流畅性。因此，我们在对抗训练的过程中引入了教师强制步骤，在增强译文与源语言句子对齐性的同时，兼顾语法的正确性和译文的流畅性。在本文中，教师强制步骤采用 MLE 的目标函数，记为 O_{MLE}：给定一个训练集平行句对 (X, Y^+)，O_{MLE} 最大化对数似然 $\hat{\theta}_G = \text{argmax}_{\theta_G}(-\mathcal{L}_{nmt})$。其中，损失函数 $\mathcal{L}_{nmt}$ 的定义为

$$\mathcal{L}_{nmt}(X, Y^+; \theta_G) = -\sum_{t=1}^{T_y} \log p(\boldsymbol{y}_t \mid \boldsymbol{y}_{<t}, X; \theta_G) \qquad (5\text{-}9)$$

在式（5-9）中，T_y 表示机器译文 Y^+ 的长度。

5.4.4　固定的判别器与对抗的判别器

在训练时，判别器可以采用两种不同的设置：①在机器翻译模型训练中更

新判别器（对抗的判别器）；②在机器翻译模型训练中停止更新判别器（固定的判别器或冻结的判别器）。当我们不更新判别器，即使用冻结的判别器时，机器翻译模型在训练时的损失函数为判别感知损失函数[34]与教师强制损失函数[34,37]的组合。当我们使用对抗的判别器，即更新判别器时，在对抗学习框架下，交替地更新神经机器翻译模型和判别器。训练对抗的判别器时，判别器的训练目标是尽量使得人工翻译的译文得到高分，同时最小化机器生成译文的得分，该训练目标与对抗框架中生成器的训练目标相反，因此本节采用的训练损失函数为 $\mathcal{L}_{\mathrm{D}} = -\mathcal{L}_{\mathrm{G}}$。

5.5 基于对齐感知的神经机器翻译解码方法

本节将介绍利用对齐知识指导神经机器翻译解码的方法。在该方法中，我们依然采用束搜索策略。本节重新定义了束搜索的打分函数 $\Theta(\cdot)$，并将判别器得分 $D(X,Y;\theta_{\mathrm{D}})$ 融入其中。本文提出了两种 $\Theta(\cdot)$：① $\Theta_{\mathrm{D}}(\cdot)$，将神经机器翻译系统解码的对数似然得分 $\log p(Y\,|\,X)$ 与判别器得分 $D(X,Y;\theta_{\mathrm{D}})$ 线性地结合，组成新的打分函数；② $\Theta_{\mathrm{v}}(\cdot)$，在解码时引入价值网络[14]（Value Network）的得分。算法 5-2 给出了束搜索的解码过程。

在算法 5-2 中，S 和 U 是两个候选集合，分别负责收集生成结束的候选译文和正在生成的候选译文，U_{expand} 是迭代中使用的临时集合。上述集合均用空集初始化，然后神经机器翻译模型开始解码。$\hat{Y}_i \in U$ 表示候选集合中的第 i 个候选，$\mathrm{top}(K)$ 表示前 K 个候选，<eos>表示句子终结符号。当生成的目标词满足 y_t ="<eos>"时，表示该词所在的序列 $\hat{Y}_{1:t}$ 不需要再添加新词，这时将 $\hat{Y}_{1:t}$ 移出 U，同时移入集合 S。

算法 5-2 束搜索

输入： 源语言序列 X，神经机器翻译模型 G，目标语言词表 V_y，判别器模型 $D(X,Y)$，束搜索栈空间大小 K，目标语言序列最大长度 $L_{\max}$。

1：翻译候选集合 S 和 U，$S=\varnothing$，$U=\varnothing$；

2：**for** t=1；$t\leftarrow t$+1；$t<L_{\max}$ 与 $|S|<K$ **do**

3：　　$U_{\text{expand}}\leftarrow\{\hat{Y}_i+\{w\}\,|\,\hat{Y}_i\in U,w\in V_y\}$；

4：　　$U\leftarrow\{\text{top}(K-|S|)$ 个候选，按照 $\Theta(X,Y_{1:t})$ 从大到小排序 $|\,\hat{Y}_{1:t}\in U_{\text{expand}}\}$；

5：　　$S\leftarrow S\bigcup\{\hat{Y}_{1:t}\,|\,\hat{Y}_{1:t}\in U$，$y_t$="<eos>"$\}$；

6：　　$U\leftarrow U\setminus\{\hat{Y}_{1:t}\,|\,\hat{Y}_{1:t}\in U$，$y_t$="<eos>"$\}$；

7：**end for**

输出：$\hat{Y}=\arg\max_{\hat{Y}\in S\cup U}\Theta(X,\hat{Y})$。

5.5.1　融合判别器得分的解码得分

对于 $\Theta_D(\cdot)$，解码得分是将神经机器翻译系统解码的对数似然得分与判别器得分简单地进行线性组合。具体地，给定一个翻译模型 $p(Y\,|\,X;\theta_G)$、一个判别器模型 $D(X,Y;\theta_D)$、一个线性组合超参数 $\beta_D\in(0,1)$，则对于解码过程中的 t 时刻的目标语言序列 $Y_{1:t}$，解码得分 $\Theta_D(X,Y_{1:t})$ 的计算公式如下：

$$\Theta_D(X,Y_{1:t})=\beta_D\times\frac{1}{t}\log p(Y_{1:t}|X)+(1-\beta_D)\times\log D(X,Y_{1:t}) \tag{5-10}$$

其中，β_D 为 1 相当于普通的神经机器翻译束搜索解码过程。为保证译文的流畅性，β_D 不宜低于 0.5，通常将其设置为 0.85 以上，以获得较好的实验结果。

融合判别器得分后，解码器在解码时能够考虑到句子的对齐信息，丰富了模型搜索时的评价指标。然而，仅仅扩展打分函数，仍然不能解决神经机器翻译解码的"短视"问题。针对上述问题，一种解决方式为，仅在候选译文排序时使用打分函数 $\Theta_D(X,Y_{1:t})$，即利用 $\Theta_D(X,Y_{1:t})$ 对候选译文进行重排序。

5.5.2　融合基于对齐的价值网络解码

虽然 $\Theta_D(\cdot)$ 引入了额外的句子对齐信息，但它只能为当前时刻 t 的目标语言序列 $Y_{1:t}$ 打分，解码时仍然面临着"短视"的问题[14,39-40]。遵循 NMT-VNN[14]

框架，我们引入一个预测模型 VNN_D，来根据源语言输入序列 X 和已经生成的部分目标语言序列 $Y_{1:t}$ 估计解码序列的未来对齐得分。这样，在神经机器翻译的解码阶段，解码器可以同时考虑模型自身预测的对数似然及 VNN_D 估计的得分。打分函数 $\varTheta_\text{D}(\cdot)$ 的计算公式如下：

$$\varTheta_\text{D}(X, Y_{1:t}) = \beta_\text{v} \times \frac{1}{t} \log p(Y_{1:t} | X) + (1 - \beta_\text{v}) \times \log \text{VNN}_\text{D}(X, Y_{1:t}) \tag{5-11}$$

式中，$\text{VNN}_\text{D}(X, Y_{1:t})$ 是基于句子对齐的价值网络对 t 时刻已经生成的序列 $Y_{1:t}$ 的估计得分；$\beta_\text{v} \in (0,1)$ 是超参数。

参考 He 等人[14]提出的基于 LSTM 隐藏层状态的 VNN（对于基于 Transformer[7]的神经机器翻译模型，由于不再包含自更新的隐藏层状态，VNN_D 的输入可以是通过自注意力机制运算得到的向量），对于 VNN_D，我们将 BLEU 得分替换为平均句子对齐得分，用作价值网络的奖励值。平均句子对齐得分是通过经过预训练的句子对齐判别器得到的，其计算公式如下：

$$\text{Averaged}_{\text{Alignment}(X, \hat{Y}_\text{p})} = \frac{1}{K} \sum_{\hat{Y} \in S(\hat{Y}_\text{p})} D(X, \hat{Y}) \tag{5-12}$$

式中，$\hat{Y}_\text{p}$ 是由神经机器翻译模型生成的不完整的目标语言句子，通过随机停止截断搜索过程。对于从 $\hat{Y}_\text{p}$ 开始的目标语言，我们采用神经机器翻译模型完成翻译，这样可以得到一个集合 $S(\hat{Y}_\text{p})$，集合的大小 $K = 6$，即束搜索栈空间的大小。

5.6 本章小结

本章介绍了利用源语言和目标语言的对齐信息增强神经机器翻译表现的方法，分别在模型的训练过程和解码过程中对其进行改进。

本章首先介绍了基于自注意力机制的对齐判别器（5.3 节），通过学习词重要性信息和句子表示，来估计源语言和目标语言之间的对齐得分。然后，我们介绍了基于对齐信息的神经机器翻译对抗训练（5.4 节），将对齐判别器和神经机器翻译模型通过对抗训练的框架融合在模型的训练过程中。在该框架中，神经机器翻译模型以提升译文与源语言句子之间的对齐度和最大似然为训练目标，在提升译文的充分性的同时，也保证了译文的流畅性不受干扰。在基于对齐感知的神经机器翻译解码方法中（5.5 节），我们将判断对齐得分的价值网络得分融入机器翻译的解码搜索过程，以便在解码的同时兼顾语言模型得分和源语言的对齐得分。

本章提出的方法无论是在训练阶段还是在解码阶段，都用到了句子对齐判别器得分，判别器及其所依赖的编码器所学到的句子表示知识对于本章介绍的方法至关重要。与之前的方法相比，本章介绍的方法采用了独立的网络结构来判断目标语言和源语言的对齐关系，而不是利用神经机器翻译模型内部的信息。这样做的优点如下。

（1）独立的模型可以采用独立的目标函数训练，学习到的词表示和句子表示信息更加有针对性，不会被多个任务或多个目标函数干扰。

（2）判别器网络是独立设计的，本章介绍的判别器采用的浅层自注意力结构可以更好地捕捉浅层的关键词信息，结构简单，参数量少。

（3）独立的判别器可以高效地独立执行任务。例如，句对齐判别器可以独立执行句子对齐打分任务或机器翻译重打分任务等。

图 5-3 给出了 5.3 节中提出的基于门控自注意力网络的编码器的注意力权重可视化实例，图中颜色越深代表注意力权重越大。虚线连接的词对表示人工标注的对齐词，用于说明该自注意力机制在编码器和句子对齐中发挥的作用。在图 5-3 的例子中，源语言为"人类共有二十三对染色体。"（拼音），参考译文和机器译文分别为"Humans have a total of 23 pairs of chromosomes." 和"Human beings have 23 pairs of chromosomes."。从例子中可以发现，源语言词"人类""二十三""染色体"，以及它们对应的目标语言词"Humans（Human beings）""23""chromosomes"均被自注意力机制赋予了较高的权重，这说明编码器认为这些词对估计句子对齐得分比其他词更重要。这些自动学习得到的注意力权重与 Ma[20]在 Champollion 工具中提出不同权重的翻译对的思想是一致的。通过对抗训练生成的模型，即神经机器翻译模型，为了在判别器端得到更高的对齐得分，需要避免遗漏这些被赋予高权重的重要词，该过程可以视作判别器将词的重要性信息传递给神经机器翻译模型。

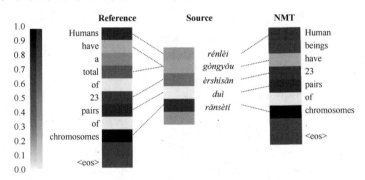

图 5-3　注意力权重可视化实例

本章介绍的基于对齐信息的神经机器翻译对抗训练方法采用了预训练后的句子对齐判别器和神经机器翻译模型，图 5-4 展示了在不同预训练迭代轮次（Epoch）下，模型的训练性能表现。其中，纵坐标为 BLEU，横坐标为迭代轮次（1 轮指一个训练周期）。在图 5-4（a）中，固定的判别器采用预训练好的判别器（只观察神经机器翻译模型的训练表现）；而在图 5-4（b）中，对抗的判别器预训练的迭代轮次与神经机器翻译模型相同。从图 5-4 中可以看出，预训练好的判别器在对抗训练中的表现要优于未预训练好的判别器，这证明了充分的预训练确实可以提升后续对抗训练的效率。（预训练分别在判别器和神经机器翻译模型上独立进行，预训练效率相对于将二者在对抗训练框架中联合训练较高，因此充分的预训练后再进行对抗训练相对于直接进行对抗训练效率更高。）

表 5-1 给出了在汉语到英语的机器翻译任务中，不同设置下神经机器翻译模型的翻译实例。从表 5-1 中可以看出，基线系统生成的译文中所呈现的问题对于神经机器翻译系统来说非常具有代表性：译文相对流畅，语义连贯，几乎没有语法错误，但是语义和源语言"南辕北辙"，并且丢失了重要的信息，如

"星期六""取得""签证"等源语言词，均未得到正确的翻译。与基线系统不同，本章所介绍的方法均将源语言信息完整地翻译到目标语言中，具体体现在对一些对齐关键词的处理上，"星期六"（Saturday）、"赴"（went to）、"取得"（obtained、receiving）、"签证"（visa）等重要词均被正确地翻译。此外，我们可以看出，对齐得分有效地将基线系统的输出译文和本章所用方法的输出译文区分开，证明了基于对齐信息的模型是合理的。尤其是在利用对齐得分对基线系统译文重排序后，得到了译文"after receiving a visa in Hong Kong on Saturday, Chen Jinde arrived in Beijing yesterday for a 10-day visit ."。这证明判别器可以正确地识别出与源语言更加"对齐"的目标语言，同时反映出在神经机器翻译解码过程中使用单一的对数似然得分无法兼顾译文充分性的问题。

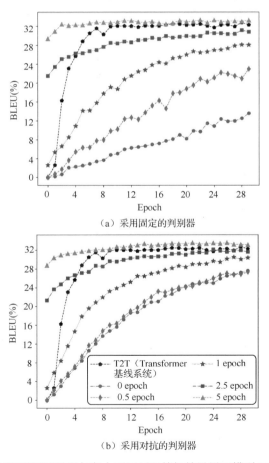

（a）采用固定的判别器

（b）采用对抗的判别器

图 5-4　维吾尔语到汉语翻译任务中不同预训练初始设置下模型 BLEU 值的对比

表 5-1　汉语到英语的机器翻译实例

源语言	陈金德 *星期六 赴* 香港 *取得 签证*，昨天 抵 京 访问 10 天。
参考译文	Chen Chin-the *went to* Hong Kong *on Saturday for his visa* and arrived in Beijing yesterday for his 10-day visit. (align:11.15)
基线系统	Chen Jinde arrived in Beijing yesterday for a 10-day visit to Hong Kong. (align:9.91,BLEU:28.33)
基于对齐感知的神经机器翻译解码	Chen Jinde *obtained a visa* in Hong Kong *on Saturday* and yesterday arrived in Beijing for a 10-day visit. (align:10.69, BLEU:29.23)
对齐得分对基线系统译文重排序	after *receiving a visa* in Hong Kong *on Saturday*, Chen Jinde arrived in Beijing yesterday for a 10-day visit. (align:10.75, BLEU:39.33)
固定的判别器对抗训练	Chen Jinde *went to* Hong Kong *to obtain a visa on Saturday* and yesterday arrived in Beijing for a 10-day visit. (align:10.97, BLEU:29.55)
判别器与翻译模型同时对抗训练	Chen Jinde *went to* Hong Kong *for a visa on Saturday* and yesterday arrived in Beijing for a 10-day visit. (align:10.92, BLEU:37.49)

注：粗斜体字表示基线系统在翻译过程中丢失的内容。align 表示判别器给出的对齐得分，判别器得分和句子级的 BLEU 得分在目标句子的下方给出。

　　正如上面介绍的，本章介绍的句子对齐判别器主要学习的是浅层的词级信息，用以捕捉源语言和目标语言中的关键词。在未来的工作中，我们可以将更多的语法、语义信息融入判别器的句子编码过程中，如依存句法、语义角色等。与基于关键词信息的判别器相比，引入更丰富的语义信息可以帮助判别器对机器译文给出更合理的分数。此外，本章为解决 argmax 函数不可微分问题引入了 Gumbel-Softmax 采样方法，在训练目标上采用了度量学习的训练损失函数。在后续工作中，我们可以对比尝试其他对抗训练方法中的采样方法和损失函数，如蒙特卡洛采样[24]和交叉熵损失函数[29-30]等。

参考文献

[1] KALCHBRENNER N, BLUNSOM P. Recurrent continuous translation models. Proceedings of the 2013 Conference on Empirical Methods in Natural Language Processing, EMNLP 2013. Grand Hyatt Seattle, Seattle, Washington, USA, 2013: 1700-1709.

[2] CHO K, VAN MERRIENBOER B, BAHDANAU D, et al. On the properties of neural machine translation: Encoder-decoder approaches. Proceedings of SSST@EMNLP 2014, Eighth Workshop on Syntax, Semantics and Structure in Statistical Translation. Doha, Qatar, 2014: 103-111.

[3] SUTSKEVER I, VINYALS O, LE Q V. Sequence to sequence learning with neural networks. Advances in Neural Information Processing Systems 27: Annual Conference on Neural Information Processing Systems 2014. Montreal, Quebec, Canada, 2014: 3104-3112.

[4] BAHDANAU D, CHO K, BENGIO Y. Neural machine translation by jointly learning to align and translate. 3rd International Conference on Learning Representations, ICLR 2015. San Diego, CA, USA, 2015.

[5] WU Y, SCHUSTER M, CHEN Z, et al. Google's neural machine translation system: Bridging the gap between human and machine translation. arXiv e-print, 2016, abs/1609.08144.

[6] GEHRING J, AULI M, GRANGIER D, et al. Convolutional sequence to sequence learning. Proceedings of the 34th International Conference on Machine Learning, ICML 2017. Sydney, NSW, Australia, 2017: 1243-1252.

[7] VASWANI A, SHAZEER N, PARMAR N, et al. Attention is all you need. Advances in Neural Information Processing Systems 30: Annual Conference on Neural Information Processing Systems 2017. Long Beach, CA, USA. 2017: 6000-6010.

[8] TU Z, LU Z, LIU Y, et al. Modeling coverage for neural machine translation. Proceedings of the 54th Annual Meeting of the Association for Computational Linguistics, ACL 2016. Berlin, Germany, 2016.

[9] FENG S, LIU S, YANG N, et al. Improving attention modeling with implicit distortion and fertility for machine translation. COLING 2016, 26th International Conference on Computational Linguistics, Proceedings of the Conference: Technical Papers. Osaka, Japan, 2016: 3082-3092.

[10] KONG X, TU Z, SHI S, et al. Neural machine translation with adequacy-oriented learning . The Thirty-Third AAAI Conference on Artificial Intelligence, AAAI 2019, The Thirty-First Innovative Applications of Artificial Intelligence Conference, IAAI 2019, The Ninth AAAI Symposium on Ed- ucational Advances in Artificial Intelligence, EAAI 2019. Honolulu, Hawaii, USA, 2019: 6618-6625.

[11] KOEHN P, OCH F J, MARCU D. Statistical phrase-based translation. Human Language Technology Conference of the North American Chapter of the Association for Computational Linguistics, HLT- NAACL 2003. Edmonton, Canada, 2003.

[12] ZHENG Z, ZHOU H, HUANG S, et al. Modeling past and future for neural machine translation. Transactions of the Association for Computational Linguistics. 2018, 6: 145-157.

[13] ZHENG Z, HUANG S, TU Z, et al. Dynamic past and future for neural machine translation. Proceedings of the 2019 Conference on Empirical Methods in Natural Language Processing and the 9th International Joint Conference on Natural Language Processing (EMNLP-IJCNLP). Hong Kong, China: Association for

Computational Linguistics, 2019: 931-941.

[14] HE D, LU H, XIA Y, et al. Decoding with value networks for neural machine translation. Advances in Neural Information Processing Systems 30: Annual Conference on Neural Information Processing Systems 2017. Long Beach, CA, USA, 2017: 178-187.

[15] TU Z, LIU Y, SHANG L, et al. Neural machine translation with reconstruction. Proceedings of the Thirty-First AAAI Conference on Artificial Intelligence. San Francisco, California, USA, 2017: 3097-3103.

[16] HE D, XIA Y, QIN T, et al. Dual learning for machine translation. Advances in Neural Information Processing Systems 29: Annual Conference on Neural Information Processing Systems 2016. Barcelona, Spain, 2016: 820-828.

[17] XIA Y, QIN T, CHEN W, et al. Dual supervised learning. Proceedings of the 34th International Conference on Machine Learning, ICML 2017. Sydney, NSW, Australia, 2017: 3789-3798.

[18] XIA Y, BIAN J, QIN T, et al. Dual inference for machine learning. Proceedings of the Twenty-Sixth International Joint Conference on Artificial Intelligence, IJCAI 2017. Melbourne, Australia, 2017: 3112-3118.

[19] CHENG Y, XU W, HE Z, et al. Semi-supervised learning for neural machine translation. Proceedings of the 54th Annual Meeting of the Association for Computational Linguistics, ACL 2016. Berlin, Germany, 2016.

[20] MA X. Champollion: A robust parallel text sentence aligner. Proceedings of the Fifth International Conference on Language Resources and Evaluation, LREC 2006. Genoa, Italy, 2006: 489-492.

[21] GOODFELLOW I J, POUGET-ABADIE J, MIRZA M, et al. Generative adversarial networks. arXiv e-print, 2014, abs/1406.2661.

[22] KULIS B. Metric learning: A survey. Foundations and Trends in Machine Learning. 2013, 5(4): 287-364.

[23] KAYA M, BILGE H S. Deep metric learning: A survey. Symmetry. 2019, 11(9): 1066.

[24] SILVER D, HUANG A, MADDISON C J, et al. Mastering the game of go with deep neural networks and tree search. Nature, 2016, 529(7587): 484-489.

[25] RANZATO M, CHOPRA S, AULI M, et al. Sequence level training with recurrent neural networks. 4th International Conference on Learning Representations, ICLR 2016. San Juan, Puerto Rico, 2016.

[26] SHEN S, CHENG Y, HE Z, et al. Minimum risk training for neural machine translation. Proceedings of the 54th Annual Meeting of the Association for Computational Linguistics, ACL 2016. Berlin, Germany, 2016.

[27] BAHDANAU D, BRAKEL P, XU K, et al. An actor-critic algorithm for sequence prediction. 5th International Conference on Learning Representations, ICLR 2017. Toulon, France, 2017.

[28] YANG Z, CHEN W, WANG F, et al. Improving neural machine translation with conditional sequence generative adversarial nets. Proceedings of the 2018 Conference of the North American Chapter of the Association for Computational Linguistics: Human Language Technologies, NAACL-HLT 2018. New Orleans, Louisiana, USA, 2018: 1346-1355.

[29] WU L, XIA Y, TIAN F, et al. Adversarial neural machine translation. Proceedings of The 10th Asian Conference on Machine Learning, ACML 2018. Beijing, China, 2018: 534-549.

[30] YANG Z, CHEN W, WANG F, et al. Generative adversarial training for neural machine translation. Neurocomputing. Elsevier, 2018: 146-155.

[31] DAUPHIN Y N, FAN A, AULI M, et al. Language modeling with gated convolutional networks. Precup D, Teh Y W. Proceedings of Machine Learning Research: volume 70 Proceedings of the 34th International Conference on Machine Learning, ICML 2017. Sydney, NSW, Australia, 2017: 933-941.

[32] BA L J, KIROS R, HINTON G E. Layer normalization. arXiv e-print, 2016, abs/1607.06450.

[33] SOHN K. Improved deep metric learning with multi-class n-pair loss objective. Advances in Neural Information Processing Systems 29: Annual Conference on Neural Information Processing Systems 2016. Barcelona, Spain, 2016: 1849-1857.

[34] LU J, KANNAN A, YANG J, et al. Best of both worlds: Transferring knowledge from discriminative learning to a generative visual dialog model. Advances in Neural Information Processing Systems 30: Annual Conference on Neural Information Processing Systems 2017. Long Beach, CA, USA, 2017: 313-323.

[35] YU L, ZHANG W, WANG J, et al. Seqgan: Sequence generative adversarial nets with policy gradient. Proceedings of the Thirty-First AAAI Conference on Artificial Intelligence. 2017. San Francisco, California, USA, 2017: 2852-2858.

[36] DAS A, KOTTUR S, GUPTA K, et al. Visual dialog. IEEE Transactions on Pattern Analysis and Machine Intelligence. 2019, 41 (5): 1242-1256.

[37] LI J, MONROE W, SHI T, et al. Adversarial learning for neural dialogue generation. Proceedings of the 2017 Conference on Empirical Methods in Natural Language Processing, EMNLP 2017. Copenhagen, Denmark, 2017: 2157-2169.

[38] JANG E, GU S, POOLE B. Categorical Reparameterization with Gumbel-softmax. 5th International Conference on Learning Representations, ICLR

2017. Toulon, France, 2017.

[39] BENGIO S, VINYALS O, JAITLY N, et al. Scheduled sampling for sequence prediction with recurrent neural networks. Advances in Neural Information Processing Systems 28: Annual Conference on Neural Information Processing Systems 2015. Montreal, Quebec, Canada, 2015: 1171-1179.

[40] WISEMAN S, RUSH A M. Sequence-to-sequence learning as beam-search optimization. Proceedings of the 2016 Conference on Empirical Methods in Natural Language Processing, EMNLP 2016. Austin, Texas, USA, 2016: 1296-1306.

第 6 章

融合翻译记忆的神经机器翻译方法

6.1　引言

翻译记忆是一种经典的计算机辅助翻译方法，该方法通过对大规模平行语料的编辑距离[1]进行检索，返回高度相似的语句供人工译员进行译后编辑[2-5]。目前，多种结合了翻译记忆与统计机器翻译的策略被提出。然而，目前对有关融合翻译记忆的神经机器翻译的研究有限，且融合程度不深。此外，之前的融合翻译记忆的机器翻译方法都只是从传统的字符串相似度出发，忽略了隐藏在文本之下的句法特征的相似度关系，导致对针对特定领域表现出一定语言学分布规律的语料特征运用不充分。

6.2　问题分析

针对上述问题，本章从翻译记忆与机器翻译的融合策略入手，针对人机协作翻译流程中的文本预处理与模型训练方法，提出一种融合翻译记忆相似度的机器翻译流程，包括基于字符串、句法构建翻译记忆库，进而在测试数据预处理过程中筛选出高潜力待译文本，以减少译员对该部分译文的译后编辑时间；并提出基于多维翻译记忆相似度的先验知识融合模型训练的方法，从减少译文复杂错误的角度最小化译后编辑时间，使译员稳健、高效地利用翻译记忆工具与机器翻译系统进行高质量翻译成为可能。本章主要研究和特色创新如下。

（1）基于句法的翻译记忆方法。

传统的翻译记忆方法只能返回与待检索文本在字符级别上线性相关的候选语句集合，这种粗粒度的检索方法可能会忽略一些高潜力待译文本。因此，我们提出在更为抽象的句法维度上刻画语句之间的相似度，来挑选出在字符级别上并不相似，但句法结构或语义表达类似的语句，创新性地采用树编辑距离算法[6]计算句法相似度。最终以此相似度计算方法为核心，构建出句法翻译记忆方法。该类翻译记忆方法检索出的语句相似度由本章后面的机器翻译任务侧面验证，可以细粒度地筛选出语言学上高度相似的语句。

（2）融合翻译记忆相似度的文本预处理方法。

区别于传统的机器翻译方法，我们根据人机协作翻译模式的特点，提出了一种基于字符串、句法翻译记忆相似度的高潜力待译文本识别的预处理方法。我们定义的高潜力待译文本由与训练数据高度相似的测试数据源端语句构成，它们有很大的概率可以生成高质量译文。通过训练数据构建翻译记忆库，并在测试数据中以字符串、句法相似度分数筛选出部分高潜力待译文本，译员可以对高质量译文设置较少的审阅时间。此种细粒度识别策略的效果在多个领域数据集中均比粗粒度识别策略有大幅提升，BLEU 值平均从 54%提升到 79%。

（3）融合翻译记忆相似度的神经机器翻译方法。

针对神经机器翻译方法中常见的语言学表示能力不足引起的译文句法表示与参考译文相差过大等问题，本章提出将多维翻译记忆相似度信息作为先验知识，并通过对数线性后验正则化方法将其融入机器翻译损失函数；创新性地提出交叉验证的翻译记忆库构建及检索方法，仅利用训练集自身数据计算出每个训练样本在整个训练集中的多维相似度信息。该方法在神经机器翻译的多个领域数据集中均能有效降低译后编辑距离，大幅提升翻译效果。

（4）融合模板翻译记忆的神经机器翻译方法。

在模板的构建过程中，对平行句对中的同类型短语或片段进行抽象性总结，将对句子框架不产生影响的部分抽象为变量，保留句子的句法结构信息及部分目标词。针对目前模板构建过程中存在的双语词对齐困难问题，本章将借助句法分析结果，简化构建过程，在不需要对齐双语词的情况下获得高质量的模板，并将得到的模板组成模板翻译记忆库。在翻译时，从模板翻译记忆库中检索与源语句最近似的模板，将其作为外部知识融入神经机器翻译模型，从而提高译文的质量。

6.3　融合翻译记忆相似度的文本预处理方法

6.3.1　模板

本节采用字符串、句法维度的翻译记忆方法对待译文本 S 做检索分组处理，得到高潜力待译文本，并针对性地优化这部分文本，为人工处理部分提供高质量的基准，以减少译后审阅时间和译后编辑时间。本章给定译文 T，人工译后处理时间的形式化定义为：$\text{HTE} = T_\text{R} + T_\text{P}$。其中，$T_\text{R}$ 表示译后审阅时间（Reviewing Time），T_P 表示译后编辑时间（Post-editing Time）。图 6-1 展示了如何基于高潜力待译文本进行测试集预处理划分。

（1）高潜力待译文本译后工作量优化：图 6-1 右上部分的 T_Rh 和 T_Ph 分别表示高潜力待译文本的译后审阅时间和译后编辑时间，而 $T_\text{Rh'}$ 和 $T_\text{Ph'}$ 分别表示大幅减少后的译后审阅时间和译后编辑时间。

（2）其他文本译后工作量优化：图 6-1 右下部分的 T_Ro 和 T_Po 分别表示其余

文本的译后审阅时间和译后编辑时间，而 $T_{Po'}$ 代表减少后的译后编辑时间。

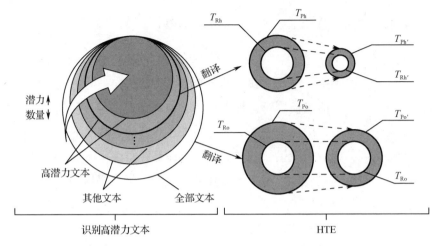

图 6-1　基于高潜力待译文本进行测试集预处理划分

根据每个待译文本与训练数据之间的相似度，测试数据被划分成多个子集。当相似度上升时，测试数据的翻译潜力随之上升。预处理方法为，检索多维翻译记忆库，从测试数据中筛选出字符串、句法相似度分数高的待译文本。译员可以对这部分待译文本设置较少的审阅时间（ $T_{Rh'} < T_{Rh}$ ）。

本工作的主要贡献包括以下两方面。

一是我们首次提出一种新颖的翻译记忆方法，从句法角度刻画了句子之间的相似度关系。

二是我们基于测试集和训练集的字符串、句法相似度信息提出了两种识别策略，以识别高潜力待译文本，极大地减少了人工翻译的审阅时间。

6.3.2　相关工作

首先，我们会介绍跟本工作相关的内容——领域自适应的关系抽取方法。之后，详细介绍对抗神经网络在自然语言处理领域的应用。

1．机器翻译测试集预处理

此类工作的一般思路为，采用翻译记忆方法，基于训练数据构建翻译记忆库，然后利用字符串相似度对测试集进行分组，并分别翻译。Cao[3]和 Wang[7]等人均利用此思路来处理数据，由于他们未将抽取到的具备高文本级别相似度的测试数据作为高潜力待译文本进行特殊优化，所以此类翻译的高质量译文召回率较低，不能对人工审阅工作量的下降带来很大的帮助。

2．翻译记忆方法

翻译记忆是一种计算机辅助翻译方法，可检索大规模并行语料库中前 K 个最相似的句子对，并将它们返回给人工译员，作为后期编辑的参考信息。翻译记忆的主要目的是重复利用已有译文以减少重复翻译工作。目前，有关翻译记忆与机器翻译融合的研究不多且深度不够。Li[8]等人和 Farajian[9]等人分别利用翻译记忆方法微调预先经过全部训练集训练的神经机器翻译模型。Gu[10]等人提出了 TM-NMT 模型，该模型通过搜索引擎得到的模糊匹配得分找出最相似的译文片段，并将它们作为键值对存储在内存中，然后，通过深度融合或浅层融合策略改进解码器，以鼓励生成与翻译记忆库（即训练数据）更相似的译文片段。然而，该方法在引入翻译记忆库中的相似片段时会导致计算量增加，而且该方法未针对性地考虑如何进一步减少部分高质量译文中的复杂错误，因此对最小化译后编辑时间的贡献并不突出。

6.3.3　基于多维相似度的机器翻译测试集预处理策略

本节首先介绍结构翻译记忆方法。该方法是句法维度相似度信息的来源。在此基础上，介绍基于多维相似度的测试集预处理策略，用于识别多维高潜力测试集并减少译后审阅时间。

1．结构翻译记忆方法

传统的翻译记忆方法会返回与待译文本相似度高的候选集合。但是，这种较粗粒度的检索方法会漏掉一些高潜力待译文本。因此，我们创新性地从句法维度上刻画语句之间的相似度信息。

结构翻译记忆方法具有全新的数据存储格式和检索方式。存储单元由线性的平行成分句法树组成。我们使用 Berkeley Parser 工具[11]得到成分句法树并去掉它的叶子节点，这种数据存储方法可以达到节省 10%的存储空间的效果。结构翻译记忆方法的检索步骤为，首先利用一个离线黑箱搜索引擎工具进行初步筛选；接下来，将初筛集合中的序列树还原为结构树，利用基于树结构数据的相似度函数计算句法树之间的编辑距离；最终返回最相似的句法树相似度分数 $S_{tree}(X, X')$。基于树结构数据的相似度函数为

$$S_{tree}(X, X') = 1 - \frac{D_{tree_{ES}}(X, X')}{\max(|X|, |X'|)} \quad (6\text{-}1)$$

该函数参考了 Zhang-Shasha 算法，其中 $D_{tree_{ES}}(X, X')$ 表示将一棵树转换为另一棵树的最小编辑操作成本。树编辑距离与字符串编辑距离的定义相似，对一棵标注有序树可以有 3 种操作：删除、插入和替换。

图 6-2 为汉英语句在结构翻译记忆方法中的数据存储形式示例。

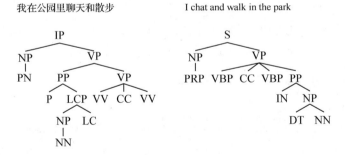

图 6-2   汉英语句在结构翻译记忆方法中的数据存储形式示例

2．基于多维相似度的测试集预处理策略

在机器翻译中，采用测试集预处理策略可以先识别挑选出多维高潜力语句再提供给人类译员，以减少人工审阅时间。测试集预处理策略适用于任何机器翻译模型。因为我们仅需要计算测试集中的源语言句子与翻译记忆库中的句子的相似度，因此所有的翻译记忆数据集均由源语言训练集组成。为了在文本、

句法结构维度上优化机器翻译测试集预处理策略，我们在多种翻译记忆方法的
基础上提出了两种预处理策略，如图 6-3 所示。

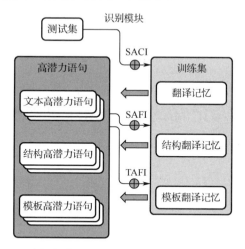

图 6-3　融合多种翻译记忆方法的机器翻译预处理策略

（1）粗粒度预处理策略。

我们提出了一种基于文本的粗粒度识别策略（SACI），该策略可以通过检
索翻译记忆库来根据其文本相似度分数识别测试集中的粗粒度文本高潜力语
句。我们将 SACI 相似度阈值设为 0.6，这决定了语句在文本维度上是否具有
较高的翻译潜力。

对于测试集中的每个源语言语句，我们通过检索翻译记忆库得到 M 个最
相似的语句 $\{s'_m\}_{m=1}^{M}$，然后使用编辑距离算法计算最高的文本相似度分数，得到
9 组测试子集 $\{S_1, S_2, \cdots, S_9\}$，并且根据阈值 $\text{SACI}_{\text{gate}} = 0.6$ 得到高潜力待译文本
$\{S_6, S_7, S_8, S_9\}$。

（2）细粒度预处理策略。

我们进一步提出了两种细粒度的识别策略。一是基于结构的细粒度识别策
略（SAFI），它在每个文本高潜力语句集合中继续筛选结构高潜力语句。应用
SAFI 策略需要检索结构翻译记忆库以获取初始语法树集合，并使用树相似度
函数计算最高的结构相似度得分。与 SACI 预处理策略不同，我们将 SAFI 的

相似度阈值设置为 $SAFI_{gate} = 0.9$，以确定当前句子是否是句法结构高潜力语句，最后得到结构高潜力语句集合。二是基于模板的细粒度识别策略（TAFI），这里不进行详细介绍。

6.4 融合翻译记忆的机器翻译训练方法

在本节中，我们主要介绍基于文本、结构翻译记忆方法的相似度先验知识，以及机器翻译框架如何有效融合这些离散化先验知识以获得更好的翻译效果。

6.4.1 引言

神经机器翻译（NMT）由于在多种自然语言上比传统的统计机器翻译（SMT）表现优越，因此在多场景计算机辅助翻译任务中被广泛采用。在这类任务中，我们通过在机器翻译中融合翻译记忆方法，检索得到高潜力语句相似度信息。通过检索多维翻译记忆库获取每个训练句对及相似文本、句法结构相似度分数，将相应的信息作为先验知识，然后将先验知识整合到基于注意力机制的机器翻译模型中，优化方向是减少译文和训练集之间的编辑距离，尤其是针对高潜力语句。具体来说，我们参考了 Zhang[12]等人的工作，即采用后验正则化方法设计一个通用框架，将基于对数线性模型的先验知识集成到 NMT 模型中。在此基础上，我们将相似度功能作为先验知识加以扩充，以鼓励 NMT 模型做出与翻译记忆库（该数据集与本研究中的训练集相同）相似的翻译。翻译记忆库是降低 HTE 的关键，我们提出的翻译记忆库超越了传统的翻译记忆库，它能表征句法维度上句子之间的相似度。

据我们所知，在机器翻译中目前对高潜力语句的研究目前仍然有限。Li[13]等人提出了一个动态机器翻译模型，该模型可以学习通用网络并针对每个测试语句对网络进行微调。微调时对测试集语句进行相似度搜索，获得一小部分双语平行训练集。尽管 Li 等人通过分析文本相似度来细粒度地处理测试集，但他们并未继续探索部分测试集可以被独立当作高潜力语句的可能性，以及如何提高这部分语句的翻译性能。因此，我们提出了一种基于多维相似度的神经机器翻译（Similarity-NMT）模型，该模型可以利用新颖的翻译记忆方法来识别高潜力语句并大幅提高相应的翻译质量。

6.4.2　相关工作

对于传统的基于注意力机制的编码器-解码器神经机器翻译来说，很多研究工作已经围绕如何融合先验知识展开。给定一个源语言语句 $\boldsymbol{x}=[x_1,x_2,\cdots,x_I]$ 和一个目标语言语句 $\boldsymbol{y}=[y_1,y_2,\cdots,y_J]$，机器翻译的概率公式可以表示为

$$P(\boldsymbol{y}|\boldsymbol{x};\theta)=\prod_{j=1}^{J}P(y_j|\,\boldsymbol{y}_{<j},\boldsymbol{x};\theta) \tag{6-2}$$

式中，θ 为模型参数；$\boldsymbol{y}_{<j}=y_1,y_2,\cdots,y_{j-1}$ 为部分翻译。

给定训练集 $\left\{\left\langle\boldsymbol{x}^{(n)},\boldsymbol{y}^{(n)}\right\rangle\right\}_{n=1}^{N}$，标准的训练目标是最大化训练集的对数似然函数。

$$\hat{\theta}_{\mathrm{MLE}}=\mathrm{argmax}\,L(\theta) \tag{6-3}$$

在此基础上，Zhang[12]等人提出了一种利用后验正则化方法融合先验知识的通用机器翻译框架（PR-NMT）。基本思想是通过合并先验知识期望分布和模型后代期望分布的 KL 散度来达成对数似然训练目标。

$$J(\theta,\gamma)=\lambda_1 L(\theta)-\lambda_2\sum_{n=1}^{N}\mathrm{KL}(Q(\boldsymbol{y}\,|\,\boldsymbol{x}^{(n)};\gamma)\,\|\,P(\boldsymbol{y}\,|\,\boldsymbol{x}^{(n)};\theta)) \tag{6-4}$$

λ_1 与 λ_2 作为超参数，调节传统交叉熵损失函数和后验正则化训练目标之间的权重；γ 是一个 KL 散度的可学习参数。这种方法将先验知识编码为理想的对数线性模型分布 Q，而不是优先得到后验集合：

$$Q(\boldsymbol{y}|\boldsymbol{x}^{(n)};\gamma)=\frac{\exp(\gamma\cdot\phi(\boldsymbol{x},\boldsymbol{y}))}{\sum_{y'}\exp(\gamma\cdot\phi(\boldsymbol{x},\boldsymbol{y}))} \tag{6-5}$$

通过关联 Q 分布，机器翻译模型可以使用从 KL 散度数据中学到的连续表示形式，对先验知识的离散表示形式与神经网络模型进行编码。

在训练过程中，PR-NMT 先在 MLE（最大似然估计）阶段学习 θ 参数，然后在后验正则化阶段学习新的 θ 参数和 γ 参数。

6.4.3 基于多维相似度的机器翻译训练方法

1. 相似度先验知识

在翻译模块中，我们使用后验正则化方法将多维相似度信息作为先验知识编码为基于注意力机制的 NMT 模型。与 PR-NMT 中采用的 SMT 先验知识不同，如双语词典（BD）和长宽比（LR），我们假设利用句子之间的相似度信息可以有效地提高高潜力语句的翻译性能。在这项工作中，我们提出了基于 3 种翻译记忆方法的相似度先验知识，将它们编码为对数线性形式。

首先，基于字符串翻译记忆方法我们提出字符串相似度先验知识，以鼓励模型译文与训练数据在文本层面上更相似。

如式（6-6）所示，$\text{Score}_{\text{TM}}(\boldsymbol{x}, \boldsymbol{x}')$ 代表当前语句与训练数据的最大字符串相似度，由编辑距离算法得出。

$$\phi_{\text{String-Simi}}(\boldsymbol{x}, \boldsymbol{y}) = (\text{Score}_{\text{TM}}(\boldsymbol{x}, \boldsymbol{x}'), \text{Score}_{\text{TM}}(\boldsymbol{y}, \boldsymbol{y}')) \tag{6-6}$$

式中，$\boldsymbol{x} \in \boldsymbol{x}^{(n)}, \boldsymbol{y} \in S(\boldsymbol{x}^{(n)})$，$\boldsymbol{x}'$ 和 $\boldsymbol{y}'$ 来自从翻译记忆库中检索出的最相似语句对集合 $\{\langle X'_m, Y'_m \rangle\}_{m=1}^{M}$。其中

$$\text{Score}_{\text{TM}}(\boldsymbol{x}, \boldsymbol{x}') = \left(1 - \frac{D_{\text{string}_{\text{edit}}}(\boldsymbol{x}, \boldsymbol{x}')}{(|\boldsymbol{x}|, |\boldsymbol{x}'|)}\right) \tag{6-7}$$

$$\text{Score}_{\text{TM}}(\boldsymbol{y}, \boldsymbol{y}') = \left(1 - \frac{D_{\text{string}_{\text{edit}}}(\boldsymbol{y}, \boldsymbol{y}')}{(|\boldsymbol{y}|, |\boldsymbol{y}'|)}\right) \tag{6-8}$$

我们以类似的方式针对机器翻译模型提出句法结构相似度先验知识和

语义相似度先验知识。两者之前唯一的区别是句法结构相似度先验知识需要检索句法结构翻译记忆库得到，而语义相似度先验知识需要检索语义翻译记忆库得到。

字符串、句法结构、语义这三种相似度先验知识分别将字符串、句法结构和语义相似度信息合并到机器翻译模型中。尤其是使用句法结构和语义相似度信息指导翻译对于高潜力待译文本来说是非常有效的，因为高潜力待译文本已经与训练集在文本维度上高度相似，因此，产生高质量译文的关键因素是避免句法结构错误或语义信息错误。在得到这三种先验知识后，我们通过对数线性模型的后验正则化方法将先验知识融入机器翻译损失函数。

2. 训练过程

基于多维相似度的机器翻译模型具有与 PR-NMT 相似的训练过程。首先，我们通过最大化似然估计初始化翻译模型，以将模型参数 θ 更新收敛，从而减轻不良初始化对相似度特征的后验正则化融合引发的训练风险。然后，使用对数线性后验正则化方法将相似度特征编码到基于注意力机制的机器翻译模型中，以学习收敛新的参数 θ 和 KL 散度参数 γ。

实际上，为了避免训练语句检索到它自己而不是翻译记忆库中与其最相似的语句，我们利用 K 折交叉验证方法将训练数据划分为大小相等的 K 折。随后，执行 K 次检索。在每次迭代检索中，训练数据中的 1 折数据作为检索集，而其余的 K-1 折训练数据作为翻译记忆库（被检索集）。基于多维相似度的机器翻译模型训练流程如图 6-4 所示。

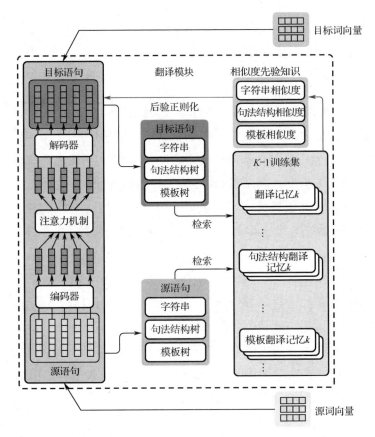

图 6-4　基于多维相似度的机器翻译模型训练流程

6.4.4　实验分析

1. 实验设置

为了与现有研究工作[12,14]的结果进行比较并尽可能贴近真实的翻译场景，我们选取了新闻和司法领域的中-英（Zh-En）翻译任务进行了实验。我们使用LDC04 平行语料库对模型进行了训练、验证和测试。LDC04 中大多数句子的语义分布相关性较强，使其成为构建翻译记忆库、验证本章所提出的翻译记忆与机器翻译融合方法有效性的理想平台。我们使用汉语分词工具 Jieba 对汉语句子进行分词，使用 Moses 工具中的脚本对英语句子进行分词。对于训练集，我们将最大句长（字或词的个数，单位省略）设置为 50。

我们使用 n-Gram BLEU[15]作为译文质量自动评估指标。在这项工作中，为了对减少人工译员工作量的情况进行评估，我们引入了另一个译文质量自动评估指标——翻译编辑率（Translation Edit Rate，TER）[16]，其定义为更改输出译文以使其与参考译文之一完全匹配所需要的最少编辑次数，并根据参考译文的平均长度进行归一化。

$$TER = \frac{最少编辑次数}{参考译文的平均长度} \tag{6-9}$$

可能的编辑包括单个单词的插入、删除、替换及重排序。现有研究[17]表明，人类翻译编辑率（HTER）与译后编辑时间具有很强的相关性，这可以成为了解译后编辑工作量和翻译质量的良好指标。由于 TER 计算方法也是基于编辑距离算法的，因此我们在实验中选择自动评估指标 TER 可以节省人工成本，并且可以很好地评估方法的有效性。

在新闻和司法领域中，我们均设置了不同规模的测试集来检查 Similarity-NMT 模型。对于新闻领域，我们从语料库中随机选择 1,000 个句子和 1,801 个句子分别作为开发集和测试集，其余数据用作训练。为避免测试集的相似度分数分布不平衡，我们根据文本相似度分数将测试集分为 9 种具有不同文本相似度的子集，并从每个子集中随机选择数量大致相同的句子以创建新的测试集。最后，我们使用基于多维相似度的预处理策略来识别高潜力语句。对于司法领域，我们将开发集和测试集的大小（句子个数）分别设置为 1,000 个和 492 个，其余设置与新闻领域相同，如表 6-1 所示。

表 6-1　新闻及司法领域数据集

数　据　集	新闻领域数据集大小/句	司法领域数据集大小/句
训练集	501,937	781,012
开发集	1,000	1,000
测试集	1,801	492

我们将本章使用的方法与两种基准方法进行比较。其中：

RNNSearch[14]为基于注意力机制的神经机器翻译模型；

PR-NMT 为基于后验正则化先验知识融合的 RNNSearch 模型。

对于 PR-NMT，我们选择两种对机器翻译性能提升效果最明显的先验知识：双语词典（BD）和长宽比（LR）。我们保持对网络和先验知识的设置不变，选取 10 句而非 80 句候选译文进行采样，以近似后验正则化方法中的 P 和 Q 分布，在清华开源工具 THUMT 上实现本章实验模型。

2．实验结果（见表 6-2）

表 6-2　机器翻译实验结果

衡量指标	系　　统	特征	新　闻　领　域				司　法　领　域			
			全部测试集	字符串高潜力语句集	句法结构高潜力语句集	语义高潜力语句集	全部测试集	字符串高潜力语句集	句法结构高潜力语句集	语义高潜力语句集
BLEU/%	RNNSearch	N/A	37.08	51.39	75.92	76.25	35.69	53.69	74.58	75.34
	PR-NMT	LR	36.76	53.53	77.67	77.52	36.82	56.73	77.84	76.99
		BD	36.62	52.9	76.82	76.87	37.06	56.11	77.55	76.55
	Similarity-NMT	字符串相似度	37.21	54.31	79.44	78.86	36.47	56.48	77.58	76.69
		句法结构相似度	37.62	54.55	79.47	79.53	36.75	56.79	79.16	78.24
		语义相似度	37.48	54.16	78.16	78.34	36.46	56.67	77.68	76.89

首先，从每个领域的数据中都可以观察到，从左到右，BLEU 值基本是提高的，其中"全部测试集"列与其他列之间的翻译性能差异显著。这些结果表明，如果测试集源端语句在句法维度上与训练集高度相似，那么人工翻译的审阅时间是最短的。

其次，翻译模型使用相似度特征有助于减少译后编辑时间，最有效的特征是字符串相似度和句法结构相似度。一方面，在新闻领域，模型使用相似度特征时，翻译性能比 RNNSearch 和 PR-NMT 好得多，这表明所提出的相似度特征在高潜力语句集上更有效。另一方面，本实验在使用句法结构相似度特征时具有最高的 BLEU 值。在两个领域的几乎所有的测试集中，本章提出的模型与基线系统相比，BLEU 值均具有优势。

3．实验分析

（1）译后审阅时间分析。

图 6-5 展示了不同相似度特征先验知识对人类译员审阅时间的影响。在图 6-5（a）和（b）的左侧，可以观察到句法结构高潜力语句（Structural-HP）取得几乎相同的高分，BLEU 值约为 80%。同时，它们与字符串高潜力语句（String-HP）之间的分数差距随着相似度的下降不断扩大，表明识别模块识别出接近标准翻译的待翻译文本几乎不需要人类译员的审核时间，并找出大量可能的句子来提高召回率。在图 6-5（a）和（b）的右侧可以看出，句法结构高潜力语句的数量远少于字符串高潜力语句。考虑这两种因素，可知句法结构高潜力语句优于字符串高潜力语句。

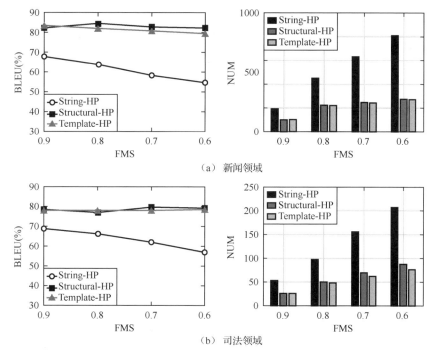

图 6-5　不同相似度特征先验知识对人类译员审阅时间的影响

（2）译后编辑时间分析。

假设人工译者进行译后编辑的平均时间为 1 秒，利用 TER 公式可分别得到全体测试集和多维高潜力语句的近似译后编辑时间。如表 6-3 所示，与 RNNSearch 相比，人类译员可以节省 4.12% 的时间。此外，本方法在处理高潜力语句时，特别是在处理句法结构高潜力语句时，分别节省了 13.92% 和 10.88% 的译后编辑时间，取得了显著的效果。关注基于时间的度量对于衡量后期编辑工作很重要，这些结果直接证明了相似度特征对于减少译后编辑时间至关重要。

表 6-3　译后编辑时间分析表

系统	全部测试集（#1801）		字符串高潜力语句（#822）		句法结构高潜力语句（#284）	
	时间/μs	Δ / %	时间/μs	Δ / %	时间/μs	Δ / %
RNNSearch	446.03	—	150.77	—	17.17	—
PR-NMT	438.67	−1.65	140.93	−6.53	16.37	−4.66
Similarity-NMT	427.67	−4.12	136.75	−9.30	14.78	−13.92

6.5　融合模板翻译记忆的神经机器翻译方法

6.5.1　概述

本研究的内容主要分为三个部分：一是研究如何自动构建面向双语平行语料的高质量模板翻译记忆库；二是研究多策略融合的翻译模板检索方法；三是研究如何将翻译模板融入 NMT，引导和约束模型的解码过程。本研究的具体内容和方法如下。

（1）基于最长名词短语的模板翻译记忆库构建。

翻译模板包括源端模板和目标端模板，并且源端和目标端所包含的单元是相互对应的。本节提出基于最长名词短语的翻译模板自动构建方法，对源语句和目标语句分别进行句法分析获得对应的句法分析树，再利用句法分析树识别并标注源语句和目标语句中的最长名词短语，然后抽取语句中所有的最长名词短语并用标签"_MNP_"代替，最终获得翻译模板。针对翻译模板构建中存在句法错误信息及模板中包含信息较少的问题，本节提出利用模板抽象度对构建的翻译模板进行筛选的方法，最终获得高质量的翻译模板。

（2）融合模板的神经机器翻译模型。

在传统的机器翻译场景中，模型的输入只包含源语言句子。但是，在模板翻译场景中，输入包含两部分信息，一部分为源语言信息，另一部分为匹配的目标端翻译模板信息。为了更好地引入翻译模板知识，我们提出了融合模板的NMT 模型，加入了新的模板编码器对匹配的目标端翻译模板进行编码。由于匹配的翻译模板与待翻译句子存在不一致的情况，会不可避免地引入噪声信息。因此，在解码器部分，本研究加入了模板编码-解码注意力子层，并将该子层放置于更接近已生成目标序列的位置。这种子层排序方式使得模板信息不直接加入译文序列新的目标词预测过程，而是通过更改解码器的隐状态信息实现对解码过程的约束和引导，有效地避免了翻译模板包含的噪声信息对模型的干扰，提高了模型的鲁棒性。

6.5.2　相关工作

模板翻译主要包含两部分工作：模板翻译记忆库构建和使用翻译模板进行翻译。在模板翻译记忆库构建方面，除人工总结翻译模板之外，利用双语词对齐信息、句法信息以及一些启发式算法也可以自动生成模板。在模板翻译过程中，计算机会先按照一些设定的模板匹配算法从模板翻译记忆库中匹配翻译模板，然后按照一定的规则在匹配的模板上进行翻译。

在统计机器翻译时期，Kaji 等人[18]利用双语词典及句法信息确定双语语句中各单元的对应关系，以此自动生成翻译模板，减少了句法歧义和词对应歧义，并且将双语语料库中生成的所有翻译模板按其源语言特征进行分组。Quirk 等人[19]利用源端的依存句法树、目标端的分词组件及自动词对齐工具 GIZA++从双语平行语料中构建翻译模板,并训练一个基于树的翻译模型。Chiang 等人[20]利用大规模的训练数据获得双语词对齐信息,根据获得的词对齐信息抽取对应的翻译模板及短语对,在翻译过程中通过将匹配的翻译模板与短语对拼接生成译文。上述工作都是通过设计翻译模板构建算法自动获取翻译模板的,但是自动构建的翻译模板往往不能完全覆盖语料库中包含的语言现象,生成低质量的翻译模板。此外,人工构建模板会产生大量的工作,而且翻译模板的可迁移性差。总体来说,受限于统计机器翻译的翻译方式,以上方法不仅依赖于高质量的翻译模板,在翻译过程中,还需要对匹配的翻译模板进行删除、替换等操作,这大大增加了在机器翻译模型中引入翻译模板的难度。

李强等人[21]基于神经机器翻译框架,提出了利用模板进行驱动的 NMT 模型,加入了新的模板编码器对翻译模板进行编码,并且使用门控机制动态地融合源语言句子信息和目标模板信息,以此引导和约束模型的解码过程。Yang 等人[22]提出使用 Transformer 模型构建模板生成器,并在此基础上提出了一种基于模板约束的神经机器翻译方法。其中,模板生成器通过句法树构建训练数据,在推断阶段产生软目标模板。在源语言句子及模板生成器产生的软目标模板的基础上,该方法同样使用两个编码器分别对两个序列进行编码,通过交叉注意力机制来整合这两部分信息。李强等人设定的翻译场景提供的翻译模板是完全与待翻译句子匹配的。但是,在现实场景中,受限于模板翻译记忆库的规模,大部分的句子并不能匹配到完全置信的翻译模板。Yang 等人利用与 NMT 模型相同的网络结构自动生成软目标模板,生成的模板存在错误传导问题。所以,本节研究如何利用双语平行语料库构建真实的模板翻译记忆库,以及如何高效地将翻译模板融入到 NMT 模型中产生高质量的译文。

6.5.3 翻译模板的定义与构建

针对目前模板翻译记忆库构建过程中存在的双语词对齐困难问题,我们提出基于双语最长名词短语的翻译模板构建方法 TM-MNP。TM-NMP 利用双语句对的句法分析结果,分别抽取源句和目标句中的最长名词短语,保留句子的句法信息，简化翻译模板的构建过程，不需要双语词对齐信息即可获得高质量的翻译模板。

1．翻译模板的定义

翻译模板包含模板常量和模板变量，模板常量指模板中固定不变的词，表示源语言句子的结构信息；模板变量是一类词或名词短语，是模板中的泛化信息。对于双语句对 $\{X = x_1, x_2, \cdots, x_n; Y = y_1, y_2, \cdots, y_m\}$（ X 表示长度为 n 的源语言句子， Y 表示长度为 m 的目标语言句子），其对应的翻译模板定义如下：

$$\mathrm{Tm_{src}} = \{s_1, s_2, T_{m_s}, \cdots, s_i, T_{m_s}, \cdots, s_n\} \qquad (6\text{-}10)$$

$$\mathrm{Tm_{tgt}} = \{t_1, T_{m_t}, \cdots, t_j, T_{m_t}, \cdots, t_m\} \qquad (6\text{-}11)$$

其中， T_{m_s} 和 T_{m_t} 分别表示翻译模板源端和目标端的模板变量； s_i 和 t_j 分别表示翻译模板源端和目标端的模板常量。模板常量在模板匹配中作为被检索信息，在翻译过程中作为译文生成约束信息；模板变量在翻译过程中，根据源语言信息进行替换可以得到对应的译文。

一个句子是由具有不同词性的词按照既定的语法和句法规则构造得来的。不同词性的词在句子中的作用是不同的。其中，动词、连词、介词、副词等都是句子中的活跃成分，体现了一个句子的整体结构，翻译难度也较高，是句子中的不可变成分。名词短语在句子中可以作为动作的执行者及承受者，存储着大部分的信息，属于句子中的可替换成分。对同一类名词短语进行替换可以在不影响句子结构的情况下改变句子的意思。

如图 6-6 所示，对于双语句对{三十二岁男司机被困车内。|||　A 32-year-old man driver was trapped inside the vehicle.}，将名词短语"三十二岁男司机""车内""A 32-year-old man driver""the vehicle"分别替换为"男孩""洞里""The boy""the hole"，可以得到新的双语句对{男孩被困洞里。|||　The boy was trapped inside the hole.}。

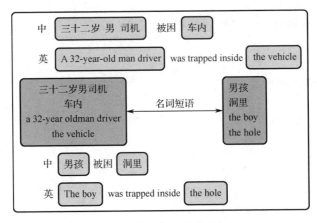

图 6-6　名词短语替换实例

最长名词短语（Maximal-length Noun Phrase，MNP）是指不被其他任何名词短语嵌套的名词短语。句法信息是指句子各成分之间的组成关系。句法分析是指在词的基础上分析句子的深层结构信息，也就是将句子的线性结构转变成树状结构。在句法树中，最长名词短语是指从根节点开始，第一个标签为"NP"的子树。总体而言，最长名词短语相较于基本名词短语具有更大粒度的信息。为了保留句子中的句法信息及减少双语词对齐的影响，本文分别抽取源句和目标句的最长名词短语，将获得的句子主干作为句子模板。如表 6-4 所示，将普通名词（NN）、固有名词（NR）、时间名词（NT）、人称代词（PRP）的最长名词短语作为模板变量，将剩余部分作为模板常量，构建翻译模板。

表 6-4　翻译模板的变量和常量分类表

模 板 变 量	模 板 常 量
普通名词（NN）	动词（VV）
固有代词（NR）	连词（CC）
时间名词（NT）	符号（PU）
人称代词（PRP）	

2. 模板翻译记忆库的构建

模板翻译记忆库中的每个实例为翻译模板对，每个翻译模板对包含两部分信息，分别为源端翻译模板和目标端翻译模板。在机器翻译场景中，用户输入待翻译的源句，机器翻译系统只能获得源句信息。本研究利用可知的源端信息对模板翻译记忆库进行检索，通过与每个翻译模板对中的源端翻译模板进行匹配，获得包含目标端模板知识的翻译模板对。

图 6-7 展示了两种翻译模板的构建过程，分别为基于词对齐的翻译模板构建和基于最长名词短语的翻译模板构建。基于词对齐的翻译模板构建首先进行词对齐分析及句法分析，然后利用词对齐信息及句法树抽取预定义单元，获取最终的翻译模板。基于最长名词短语的翻译模板构建首先根据句法分析生成句法树，然后识别并抽取句法结构中的最长名词短语作为模板中的变量部分，将剩余部分作为模板中的常量部分，不需要进行词对齐。

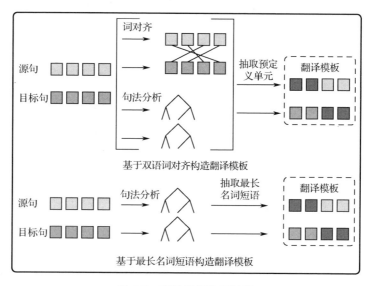

图 6-7　翻译模板构建过程

对于给定的双语平行语料库，本研究利用句法分析树来构建翻译模板，如表 6-5 所示，包含 5 个步骤。

表 6-5　基于最长名词短语的翻译模板构建算法描述

步　骤	描　述	输入/输出
1. 句法分析	分别对源句和目标句进行分词和句法分析，得到句法分析结果	输入：双语平行语句 输出：双语翻译模板
2. 标注名词短语	识别并标注句法树中标签为普通名词（NN）、固有名词（NR）、时间名词（NT）、人称代词（PRP）的叶子节点	

步　　骤	描　　述	输入/输出
3. 标注最长名词单语	针对标注的叶子节点向上回溯，直到遇到最上层标签为"NP"且不被嵌套的非叶子节点	
4. 抽取	抽取 NP 非叶子节点所包含的词，用"_MNP_"表示抽取出的最长名词短语	**输入**：双语平行语句 **输出**：双语翻译模板
5. 模板构建	针对源语句和目标语句同时将所有满足步骤 2 的节点抽取完毕，得到对应的翻译模板	

针对语料库中的平行句对{X:全组人员已经准备就绪，随时面对新的挑战|||Y:They are ready to meet the new challenge}，根据源语句和目标语句的句法分析结果，识别出最长名词短语：(NP (NN 全组) (NN 人员))、(NP (ADJP (JJ 新的)) (NP (NN 挑战)))、(NP (PRP they))、(NP (DT the) (JJ new) (NN challenge))。

抽取识别出的最长名词短语得到对应的翻译模板为，{ Tm_{src} : _MNP_准备就绪，随时面对_MNP_ ||| Tm_{tgt} : _MNP_ are ready to meet _MNP_}。

相比人工构建的翻译模板，自动构建的翻译模板虽然花费时间少、可复用性高，但是其往往受到处理过程中涉及的其他算法工具质量的影响。随着双语语料库规模的增大，翻译模板的自动构建方法不能涉及语料库中存在的所有的语言现象，所以往往会产生质量较差的翻译模板。在模板翻译的场景中，翻译模板的质量直接影响译文的质量。所以，为了获得高质量的翻译模板，往往需要对构建好的翻译模板进行二次筛选。

源端翻译模板需要包含充分的常量信息，在模板匹配过程中作为约束信息来衡量与源句的相似度；目标端翻译模板也需要包含充分的目标端信息，在翻译过程中为模型提供更丰富的目标端知识。但是太多的常量信息会导致在模板匹配过程中存在过多的约束性信息，降低模板的匹配度；在翻译过程中，会引入无用的噪声信息，影响模型的解码能力。综上所述，为了获得高质量的翻译模板，需要平衡模板变量和模板常量这两部分信息在翻译模板中的占比。

本节所提出的基于双语最长名词短语的翻译模板构建算法分别抽取源端和目标端的所有最长名词短语，不需要双语词对齐信息即可获得两端对应的翻译模板。但是最长名词短语不仅是单个名词，还包含对该名词进行修饰及补充的所有词。将这部分信息进行抽象概括会出现部分句子包含较少的有效目标端信息的情况。为了防止因最长名词短语过长导致的翻译模板包含信息变少的情况，本节从模板长度和模板抽象度两个方面对抽取出的翻译模板进行筛选。模板抽象度是指模板变量占整个序列长度的比重，模板抽象度定义为

$$Score_{abs} = \frac{Num_{va}}{lt} \tag{6-12}$$

其中，Num_{va} 表示模板数量；lt 表示模板包含词的数量。最终，本工作根据模板抽象度及模板长度对模板进行筛选，具体策略如下。

$$bool(Tm_{src}, Tm_{tgt}) = \begin{cases} false\ len(Tm_{src}) < \alpha\ 或 len(Tm_{tgt}) < \alpha \\ true\ score_{abs} \in [\beta_1, \beta_2] \\ false\ otherwise \end{cases} \tag{6-13}$$

式中，$len(Tm_{src})$ 和 $len(Tm_{tgt})$ 分别表示源端和目标端翻译模板的长度；α 表示长度阈值；β_1、β_2 分别表示抽象度阈值的下界和上界。针对模板长度，本研究设定长度阈值 α（$\alpha = 4$），低于该阈值的模板舍弃。翻译模板过短，往往表示其对应的源句和目标句是个短文本，包含较少的目标端信息，而且神经机器翻译模型在短文本场景中表现出色。针对模板抽象度，本文只保留抽象度在阈值区间内的翻译模板（$\beta_1 = 0.1$，$\beta_2 = 0.8$）。抽象度过高表示模板中模板变量占主要部分，会导致模板中的约束信息较少，不利于后期的模板匹配和译文生成；模板抽象度过低表示翻译模板中模板常量占主要部分，不利于模板的匹配。

3．多策略融合的模板检索

在模板翻译场景中，输入包括两个部分：一部分为待翻译句子；另一部分为目标端翻译模板，并且该模板需要与待翻译句子高度匹配。所以，在翻译过程中，需要利用源句信息检索模板翻译记忆库来获得高质量的翻译模板。为了获得高质量的翻译模板，本文设计了多策略融合的翻译模板匹配策略，包括基于词共现频率的粗粒度匹配策略和基于字符串相似度的细粒度匹配策略。其中，细粒度匹配策略是在粗粒度匹配策略的基础上进行相似度匹配，进一步挑选出与被检索内容最相似的翻译模板。

给定一个输入句子 X，本研究首先使用句法分析工具获得 X 的句法树，同样利用标注符号"_MNP_"替换在句法树中识别出的所有最长名词短语，接下来通过两种匹配策略从模板翻译记忆库中获得最终的高质量翻译模板。两种匹配策略具体如下。

（1）粗粒度匹配策略。

粗粒度匹配策略利用待匹配模板 X' 与模板翻译记忆库中翻译模板的词共现频率来衡量两者之间的相似程度，相似度函数定义如下。

$$\text{FM} = \frac{\text{word}(\text{Tm}_{\text{src}}) \cap \text{word}(X')}{\text{len}(X')} \tag{6-14}$$

式中，$\text{word}(\cdot)$ 表示字符串中含有的词数量。为了快速检索到翻译模板候选集，本文采用了离线搜索引擎 Elasticsearch 来完成粗粒度的匹配。

（2）细粒度匹配策略。

粗粒度匹配策略仅仅考虑了词的覆盖率问题，而没有考虑文本本身包含的上下文信息。细粒度匹配策略采用编辑距离（又称莱文斯坦距离，Levenshtein Distance）衡量翻译模板候选集中每个模板与被检索目标的相似度。莱文斯坦编辑距离是指将一个模板通过增加、插入、删除操作转变为另一个模板的最小编辑次数。在语言学中，莱文斯坦编辑距离是用来量化语言距离的度量标准，即两种语言之间的差异。同样地，其可以衡量两种文本之间语言结构的差异性。

$$\text{Score}_{\text{tm}} = 1 - \frac{\text{Lev}_{X'\_X'_{\text{tm}}}}{\max\left(|X'|, |X'_{\text{tm}}|\right)} \tag{6-15}$$

式中，Score_{tm} 表示待匹配字符串 X' 与源端模板之间的模糊匹配分数。

本工作采用多策略融合的模板检索方法，一方面是为了从词和文本相似等多个角度对模板进行检索，另一方面是为了提高模板的检索速度，针对基于词共现频率的粗粒度匹配方式，得益于按离线搜索进行的建库方式，实现了快速地检索模板翻译记忆库。但是，对于基于字符串相似度的细粒度匹配策略，对于每对文本需要 $O(mn)$（m、n 分别为两个文本的长度）的时间复杂度，不适用于大规模模板翻译记忆库的应用场景。所以，本章首先利用粗粒度的匹配方式从模板翻译记忆库中筛选出模板候选集，然后利用细粒度的匹配方式进行精排。

6.5.4 融合模板翻译记忆的神经机器翻译

在使用融合模板的神经机器翻译模型生成译文时，研究人员除了要提供待翻译的句子（源语句），还要提供翻译模板对中对应的目标端翻译模板。翻译模板对是利用待翻译句子的文本信息检索模板翻译记忆库获得的，包含源端翻译模板和目标端翻译模板。对于检索到的翻译模板对，其源端翻译模板与待翻译句子高度相似，对应的目标端翻译模板与待翻译句子对应的译文高度相似。我们认为，通过将目标端翻译模板融入神经机器翻译的解码过程，神经机器翻译模型不仅可以使用源语句的向量化信息生成下一个译文词，还可以利用目标端翻译模板提供的目标端信息辅助译文词的生成。为了使模型能够充分学习到目标端翻译模板的知识，我们在 Transformer 模型的基础上，增加了额外的模板编码器对目标端翻译模板进行编码，并且提出了两阶段的训练策略来训练模型。在中-英和英-德数据集上的实验结果表明，本工作在获得高度相似翻译模板时生成的译文质量高于基线模型。

1. 融合模板的神经机器翻译模型

对于给定的一个源语言语句 $X = \{x_0, \cdots, x_i, \cdots, x_n\}$ 和一个目标语言语句 $Y = \{y_0, \cdots, y_j, \cdots, y_m\}$，其对应的双语模板为源语言模板 Tm_{src} 和目标语言模板 Tm_{tgt}。

如图 6-8 所示，相比 2017 年提出的 Transformer[23]模型，本节提出的融合模板的神经机器翻译模型（Template-Based Neural Machine Translation，TBMT）增加了一个新的模板编码器，对目标端的翻译模型进行编码，获得与源编码器相同语义空间下的向量表示。模型的输入包含源端语句 X 和目标端翻译模板，生成目标序列的概率为

$$P(\boldsymbol{y} \mid \boldsymbol{x}, \mathrm{Tm}_{\mathrm{tgt}}, \theta) = \sum_{t=1}^{T} P(\boldsymbol{y}_t \mid \boldsymbol{x}, \mathrm{Tm}_{\mathrm{tgt}}, \boldsymbol{y}_{<t}; \theta) \qquad （6\text{-}16）$$

式中，θ 表示模型参数，$\boldsymbol{y}_{<t} = y_0, y_1, \cdots, y_{t-1}$ 表示当前时间步已生成的目标词；$\boldsymbol{y}_t$ 表示生成第 t 个位置的词；$\mathrm{Tm}_{\mathrm{tgt}}$ 表示检索出的目标端的翻译模板。

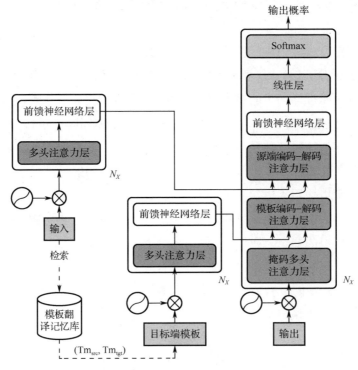

图 6-8　融合模板的神经机器翻译模型

为了更好地表示目标端翻译模板的知识,模板编码器同样采用 Transformer 编码器结构，其由多个相同的子层堆叠而成，每个子层包括自注意层子层和前馈神经网络子层。本研究设计的模板编码器与源编码器具有相同的结构，这种方式存在两种优势：①Transformer 模型具有优秀的语义信息捕获能力，能够更好地表示目标端的额外知识；②源编码器和模板编码器采用相同的结构，更有利于将两种不同的信息映射到同一高维语义空间中。模板编码器与源编码器在编码过程中是相互独立的，在表示过程中不存在两种信息交互与融合的情况，最终得到源句和目标端翻译模板在高维语义空间中的向量表示。其中，目标端翻译模板通过模板匹配算法从模板翻译记忆库中检索得到。源编码器和模板编码器的编码表示如下：

$$\boldsymbol{H}_s = \mathrm{Enc}^{\mathrm{src}}(X, \theta_{\mathrm{src}}) \tag{6-17}$$

$$\boldsymbol{H}_s^{\mathrm{tm}} = \mathrm{Enc}^{\mathrm{tm}}(\mathrm{Tm}_{\mathrm{tgt}}, \theta_{\mathrm{tm}}) \tag{6-18}$$

式中，$\mathrm{Enc}^{\mathrm{src}}$ 表示源编码器，$\mathrm{Enc}^{\mathrm{tm}}$ 表示模板编码器；θ_{src} 和 θ_{tm} 分别为源编码器和模板编码器的参数，且它们的参数不共享；$\boldsymbol{H}_s$ 表示源编码器对源句编码得到的包含源句信息的向量表示；$\boldsymbol{H}_s^{\mathrm{tm}}$ 表示模板编码器对目标端翻译模板编码得到的包含目标端翻译模板信息的向量表示。

不同于之前的神经机器翻译模型，融合翻译模板信息的解码器的输入包含两部分信息：源句信息和目标端翻译模板信息。所以，为了更好地利用翻译模板信息引导和约束模型的解码过程，我们在 Transformer 解码器的基础上，加入了模板编码-解码注意力子层。

总体上，新的解码器包含 4 个子层，分别是掩码多头注意力层、模板编码-解码注意力层、源端编码-解码注意力层和前馈神经网络层。因为融入翻译模板的知识为目标端的知识，相比源端语句，该部分知识在语义空间中与目标端的译文更相似，所以本研究将模板编码-解码注意力层放于源端编码-解码注意力层和掩码多头注意力层之间。这种排列方式使得已生成的译文序列更早地与目标端翻译模板的信息进行交互和融合。而且在现实场景中，受限于模板翻译记忆库的规模，匹配到的翻译模板并不能保证与译文完全匹配，往往存在着部分噪声信息。目标端译文与翻译模板更早地交互可以对翻译模板知识有选择地捕获，使翻译模板更好地应用到译文的生成中。

因此，模板编码-解码注意力层的 Query 来自掩码多头注意力层的输出，Key 和 Value 由模板编码器生成的目标端翻译模板信息向量变换得到，最后解码器生成译文的过程表示为

$$\boldsymbol{H}_d = \mathrm{Dec}(\boldsymbol{y}_{<t}, \boldsymbol{H}_s, \boldsymbol{H}_l, \theta) \tag{6-19}$$

$$P(\boldsymbol{y}_t \mid \boldsymbol{x}, \mathrm{Tm}_{\mathrm{tgt}}, \boldsymbol{y}_{<t}; \theta) \propto \exp(\boldsymbol{H}_d \boldsymbol{W}) \tag{6-20}$$

式中，H_d 表示解码器，用通过对源编码器和模板编码器生成的上下文向量进行解码获得的包含译文信息的向量表示。

2．训练策略

TBMT 对来自目标端翻译模板的知识主要进行两种操作：一种针对目标端翻译模板中与译文中重叠的单元或片段，TBMT 需要学习复用这部分目标端信息；另一种针对目标端翻译模板中与译文不重叠的部分，TBMT 需要减少对这部分信息的捕获，并且更多地利用源端的信息来生成译文序列。

在现实场景中，受限于双语语料库的规模，本章构建的翻译模板库并不能覆盖所有可能存在的语言现象，这就导致匹配的翻译模板与待翻译句子存在不完全适配的情况。同时，目前的句法分析工具及分词工具并不是完全置信的，分词结果与句法分析结果往往存在错误。特别是在汉语复杂场景中，汉语词汇之间的分界通常比较模糊，当前最优的分词算法还远远达不到完美效果，其错误往往会影响句法分析的结果。本节提出的翻译模板抽取算法依托于分词及句法分析结构，尽管已经对构建的翻译模板库利用句长信息和模板抽象度进行了二次筛选，但是不可避免地存在着噪声信息。所以，TBMT 需要学习如何合理利用目标端翻译模板信息和源端信息，区分目标端翻译模板中存在的有用信息和无用的噪声信息，以提高模型的抗干扰能力。

为了使 TBMT 能够通过训练获得高效利用翻译模板和源端信息的能力，本章提出了两阶段训练策略对模型进行训练优化。如图 6-9 所示，我们将数据集分为两个部分，分别为基础训练集和微调训练集（基础训练集占数据集的 2/3 以上），并且将模型训练优化过程分为训练和微调两个阶段，具体情况如下。

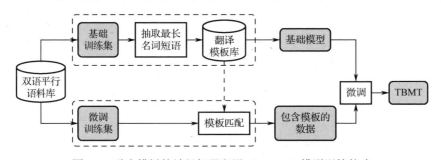

图 6-9　融合模板的神经机器翻译（TBMT）模型训练策略

（1）**模型训练**。基础训练集的功能包含两种：一种是构建翻译模板库，另一种是训练 TBMT。在基于模板的翻译场景中，需要构建一个大规模的翻译模板库满足模板匹配。为了使翻译模板覆盖更多的语言现象，我们采用占比更大的基础训练集来构建翻译模板库。值得注意的是，使用基础训练集训练 TBMT 时，输入的翻译模板并不是通过多策略融合模板匹配算法检索翻译模板库获得的，而是直接从源句对应的译文中抽取获得的。所以，在这一阶段的模型训练中，输入的目标端翻译模板与源句和参考译文是完全对应的。使用这种方式来训练 TBMT 存在两种原因：一是需要使用基础训练集构建翻译模板库；二是通过这种方式可以训练对应的模板编码器，使得模型能够捕获目标端翻译模板知识。

（2）**模型微调**。在推理阶段，大多数句子不能检索到完全匹配的模板，也就是说输入的目标端模板包含目标端不需要的信息。所以，模型需要学习如何过滤来自模板的噪声。在上一阶段的模型训练中，TBMT 学会了捕获及利用目标端翻译模板知识来进行解码。所以，本阶段的目标是通过模拟真实的模板检索过程构建新数据训练模型对模板信息的筛选能力。具体地，在模板匹配过程中，本研究将粗粒度模板匹配阈值设置为 0.9，将细粒度模板匹配阈值也设置为 0.9，将成功匹配的翻译模板数据加入对应的目标端翻译模板组合生成新的数据集。本研究利用这些通过模板匹配筛选后的数据来训练模型，提高 TBMT 的鲁棒性。

6.5.5　实验分析

1. 实验设置

为了验证方法的有效性，我们在两个数据集上进行实验，分别是 LDC 中英平行语料库的子集（LDC2004 和 LDC2005）和 WMT2018 德英平行语料库。

LDC 中英数据集　LDC 属于新闻领域的数据集。如表 6-5 所示，在汉→英翻译任务上随机抽取 564,726 个句子作为基础训练集，37,417 个句子作为微调数据集，6,000 个句子作为验证集，3,000 个句子作为测试集；采用 NLTK 工具进行汉语分词，采用 Moses 对英语进行统一大小写处理并对英语单词和标点符号进行规范化；采用 Berkeley 句法分析工具分别对汉语和英语进行句法分析得到对应的句法分析结果。最终，获得翻译模板 342,183 对。

WMT18 德英数据集　如表 6-6 所示，在德→英翻译任务上随机抽取 491,000 个句子作为基础训练集，21,064 个句子作为微调数据集，6,000 个句子作为验证集，3,000 个句子作为测试集；采用 Moses[24]对德语和英语进行统一大小写处理并对单词和标点符号进行规范化；采用 Berkeley 句法分析工具[25]分别对德语和英语进行句法分析。最终，获得翻译模板 307,968 对。

表 6-6　LDC 中英数据集和 WMT2018 英德数据集

数据集	汉→英		德→英	
	基础训练集/个	微调训练集/个	基础训练集/个	微调训练集/个
训练集	564,726	37,417	491,000	21,064
验证集	6,000	6,000	6,000	6,000
测试集	—	3,000	—	3,000

在汉→英和德→英翻译任务中，为了减少过长文本对句法分析结果和模型训练的影响，本文统一剔除了单词数量超过 100 个的句对。

在汉→英和德→英翻译任务中，源端和目标端的词表大小全部为 3 万个词，不被词表包含的词统一用特殊符号"<UNK>"表示。我们选择 RNNSearch 模型和 Transformer 模型作为实验对照基线模型。其中，RNNSearch 是经典的基于循环神经网络的神经机器翻译模型，Transformer 作为强基线对比模型是当前表现最优秀的神经翻译模型。

RNNSearch 采用了与 Bahdanau 等人[14]研究中相同的模型设置。具体来说，编码器和解码器都基于循环神经网络结构，隐藏状态的向量空间大小均为 1,000，采用小批量随机梯度下降算法与 Adadelta 训练模型，每批（Batch）包含 80 个句子。

Transformer 编码器和解码器均包含 6 层注意力层；词向量维数为 512 维，隐藏层大小为 512，使用 8 头注意力机制，前馈神经网络层包含 2,048 个单元，采用 Adam 进行模型优化，学习速率为 2，热启步长为 8,000，标签平滑的置信度为 0.9，dropout 概率为 0.1；批大小（Batch Size）为 1,024。

TBMT 为了与 Transformer 模型进行公平比较，采用了与 Transformer 相同的模型设置，其中模板编码器同样包含 6 层注意力层，使用 8 头注意力机制。特别地，其解码器中每一层子层的排列顺序为：多头注意力子层、模板编码–解码注意力子层、原编码–解码注意力子层和前馈神经网络子层。

TBMT_pre 为 TBMT 模型的变体，本研究只更改了模板编码–解码注意力子层在解码器中的排列顺序。其排列顺序为：掩码多头注意力子层、原编码–解码注意力子层、模板编码–解码注意力子层和前馈神经网络子层。

在模型训练过程中，我们采用波束搜索的方法最大化条件概率生成译文。其中针对译文质量的评价，我们利用 Moses 的 multi-bleu 工具对机器翻译译文进行打分，双语互译评分（Bilingual Evaluation Understudy，BLEU）值越高，译文的质量越好。本文的所有模型都是基于 Opennmt-py[26] 的开源神经机器翻译框架实现的，所有模型均在 GeForce GTX 1080 GPU 上训练收敛。

考虑到受限于翻译模板库的规模，测试集中的不同句子之间与模板库之间存在着匹配相似度差异。因此，在测试过程中按照模板匹配相似度分数设置不同的匹配区间。匹配相似度区间值越大，表明该区间内的句子在模板库中能检索到更相似的模板；匹配相似度区间值越小，表明该区间内的句子与模板库的相似度越低。综上所述，我们按照 6.3.3 节中描述的多策略融合的模板匹配方法，设置粗粒度匹配策略的阈值为 0.9，按照细粒度匹配策略划分不同的匹配区间。

2. 实验结果

LDC 汉→英翻译任务上的实验结果如表 6-7 所示，我们根据不同的模板匹配相似度区间（匹配区间）对不同模型进行了测试。

表 6-7　LDC 汉→英翻译任务上的实验结果

匹配区间	BLEU/%			
	RNNSearch	Transformer	TBMT	TBMT_pre
(0.9,1.0]	60.81	70.62	73.41	71.10
(0.8,0.9]	56.46	65.19	66.52	64.82
(0.7,0.8]	54.03	61.94	62.44	61.01
(0.6,0.7]	51.21	58.06	58.07	56.80
(0.5,0.6]	47.15	54.25	52.85	51.60
(0.4,0.5]	44.79	51.59	47.84	48.61

由表 6-7 可知，当模糊匹配区间为(0.9,1.0]、(0.8,0.9]、(0.7,0.8]、(0.6,0.7]时，TBMT 相比 RNNSearch，BLEU 值分别提高了 12.6%、10.06%、8.41%、6.86%；相比 Transformer，BLEU 值分别提高了 2.79%、1.33%、0.5%，0.01%。这表明将与源句高相似的翻译模板作为外部知识提供给模型，可以实现引导和约束模型解码过程的功能，从而提高模型的翻译能力。同时，加入的翻译模板与待翻译句子越相似，效果提高得越明显。这是因为，翻译模板匹配相似度越高，相对于源句来说翻译模板的信息就越可靠，模型就能获得更多有效的目标端信息。

当模糊匹配值低于 0.6 时，尽管 TBMT 的 BLEU 值仍然高于 RNNSearch，但是其低于 Transformer。这是因为与源句低相似的翻译模板包含太多无用信息，会对模型的解码进行错误的引导。基于此，我们认为高相似的翻译模板不仅可以提供目标端的句法结构知识，还可以提供可重用片段；低相似的翻译模板会引入太多的噪声信息，导致模型的翻译效果变差。

我们发现，TBMT_pre 仅仅在模糊匹配区间为(0.9,1.0]时，其 BLEU 值高于 Transformer，但是低于 TBMT。这表明，我们将模板编码–解码注意力子层放于源编码–解码注意力子层和掩码多头注意力子层之间，利用目标端模板信息与目标侧信息的充分交互可以对引入的目标端翻译模板知识进行筛选，从而更有效地利用目标端翻译模板信息。

WMT2018 德→英翻译任务获得了与汉→英翻译任务相似的实验结果，如表 6-8 所示。在高模糊匹配区间，TBMT 优于 RNNSearch 和 Transformer；在低模糊匹配区间，TBMT 略差于 Transformer。这说明，检索到的翻译模板越相似，其能够提供给模型的有效目标端信息就越多，也越可信，模型产生的译文质量也就越高。

表 6-8　WMT2018 德→英翻译任务的实验结果

匹 配 区 间	BLEU/%			
	RNNSearch	Transformer	TBMT	TBMT_pre
(0.9,1.0]	25.14	37.08	37.95	37.68
(0.8,0.9]	23.35	35.87	37.51	35.77
(0.7,0.8]	22.82	35.69	36.97	34.96
(0.6,0.7]	21.84	35.64	35.72	33.12
(0.5,0.6]	20.27	35.41	34.82	32.01
(0.4,0.5]	20.36	35.52	33.07	31.57

3．实验分析

（1）训练策略分析。

在实际应用中，受翻译模板库规模的限制，部分句子无法匹配到高质量的翻译模板。为了减少翻译模板引入的噪声，我们设计了两阶段的模型训练策略，首先使用基础训练集训练模型得到一个基础模型，然后对基础模型进行微调。我们认为使用这种训练策略可以更好地帮助模型自动学习如何选择翻译模板的信息。

为了探究不同的模型训练策略对模型的影响，我们在汉→英翻译任务上采用了不同的训练策略获得多个模型，所有模型的参数设置相同。具体信息如下。

① **TBMT_b**：仅仅使用基础训练集训练得到的模型。

② **TBMT_all**：基础训练集和微调训练集整合在一起进行训练。

实验结果如表 6-9 所示，TBMT 性能优于 TBMT_b 和 TBMT_all，表明我们针对 TBMT 设计的模型训练策略能够提高模型的鲁棒性，使得模型能够更好地捕获翻译模板所包含的目标端知识并过滤噪声信息。相比 TBMT_b，TBMT_all 增加了 37417 个微调训练句子，但是其 BLEU 值只有微小的提升。

这表明将数据整合在一起的训练策略并不能充分提高模型对噪声的筛选能力。

表 6-9　汉→英翻译任务下不同训练策略的实验结果

匹配区间	BLEU/%		
	TBMT_b	TBMT_all	TBMT
(0.9,1.0]	72.43	72.76	73.41
(0.8,0.9]	65.65	65.78	66.52
(0.7,0.8]	61.46	61.45	62.44

（2）领域自适应分析。

NMT 通过双语平行语料的训练，学习到训练数据中所包含的语言特征。但是，对于训练数据中不包含的语言特征，NMT 往往不能学习相应的知识。不同领域的语言具有不同的语义特征，如句子结构、文本风格和单词用法。

为了进一步验证我们提出的融合模板的神经机器翻译模型能够捕获并有效利用翻译模板中的知识，本节探究模型在与训练数据集不同领域数据上的表现效果。具体来说，我们在汉→英法律领域数据集上验证融入模板信息对跨领域翻译的影响。其中，TBMT 模型和基线模型都是在汉→英新闻领域数据集上训练的。

我们从 20 万对句子中随机抽取 3,000 句作为测试集，剩余的句子构建法律领域翻译模板库获得了 136,540 条翻译模板，结果如表 6-10 所示，基于新闻领域语料训练的 Transformer 在法律领域测试集上的 BLEU 值远远低于其在新闻领域测试集上的 BLEU 值。这表明新闻领域训练集包含较少的法律领域的语言特征。在不同的模糊匹配相似度区间中，本文提出的 TBMT 模型的表现优于 Transformer。这表明，尽管模型在训练过程中并没有学习到法律领域相关的语言特征，但是 TBMT 能够通过翻译模板捕获到相关的领域知识，从而获得更符合法律领域特征的译文。

表 6-10　汉→英法律领域翻译任务的实验结果

匹配区间	BLEU/%	
	Transformer	TBMT
(0.9,1.0]	7.06	15.5

续表

匹配区间	BLEU/%	
	Transformer	TBMT
(0.8,0.9]	7.29	15.44
(0.7,0.8]	7.41	15.38

6.6　本章小结

在本章中，我们研究了翻译记忆如何与机器翻译模型融合，首先我们探索了如何抽取翻译记忆的相似度特征融入机器翻译模型中，从而提升机器翻译译文质量。为此，我们通过预处理测试集源语言中的高潜力语句，指出哪部分的译文需要较少的译后编辑操作，并利用后验正则化方法将每个训练样本和机器翻译产生的翻译假设的相似度信息整合到机器翻译模型的训练解码中。

为了解决这个问题，我们提出了一个新的相似度感知 NMT 模型，该模型包含识别模块和翻译模块。对于识别模块，我们首先提出了新的翻译记忆方法表征句法的相似度，然后提出了两种融合翻译记忆的机器翻译预处理策略，通过检索多种翻译记忆库从测试集源语言中识别出高潜力语句，我们发现结构的高潜力句子具有最好的翻译性能，可以大大减少审阅时间。针对融合翻译记忆的机器翻译训练方法，我们为每个训练样本和相应的翻译假设计算多维相似度得分，并利用对数线性后验正则化方法将相似度得分整合到机器翻译模型的损失函数中，以得到与机器翻译训练集编辑距离更小的译文，从而减少译后编辑时间。在两个领域的汉→英翻译任务上的实验结果证明了该方法的有效性和普遍性。

我们研究了如何将模板翻译记忆库融入神经机器翻译模型，从而提升机器翻译的译文质量。在翻译源语言句子时，我们首先从模板翻译记忆库中检索出与待翻译句子最相似的翻译模板，然后利用源句信息和匹配到的目标端翻译模板两部分信息共同生成译文。具体来说，我们提出了基于最长名词短语的翻译模板构建方法，为了更快地检索模板翻译记忆库，我们设计了基于词共现频率的粗匹配策略与基于文本相似度的细匹配策略。在模板翻译记忆库构建的研究基础上，我们设计了一种融合模板的机器翻译模型 TBMT，通过增加额外的模板编码器和模板编码-解码注意力子层，将模板知识引入解码器中引导和约束模型的解码过程，从而获得高质量的译文。在汉→英和德→英两个翻译任务上的实验结果证明了该方法的有效性和普遍性。

参考文献

[1] LEVENSHTEIN V I. Binary codes capable of correcting deletions, insertions, and reversals. Soviet physics doklady, 1966, 10(8) : 707-710.

[2] HE Y, MA Y, VAN GENABITH J, et al. Bridging SMT and TM with translation recommendation. Proceedings of the 48th Annual Meeting of the Association for Computational Linguistics, 2010: 622-630.

[3] CAO Q, XIONG D. Encoding gated translation memory into neural machine translation. Proceedings of the 2018 Conference on Empirical Methods in Natural Language Processing, 2018: 3042-3047.

[4] KOEHN P, SENELLART J. Convergence of translation memory and statistical machine translation. Proceedings of the Second Joint EM+/CNGL Workshop: Bringing MT to the User: Research on Integrating MT in the Translation Industry, 2010: 21-32.

[5] WANG K, ZONG C, SU K Y. Dynamically integrating cross-domain translation memory into phrase-based machine translation during decoding.

Proceedings of COLING 2014, the 25th International Conference on Computational Linguistics: Technical Papers, 2014: 398-408.

[6] ZHANG K, SHASHA D. Simple fast algorithms for the editing distance between trees and related problems. SIAM journal on computing, 1989, 18(6): 1245-1262.

[7] WANG K, ZONG C, SU K Y. Integrating translation memory into phrase-based machine translation during decoding. Proceedings of the 51st Annual Meeting of the Association for Computational Linguistics (Volume 1: Long Papers), 2013: 11-21.

[8] LI X, ZHANG J, ZONG C. One sentence one model for neural machine translation. arXiv preprint. arXiv:1609.06490, 2016.

[9] FARAJIAN M A, TURCHI M, NEGRI M, et al. Multi-domain neural machine translation through unsupervised adaptation. Proceedings of the Second Conference on Machine Translation, 2017: 127-137.

[10] GU J, WANG Y, CHO K, et al. Search engine guided neural machine translation. Proceedings of the AAAI Conference on Artificial Intelligence, 2018, 32(1).

[11] PETROV S, KLEIN D. Improved inference for unlexicalized parsing. Human Language Technologies 2007: The Conference of the North American Chapter of the Association for Computational Linguistics, 2007: 404-411.

[12] ZHANG J, LIU Y, LUAN H, et al. Prior Knowledge Integration for Neural Machine Translation using Posterior Regularization. Proceedings of the 55th Annual Meeting of the Association for Computational Linguistics (Volume 1: Long Papers), 2017: 1514-1523.

[13] LI X, ZHANG J, ZONG C. One Sentence One Model for Neural Machine Translation. Proceedings of the Eleventh International Conference on

Language Resources and Evaluation (LREC 2018), 2018.

[14] BAHDANAU D, CHO K, BENGIO Y. Neural Machine Translation by Jointly Learning to Align and Translate. 3rd International Conference on Learning Representations (ICLR 2015). San Diego, CA, USA, 2015.

[15] PAPINENI K, ROUKOS S, WARD T, et al. BLEU: a method for automatic evaluation of machine translation. Proceedings of the 40th Annual Meeting of the Association for Computational Linguistics, 2002: 311-318.

[16] SNOVER M, DORR B, SCHWARTZ R, et al. A study of translation edit rate with targeted human annotation. Proceedings of the 7th Conference of the Association for Machine Translation in the Americas: Technical Papers, 2006: 223-231.

[17] TEMNIKOVA I P. Cognitive evaluation approach for a controlled language post-editing experiment. Proceedings of the International Conference on Language Resources and Evaluation, LREC 2010. Valletta, Malta: European Language Resources Association, 2010.

[18] KAJI H, KIDA Y, MORIMOTO Y. Learning Translation Templates From Bilingual Text. 14th International Conference on Computational Linguistics, COLING 1992. Nantes, France, 1992: 672-678.

[19] QUIRK C, MENEZES A, CHERRY C. Dependency treelet translation: Syntactically informed phrasal SMT. Proceedings of the 43rd Annual Meeting of the Association for Computational Linguistics (ACL'05), 2005: 271-279.

[20] CHIANG D. Hierarchical Phrase-Based Translation. Computational Linguistics, 2007, 33(2): 201-228.

[21] 李强, 黄辉, 周沁, 等. 模板驱动的神经机器翻译. 计算机学报, 2019, 42 (3): 116-131.

[22] YANG J, MA S, ZHANG D, et al. Improving neural machine translation with soft template prediction. Proceedings of the 58th Annual Meeting of the Association for Computational Linguistics, 2020: 5979-5989.

[23] VASWANI A, SHAZEER N, PARMAR N, et al. Attention is All you Need. In Advances in Neural Information Processing Systems 30: Annual Conference on Neural Information Processing Systems 2017. Long Beach, CA, USA, 2017: 5998-6008.

[24] KOEHN P, HOANG H, BIRCH A, et al. Moses: Open source toolkit for statistical machine translation. Proceedings of the 45th annual meeting of the association for computational linguistics companion volume proceedings of the demo and poster sessions. Association for Computational Linguistics, 2007: 177-180.

[25] PETROV S, KLEIN D. Improved Inference for Unlexicalized Parsing. In Human Language Technology Conference of the North American Chapter of the Association of Computational Linguistics. Rochester, New York, USA, 2007: 404-411.

[26] KLEIN G, KIM Y, DENG Y, et al. OpenNMT: Open-Source Toolkit for Neural Machine Translation. Proceedings of ACL 2017, System Demonstrations. Vancouver, Canada, 2017: 67-72.

第 7 章

词形预测与神经机器翻译联合模型

7.1 引言

基于编码器、解码器[1]的神经机器翻译[2-6]具有端到端的特性。相较于统计机器翻译[7]方法，神经机器翻译的模型更加简化，训练和解码方式更加简单。依赖于深度学习技术的发展，神经机器翻译在很多语言的多个领域上均达到了前所未有的优秀效果[4,6,8-9]。神经机器翻译技术通过深度学习方法提取的特征通常比较抽象，可解释性不强，并且端到端的特性需要将不同层次的特征压缩到一个向量中[6]，显而易见的语言特征可能会因为数据偏置、训练策略等因素而被模型忽略。

在模型中引入一些先验的语言学信息是神经机器翻译技术的研究重点。相关工作表明，引入语言学信息确实可以帮助神经机器系统提高翻译质量[10-14]。在神经机器翻译过程中，无论是训练还是推断过程，源语言信息均为确定的，引入源语言的语言学信息是一种直观的方法[10,12]。例如，Sennrich 等人[10]将源语言的一些语言特征附加到源语言的词向量中，扩展神经机器翻译的输入；Li 等人[12]和 Eriguchi 等人[15]将源语言的层次句法信息作为附加输入，帮助神经机器翻译。Niehues 等人[16]通过多任务学习（Multi-Task Learning）框架，将源语言编码器与词性标注（POS Tagging）、命名实体识别（Named-Entity Recognition）等任务与机器翻译任务融合，以增强神经机器翻译性能。由于目标语言在机器翻译的推断过程是不确定的，因此引入目标语言的语言学信息相对困难。在目标语言中引入语言学信息一般采用对目标语言序列和语言学信息同时建模的方法[14,17-19]。拉丁字符的大小写作为一种词汇形态变化，是一种确定的、不需要额外人工标注的语言学信息。这种书写形式对于句法结构分析、词性标注和命名实体识别等任务来说是重要的特征。然而，多数神经机器翻译系统对大小写的正确性并不重视，甚至在报告翻译性能时所用的评价指标也对大小写不敏感。忽视拉丁字符的大小写会使神经机器翻译系统不满足实际的生产需要，并且会为下游的自然语言处理应用引入噪声[20-21]。

除了拉丁字符的大小写变化这个词形信息，单词的阴阳性变化对于很多语言来说也是一项重要的词形信息，单词的阴阳性正确与否也与机器翻译的实用性密切相关。近年来，性别偏见问题在机器翻译领域逐渐引起重视[22-26]。首先，神经机器翻译模型通常用大规模的语料进行训练，语料本身的特点结合模型的训练目标特性，会影响神经机器翻译的表现。Koehn 等人[27]在关于神经机器翻译面临的若干挑战的报告中指出，训练集中的低频词相较于高频词更难以正确翻译[28-29]。样本分布的不平衡是造成机器翻译性别偏见问题的重要原因。Ott 等人[30]在 Koehn 等人[27]提出问题的基础上针对数据集的不确定性进行了更详细的研究，指出了性别等信息容易在翻译过程中丢失的问题。其次，不同语言在语法上对性别的区分程度不同，也造成了翻译中难以使用正确的性别代词的问题。以维吾尔语-汉语（维-汉）翻译为例，维吾尔语代词并不区分阴阳性，而汉语代词区分，这给代词的翻译带来了挑战。Michel 等人[22]针对上述问题，提出了一种个性化翻译方法。该方法通过引入用户向量来控制不同用户输出的翻译特征，实现调整性别、职业等相关信息的目的。Vanmassenhove 等人[23]为 10 种欧洲语言翻译任务人工标注了源语言端的性别信息，将性别信息作为神经机器翻译的输入，控制神经机器翻译生成的目标语言性别极性。Stanovsky 等人[31]研究了机器翻译语料中性别偏见的问题，设计了衡量性别偏见的方法，并在 Winogender[32]和 WinoBias[33]构建了用于评价机器翻译系统性别偏见情况的数据集 WinoMT。同样地，Cho 等人[24]针对以韩国语为源语言的机器翻译提出了性别偏见问题的评价指标并构建了相应的评测数据。Saunders 等人[26]将机器翻译中的性别偏见纠正问题视为领域适应问题，并构建了小规模的用于神经机器翻译领域的自适应语料。在 WinoMT[31]数据集上的实验结果表明，该方法有效解决了部分机器翻译的性别偏见问题。

本章将从拉丁字符大小写变化及单词的阴阳性两个方面，介绍两种神经机器翻译与词形信息共同建模的方法。

（1）在拉丁字符的大小写方面，我们引入了大小写敏感的神经机器翻译模型。在该模型中，源语言和目标语言的词表均采用小写形式，模型在训练时将会接收关于单词大小写形式的监督信息。在推断过程中，模型在生成目标语言单词的同时，还可以生成对应的大小写标注。

（2）在单词的阴阳性方面，我们以维-汉翻译任务为例，介绍一种源语言单词不具有阴阳性而目标语言单词具有阴阳性的神经机器翻译模型。该模型需要在训练时学习目标语言单词的阴阳性。在推断的过程中，神经机器翻译模型在生成目标语言单词的同时，会预测出目标语言单词的阴阳性，实现性别敏感的神经机器翻译。此外，本章还介绍了一种与单词性别相关的伪数据构建方法，可以有效解决相关数据稀少且类别失衡严重的问题。

（3）本章介绍的大小写敏感和性别敏感的神经机器翻译采用的方法主要有两种：①引入附加的语言学信息并将其标注到机器翻译的数据中，在不更改模型结构的情况下，将单词大小写或性别信息直接融入翻译模型的输入和输出内容；②引入机器翻译与分类任务联合模型，通过在神经机器翻译解码器端连接附加的语言学信息分类器，使解码器同时完成译文生成及大小写或性别信息预测任务。考虑到无论是单词大小写信息还是性别信息，均容易受数据不平衡问题的影响，方法②还结合了损失函数缩放策略，缓解类别不平衡对大小写和性别预测带来的负面影响。

7.2　问题分析

7.2.1　拉丁字符大小写对神经机器翻译的影响

在现实世界中，很多由拉丁字符书写的自然语言文本是对字母大小写敏感的，如英语、法文、德文等。对于很多自然语言处理任务来说，大小写信息是一个重要特征，为自然语言处理算法提供了语义、句法上的信息。例如，在英文命名实体识别（Named Entity Recognition，NER）任务中，单词首字母大写就是识别命名实体的重要依据。然而，多数神经机器翻译工作对所生成译文中字母大小写的正确性关注不多，这会影响神经机器翻译在实际应用场景中的表现，同时也会为神经机器翻译的下游——自然语言处理应用引入噪声[20-21]。

事实上，对于神经机器翻译的训练来说，在预处理训练数据时，处理字母大小写时存在如下矛盾。

（1）使用全部经过小写处理的语料，虽然可以有效地减少翻译词表的大小，但是使用该语料训练神经机器翻译模型会导致其忽略该语言的词形信息。

（2）在训练语料中保持原始的词形信息会增大词表的规模，对于神经机器翻译模型来说，大小写不同的同一单词会被视为独立的不同单词，使大小写发生变化的同一个单词的不同形式失去了彼此在语义上的联系。

表 7-1 给出了一个大小写相关的汉语到英语的翻译实例。在表 7-1 中，"苹果"和"apple"是对齐的单词对。在源语言端，无论是"苹果"（指水果）还是"苹果手表"，"苹果"的写法都是一样的。相反地，在目标语言端，作为普通名词，在表示水果含义时，"apple"采用了小写的写法，在作为专有名词表示苹果品牌时，"apple"采用了首字母大写的写法，即"Apple"。矛盾在于，在第二个例子中，如果模型采用全小写格式的训练语料，那么将无法学习到"apple"作为一般名词和专有名词的区别；如果不采用全小写格式，而是将"Apple"和"apple"视为彼此独立的两个单词，则会丢失二者在源语言语义上的联系，即"苹果"与"apple"的对齐关系对于"Apple"将没有意义。

表 7-1 大小写相关的汉语到英语的翻译实例

序 号	汉 语	英 语
1	这 是 一 颗 苹果 。	This is an apple.
2	这 是 一 块 苹果 手表 。	This is an Apple Watch

为了解决上述问题，我们使用大小写校准的语料。这种语料可以在一定程

度上平衡词表增长和词形信息丢失的冲突。虽然大小写校准过程简单且稳定，但是其逆过程——大小写还原，并不像校准过程那样容易，特别是在还原经由其训练的神经机器翻译模型的输出译文时。表 7-2 给出了采用原始词形语料、大小写校准语料和全部小写语料训练的汉-英神经机器翻译模型在测试集上的表现，表中有两种 BLEU[34]指标，分别为对大小写不敏感的 BLEU 不敏感和对大小写敏感的 BLEU 敏感，Δ表示的是二者之间的差值（BLEU 不敏感-BLEU 敏感），NCR 表示一个基于规则的大小写还原操作。如表 7-2 所示，使用全部小写语料和原始词形语料训练的神经机器翻译模型，分别在大小写不敏感和大小写敏感的 BLEU[34]指标上取得了最高的成绩，反映了词形还原的难度，侧面验证了关于词形使用的矛盾。

表 7-2　3 种不同语料训练的汉-英神经机器翻译模型在测试集上的表现

序　号	方 法 设 置	BLEU 不敏感	BLEU 敏感	差值 Δ
1	原始词形	43.23	41.45	1.78
2	大小写校准	43.08	40.02	3.06
3	大小写校准+简单词形还原	43.08	41.22	1.86
4	全部小写	43.49	28.49	15.00
5	全部小写+简单词形还原	43.49	30.02	13.47

7.2.2　单词阴阳性对机器翻译的影响

神经机器翻译模型的表现通常与训练数据的特征密切相关，除了数据规模，语料中的一些偏置也会对翻译的结果产生影响[27,30]。其中，目标语言译文性别偏见是上述问题引发的现象之一，近年来受到了越来越多的重视[22-26]。在译文性别偏见问题中，一个特殊的场景是源语言书写不区分阴阳性或目标语言书写需要区分[22,24]，为目标语言的单词阴阳性选择带来了很大的挑战。以维吾尔（以下简称维）语到汉语的机器翻译为例，源语言维语代词不区分阴阳性，在书写目标语言汉语时，代词区分阴阳性（如"她""他"），这给维-汉机器翻译带来了很大的挑战。

另一方面，机器翻译模型的训练数据本身在不同性别代词的使用场景上也有频率的偏差，增加了维-汉机器翻译的难度。以 CCMT2019 维-汉新闻机器翻译任务[35]为例，该任务的训练数据在目标语言（汉语）端出现阳性代词的频率远高于阴性代词，造成了代词的性别偏见问题，并最终反映在测试时的翻译结果上，如表 7-3 所示。

表 7-3　维-汉机器翻译原始数据集与神经机器翻译结果在目标语言代词性别使用上的对比

序　号	数　据	训 练 数 据			测 试 数 据		
		阴性	阳性	比值	阴性	阳性	比值
1	数据集	2,771	16,550	1:5.97	29	149	1:5.14
2	神经机器翻译生成	1,053	16,438	1:15.61	9	141	1:15.67

在表 7-3 中，对于"神经机器翻译生成"来说，"训练数据"是指利用神经机器翻译模型重新翻译训练语料中的源语言部分而得到的目标语言数据。由表 7-3 可知，在原始语料中，阴性代词与阳性代词的比例接近于 1:5，而在模型输出的翻译结果中，该比例约为 1:15。产生这种现象的原因主要是数据中阳性代词出现的频率远高于阴性代词，造成神经机器翻译模型在解码时更倾向于给阳性代词分配更高的估计概率。

7.3　大小写敏感的神经机器翻译

7.3.1　神经机器翻译模型

给定一个源语言句子 $\boldsymbol{x} = \{x_1, x_2, \cdots, x_{T_x}\}$ 和一个目标语言句子 $\boldsymbol{y} = \{y_1, y_2, \cdots, y_{T_y}\}$，多数神经机器翻译方法[3-6]可直接对式（7-1）的条件概率进行建模：

$$p(\boldsymbol{y} \mid \boldsymbol{x}; \theta) = \prod_{t=1}^{T} p(\boldsymbol{y}_t \mid \boldsymbol{y}_{<t}, \boldsymbol{x}; \theta) \qquad (7\text{-}1)$$

式中，$\boldsymbol{y}_{<t}$ 是截至解码步骤 t 的翻译片段；θ 是神经机器翻译模型的参数集合。

本章介绍的方法适用于目前所有流行的基于编码器–解码器[1]架构的神经机器翻译模型[4-6]，对具体模型的实现方法几乎不做任何假设。为简化模型的介绍和突出方法的核心贡献，本章将以 Transformer[6]为神经机器翻译模型的具体实例介绍相关的方法。

7.3.2　引入大写标注的神经机器翻译

在神经机器翻译模型中引入附加知识的众多方法中，在数据中插入人工标注是一种最直接且实用的方法[36-38]。具体地，人工标注一般以由特殊符号组成的单词呈现，目的是区分语料中的自然语言单词。在对机器翻译语料预处理时，对于每个平行句对，将人工标注直接插入源语言或目标语言序列中的指定位置，以表示原句中不存在的附加信息。在训练时，神经机器翻译模型不需要任何更改，直接按一般方法在该语料上训练即可。在测试阶段，若源语言端有人工标注，则需要对测试用的源语言输入序列进行同样的操作，目标语言的标注则会随模型生成的单词序列输出，包含在生成的译文句子中，等待后续处理。这种方法的优点在于：①无须更改模型本身的架构和训练方法；②几乎不增加模型的参数（严格来说，只会微小地增加词表规模）。

在本章介绍的方法中，我们引入了两种人工标注："<ca>"和"<ab>"，分别代表首字母大写单词和缩写（全大写）词汇。在对机器翻译训练数据做预处理时，这种标注可以被放置在需要被标注的单词左侧（左侧大写标注，LCT）和右侧（右侧大写标注，RCT）。对于神经机器翻译的解码而言，LCT 表示先预测大写标注再生成目标语言单词，RCT 过程与之相反，先生成目标语言单词再生成大写标注。

对于使用子词单元（Subword Units）编码[28,39]的语料来说，我们将 LCT 分别插入原始大写单词的第一个子词单元的左边，RCT 插入原始大写单词最后一个子词单元的右侧（可以理解为先标注 LCT 或 RCT，再进行子词编码处理）。表 7-4 中给出了引入大写标注对数据进行预处理的例子，分别展示了对普通文本和采用子词单元编码文本的大写标注插入处理。表中的"<ca>"和"<ab>"即为上文中提到的两种人工标注，分别代表首字母大写词汇和全大写词汇。

表 7-4　文本中引入左侧大写标注（LCT）和右侧大写标注（RCT）的示例

序　　号	预处理类型	预处理后文本
1	原始文本	Executive Committee of FIFA also announced some reform measures.
2	LCT	\<ca\> executive \<ca\> committee of \<ab\> fifa also announced some reform measures.
3	RCT	executive \<ca\> committee \<ca\> of fifa \<ab\> also announced some reform measures.
4	子词	_Executive_ Committee_ of_ FIFA_ also_ announc ed_ some reform_ measures _.
5	子词+LCT	_\<ca\>_ executive_ \<ca\>_ committee_ of_\<ab\>_ fifa_ _also _announc ed_ some_ reform_ measures _.
6	子词+RCT	_executive_ \< ca\>_ committee_ \< ca\>_ of_ fifa_\<ab\>_ also announc ed_ some_ reform _measures _.

7.3.3　神经机器翻译与大写预测联合学习

在本节，我们将介绍神经机器翻译与大写预测联合学习的方法。该方法在神经机器翻译的解码器上增加了一个额外的输出层，用来预测单词的大小写类别。在形式化描述上，给定一个源语言序列 $x = \{x_1, x_2, \cdots, x_{T_x}\}$ 和对应的目标语言序列 $y = \{y_1, y_2, \cdots, y_{T_y}\}$，以及目标语言的单词大小写类别序列 $c = \{c_1, c_2, \cdots, c_{T_y}\}$。注意，上述的目标语言序列采用全部小写化的单词（或子词）。联合学习的目标是使神经机器翻译可以为如式（7-2）所示的联合概率建模。

$$p(y, c \mid x) = \prod_{t=1}^{T} p(y_t \mid y_{<t}, c_{<t}, x) p(c_t \mid y_{<t}, c_{<t}, x) \tag{7-2}$$

关于上述的联合概率，直观上存在三种不同的假设情况：①先预测大小写类别，再生成目标语言单词（先大写预测，CP_{pre}）；②先生成目标语言单词，再预测大小写类别（后大写预测，CP_{pos}）；③同时预测大小写类别和目标语言单词（CP_{syn}）。

大小写敏感的机器翻译解码器端示意图如图 7-1 所示。其中，（a）是引入大小写标注方法的解码器示意图，（b）、（c）和（d）表示三种不同的大小写联合预测方法。

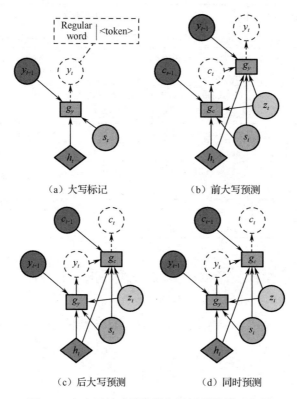

（a）大写标记　　　　　　（b）前大写预测

（c）后大写预测　　　　　　（d）同时预测

图 7-1　大小写敏感的机器翻译解码器端示意图

1. 先大写预测

在先大写预测（CP_{pre}）方法中，解码器首先估计在解码时刻 t 应输出的单词的大小写类别，再利用预测的类别信息作为附加的输入预测目标语言单词。这个过程可以视为解码器利用单词的大小写类别作为约束信息，减少对目标单词概率估计的难度。在上述假设下，式（7-2）中两个条件概率的具体计算方法如下。

$$p(c_t \mid \boldsymbol{y}_{<t}, \boldsymbol{c}_{<t}, \boldsymbol{x}) = g_c(c_{t-1}, \boldsymbol{z}_t, \boldsymbol{s}_t, b_t) \tag{7-3}$$

$$p(y_t \mid \boldsymbol{y}_{<t}, \boldsymbol{c}_{\leqslant t}, \boldsymbol{x}) = g_y(y_{t-1}, c_t, \boldsymbol{z}_t, \boldsymbol{s}_t, b_t) \tag{7-4}$$

在式（7-3）和式（7-4）中，$\boldsymbol{s}_t$ 和 $\boldsymbol{z}_t$ 分别代表解码步骤 t 之前生成的目标语言

序列片段 $y_{<t}$ 和大小写类别序列片段 $c_{<t}$ 的自注意力编码向量，b 是步骤 t 时的编码器输出，$g_y(\cdot)$ 是单词解码器的输出层，$g_c(\cdot)$ 是本方法中引入的大小写预测输出层。z_t 和 $g_c(\cdot)$ 一起组成了一个额外的基于单层 Transformer 的大小写标签解码器。在本章介绍的方法中，该解码器采用单头注意力机制，各层规模均设置为 32 维。图 7-1（b）中给出了先大写预测的解码端示意图，实线空心圆表示先输出的内容，虚线空心圆表示待输出的内容。

2. 后大写预测

后大写预测（CP_{pos}）的过程与先大写预测相反，在解码步骤 t，模型先生成目标语言单词 y_t，再预测对应的大小写类别 c_t。后大写预测的过程看似与大小写还原后处理类似，区别在于，在后大写预测过程中，t 时刻预测的大小写类别会作为 $t+1$ 时刻的模型输入信息预测新的目标语言单词。这是在后处理时进行大小写还原操作时所不具备的。图 7-1（c）是上述过程的示意图，具体计算方式如下。

$$p(y_t \mid \boldsymbol{y}_{<t}, \boldsymbol{c}_{<t}, \boldsymbol{x}) = g_y(y_{t-1}, \boldsymbol{z}_t, \boldsymbol{s}_t, b_t) \qquad (7\text{-}5)$$

$$p(c_t \mid \boldsymbol{y}_{\leqslant t}, \boldsymbol{c}_{<t}, \boldsymbol{x}) = g_c(y_t, c_{t-1}, \boldsymbol{z}_t, \boldsymbol{s}_t, b_t) \qquad (7\text{-}6)$$

3. 同时预测

在大写与单词同时预测（CP_{syn}）方法中，目标语言单词和大小写标签预测这两个过程同时进行。图 7-1（d）给出了该方法的示意图，该方法具体计算方法如下。

$$p(y_t \mid \boldsymbol{y}_{<t}, \boldsymbol{c}_{<t}, \boldsymbol{x}) = g_y(y_{t-1}, \boldsymbol{z}_t, \boldsymbol{s}_t, b_t) \qquad (7\text{-}7)$$

$$p(c_t \mid \boldsymbol{y}_{<t}, \boldsymbol{c}_{<t}, \boldsymbol{x}) = g_c(c_{t-1}, \boldsymbol{z}_t, \boldsymbol{s}_t, b_t) \qquad (7\text{-}8)$$

4. 损失函数缩放

在训练数据中，大写单词占比较小。对于大小写标签预测任务来说，这引入了一个类别不平衡的问题。前人的工作表明，对于类别不平衡的数据，直接采取最大似然估计的方法训练效果会受到影响[40-41]，为了解决该问题，我们在计算大小写标签预测损失时引入自适应损失缩放[41]（Adaptive Scaling，AS）的方法。

我们将大写标签视为正训练样本，将小写标签视为负训练样本，假设有 P 个正样本和 N 个负样本，$T_{P(\theta)}$ 和 $T_{N(\theta)}$ 分别代表模型参数 θ 正确预测的正、负样本数目，在此基础上，以先大写预测的损失函数为例，经过自适应改写后的损失函数如下。

$$\mathcal{L}_{AS}(\theta) = -\sum_{(c_j,y_j)\in\mathcal{P}} \log p(c_j \mid y_j;\theta) - \sum_{(c_j,y_j)\in\mathcal{N}} \omega(\theta)\log p(c_j \mid y_j;\theta) \qquad (7\text{-}9)$$

其中，

$$\omega(\theta) = \frac{T_{P(\theta)}}{P + N - T_{N(\theta)} + PE} \qquad (7\text{-}10)$$

7.4　性别敏感的神经机器翻译

本节将介绍与性别敏感的神经机器翻译相关方法，以 CCMT2019 维-汉翻译任务[35]提供的数据为样例数据。经统计发现，在语料 99%的句子中，使用的代词性别是一致的（只出现阳性代词或只出现阴性代词），因此我们将正确预测某一个代词性别的问题简化为预测目标语言句子性别的问题。首先，我们利用汉语单语语料构造伪数据对翻译训练数据进行扩展，引入的伪数据缓和了语料中代词性别不平衡的矛盾。同时，我们提出了两种神经机器翻译模型显式融合性别信息的方法：①在目标语言句首引入性别标注，在不改动模型本身架构的前提下，在神经机器翻译模型中显式地融入性别信息，在解码时，句首的性别标注可以约束后面生成代词的选择；②对机器翻译任务和目标语言代词性别预测任务联合建模，使神经机器翻译模型的编码器可以显式地学习与代词性别相关的上下文信息。

7.4.1　性别平衡伪数据构建方法

在 CCMT2019 训练集数据中，不同性别的代词使用极不平衡，模型很容易受这种数据偏见的影响。与此同时，包含代词的句子总数占数据总数的比例很少，机器翻译模型很难得到充足的训练，也缺少可以有效评价代词性别是否翻译正确的测试数据。为了解决上述问题，首先，我们从 CCMT2019 训练集数据中抽取出部分数据作为测试代词性别翻译准确性的开发集（PseDev）和测试集（PseTest）；之后，我们利用 LDC 汉语语料和反向翻译方法[42]对其余的训练数据（ResTrain）进行了扩展，并在此基础上构建了伪训练数据。

具体的伪数据构造流程如图 7-2 所示。首先，利用数据 ResTrain 训练一个基于 Transformer[6]的汉–维翻译模型；其次，从汉语语料中随机抽取数量相等的只包含阳性代词或阴性代词的汉语句子，并利用训练好的汉–维翻译模型将其翻译成维吾尔语，构成伪平行句对；最后，将伪平行句对融入 ResTrain 数据中，并随机打乱顺序，得到伪训练数据（PseTrain）。扩展后的数据统计信息如表 7-5 所示。

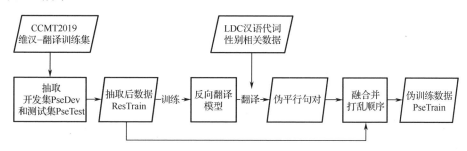

图 7-2　伪数据构造流程

表 7-5　数据统计信息

序　号	数　据　集	总　句　对	阴　　性	阳　　性	中　　性
1	抽取后训练集 ResTrain	167,944	1,127	12,621	154,246
2	扩展后训练集 PseTrain	199,140	16,700	28,194	154,246
3	构造的开发集 PseDev	1,000	500	500	0
4	构造的测试集 PseTest	1,000	500	500	0

7.4.2　插入性别标注

在神经机器翻译中加入特殊标志是一种简单高效地融入附加信息的技术手段[36,38]。这种方法不需要对模型进行改动，只需要在训练用的平行句对中加入所需要的标识符（Token），即可达到融入附加信息的目的。在本文中，我们在目标语言端引入了一个表示性别信息的标志（GenTok），用以标识汉语端句子的性别信息。我们引入 3 种性别标注："<NL>"代表中性，"<ML>"代表阳性，"<FL>"代表阴性。性别标注设置在目标语言句子的句首，这样做可以为其后面的词汇提供性别标志的信息，图 7-3 给出了一个在平行句对中引入性别标注的例子。

> <NL> 木星 是 太阳系 中 质量 最 大 的 行星 。
>
> <FL> 她 当即 和 丈夫 决定：要 完成 儿子 的 遗愿，去 内蒙古 种 树 治沙 。
>
> <ML> 他们 无论 男女老少，都 有 一个 共同 的 名字 —— 兵团 人 。

图 7-3　性别标注插入实例

7.4.3　性别预测与机器翻译联合建模

本文提出了性别预测与机器翻译联合建模的方法，将目标语言句子使用的代词性别的分类融入神经机器翻译模型的建模中，式（7-1）融合了性别预测后，变为式（7-11）。

$$p(\boldsymbol{y}, c \mid \boldsymbol{x}; \theta) = p(c \mid \boldsymbol{x}; \theta) \prod_{t=1}^{T} p(y_t \mid \boldsymbol{y}_{<t}, \boldsymbol{x}; \theta) \tag{7-11}$$

式中，c 代表性别类别，共 3 种，分别是中性、阴性和阳性；θ 是神经机器翻译模型和性别预测模型参数的集合。我们将神经机器翻译模型中编码器最顶层的输出状态 $H = \{h_1, \cdots, h_{T_x}\}$ 作为性别预测模型 Dg 的输入，使用单层基于注意力机制的多分类器进行性别分类。

$$p(c \mid \boldsymbol{x}; \theta) = p(c \mid H; \theta_g) = \text{Softmax}(\boldsymbol{W}_o \boldsymbol{s}) \tag{7-12}$$

式中，$W_o \in \mathbb{R}^{3 \times d}$，$s \in \mathbb{R}^d$，通过自注意力机制得到

$$s = H \times \text{softmax}(\tanh(W_a H + b_a)) \tag{7-13}$$

式中，$W_a \in \mathbb{R}^{3 \times d}$；偏置量 $b_a \in \mathbb{R}$。对于分类器的损失函数，我们同样采用对数似然损失函数

$$L_{\text{gen}}(\boldsymbol{x}, c; \theta) = -\log p(c \mid \boldsymbol{x}; \theta) \tag{7-14}$$

最后，模型整体的损失函数为

$$L = L_{\text{nmt}} + \lambda \times L_{\text{gen}} \tag{7-15}$$

式中，λ 用来调节 L_{gen} 的占比，在本书中系数 λ 为 0.1。在进行翻译解码时，由于性别预测模型 Dg 与神经机器翻译模型的解码器不产生关联，因此可以选择不执行性别预测步骤，使模型解码的效率与基线系统一致。

与 7.3.3 节阐述的情况类似，性别预测同样面临类别数目不平衡的问题，因此这里依然引入自适应损失缩放[43]方法以解决此问题。

7.5　本章小结

词形变化是重要的语言学信息，也是容易被机器翻译领域忽略的语言学信息。本章从拉丁字符大小写变化及单词的阴阳性两个方面，介绍了两种神经机器翻译与词形信息共同建模的方法。

为了说明本章介绍的大小写敏感机器翻译方法的有效性，我们给出了 3 个有代表性的语言对的机器翻译效果案例，分别是汉-英、英-法和英-德的翻译。上述 3 种翻译任务代表了大小写敏感的机器翻译中的 3 种典型情况。

（1）对于汉-英翻译，目标语言英语书写是区分大小写的，源语言汉语的

书写不区分大小写，即源语言与目标语言无任何共享的大小写书写信息。

（2）对于英-法翻译，目标语言法语和源语言英语文本均区分大小写，且关于大小写单词的书写规则几乎一致。

（3）对于英-德翻译，目标语言德语和源语言英语文本虽均区分大小写，但关于大小写单词的书写规则不一致（如德语名词均采用大写形式）。

表 7-6 给出了上述翻译任务的大小写不敏感和大小写敏感的 BLEU[34]得分。在表 7-6 中，1～3 行表示基线模型，NCR（Naive Case Restoration），是一种基于词典规则的简单的大小写还原方法。从表 7-6 可以看出，本章介绍的大小写敏感翻译方法在大小写敏感的 BLEU 指标上普遍优于基线方法，无论是先生成大写标签的 LCT 和 CP_{pre} 方法还是后预测标签的 LRT 和 CP_{pos} 方法均实现了预期的功能。从运行效率上考虑，对模型不做任何修改的 LCT 和 LRT 方法可以以最简单快捷的方式实现大小写敏感的翻译任务。

表 7-6　汉-英、英-法和英-德 "大小写不敏感/大小写敏感" 的 BLEU 得分

序　号	方　法	汉-英	英-法	英-德
1	RC	42.86/41.37	38.61/38.70	26.88/26.40
2	TC + NCR	43.61/42.00	38.63/38.65	26.87/26.32
3	LC + NCR	44.02/38.92	38.94/35.43	26.91/23.49
4	LC + LCT	44.10/42.45	38.71/38.89	26.48/25.66
5	LC + RCT	43.18/41.53	38.84/38.05	26.38/25.57
6	LC + CP_{pre}	44.84/43.37	40.85/38.70	26.94/26.58
7	LC + CP_{pos}	44.36/43.39	40.72/38.69	26.72/26.45
8	LC + CP_{syn}	44.53/42.98	40.02/38.78	26.78/26.54
9	LC + CP_{pre} + AS	45.01/43.97	40.70/38.75	27.02/26.87
10	LC + CP_{pos} + AS	44.75/43.81	40.59/38.60	26.89/26.56
11	LC + CP_{syn} + AS	44.66/43.56	40.61/38.67	26.93/26.64

注：在 "方法" 这一列中，"RC" 表示不更改大小写的语料，"TC" 表示经过大小写校准后的语料，"LC" 表示全部小写的语料，斜体字表示采用的方法。

针对性别敏感的神经机器翻译，我们给出了一个性别敏感的神经机器翻译案例，如表 7-7 所示。在该案例中，单从源语言信息容易推断句子中的代词指

代对象为前文中提到的"母亲",因此应该用阴性代词"她"。在给出的翻译例子中,代词部分用加粗红色字体标注,对应的句子级别 BLEU 指标的数值在译文的下方给出。可以看出,第 4~7 行采用了本文提出的方法,均在目标语言句子中使用了正确的代词,说明在上下文信息明确的情况下,我们提出的方法均可以正确地预测出代词性别。

表 7-7　性别敏感的神经机器翻译案例

1	源　语　言	خاۋ شىن ، قالغاندا يىيتىپ دوختۇرخانىدا ئاپىسى قىيتىمى بىر خاۋنىڭ شىن يىيتىپىمۇ كىمسىل ئاپىسى ، باردى يوقلاپ ئۇنى ئىدى ئانسورىگى نگس خىزمىتى دىذ شىياۋگاڭ دىكى
2	参考译文	一次母亲住院,沈浩去看她,老母亲病中还在挂念着沈浩在小岗村的工作。
3	Transformer (ResTrain)	一次当母亲赶到医院时,申浩只好去看望他,母亲病了,也担心沈浩在小岗的工作。 BLEU: 23.40
4	Transformer (PseTrain)	有一次母亲住在医院时,沈太太赶来看望她,母亲病也担心沈浩在小岗的工作。 BLEU: 33.69
5	+GenTok	有一次母亲住院,沈浩前往看望她,母亲病也担心了沈浩在小岗的工作。 BLEU: 47.68
6	$+L_{gen}$	有一次母亲住院,沈浩前往看望她,母亲病了,也担心了沈浩在小岗的工作。 BLEU: 46.16
7	$+L_{gent}+AS$	有一次母亲住院,沈浩去看望她,母亲也担心沈浩在小岗的工作。 BLEU: 51.61

从上述翻译案例中可以看出,本章介绍的方法可以将词形信息与神经机器翻译联合建模,在不影响机器翻译效果的情况下,预测出词形应有的变化。

本章针对大小写敏感翻译和性别敏感翻译问题主要采用了两种方法:①在数据中引入额外的语言学信息标注;②词形预测解码器与机器翻译解码器联合建模。实践证明,上述两种主要的方法均可以有效实现词形信息与神经机器翻译联合建模。在未来的工作中,可以引入更细节的语言学信息,如时态、单复数变化等,此外其他自然语言生成任务,如对话生成、文本生成、自动语音识别等也可以考虑引入词形信息提升翻译效果。

参考文献

[1] CHO K, VAN MERRIENBOER B, GÜLÇEHRE Ç, et al. Learning phrase representations using RNN encoder-decoder for statistical machine translation. Proceedings of the 2014 Conference on Empirical Methods in Natural Language Processing (EMNLP 2014). Doha, Qatar, 2014: 1724-1734.

[2] SUTSKEVER I, VINYALS O, LE Q V. Sequence to sequence learning with neural networks. Advances in Neural Information Processing Systems 27: Annual Conference on Neural Information Processing Systems 2014. Montreal, Quebec, Canada, 2014: 3104-3112.

[3] BahdanaU D, CHO K, BENGIO Y. Neural machine translation by jointly learning to align and translate. 3rd International Conference on Learning Representations, ICLR 2015. San Diego, CA, USA, 2015.

[4] WU Y, SCHUSTER M, CHEN Z, et al. Google's neural machine translation system: Bridging the gap between human and machine translation. arXiv preprint, 2016, abs/1608.08144.

[5] GEHRING J, AULI M, GRANGIER D, et al. Convolutional sequence to sequence learning. Proceedings of the 34th International Conference on Machine Learning, ICML 2017. Sydney, NSW, Australia, 2017: 1243-1252.

[6] VASWANI A, SHAZEER N, PARMAR N, et al. Attention is all you need. Advances in Neural Information Processing Systems 30: Annual Conference on Neural Information Processing Systems 2017. Long Beach, CA, USA, 2017: 6000-6010.

[7] KOEHN P, OCH F J, MARCU D. Statistical phrase-based translation. Human Language Technology Conference of the North American Chapter of the Association for Computational Linguistics, HLT- NAACL 2003. Edmonton, Canada, 2003.

[8] HASSAN H, AUE A, CHEN C, et al. Achieving human parity on automatic chinese to english news translation. arXiv preprint. 2018, abs/1803. 05567.

[9] BARRAULT L, BIESIALSKA M, BOJAR O, et al. Findings of the 2020 conference on machine translation (WMT20). Proceedings of the Fifth Conference on Machine Translation. Online: Association for Computational Linguistics, 2020: 1-55.

[10] SENNRICH R, HADDOW B. Linguistic input features improve neural machine translation. Proceedings of the First Conference on Machine Translation, WMT 2016. Berlin, Germany, 2016: 83-91.

[11] ERIGUCHI A, HASHIMOTO K, TSURUOKA Y. Tree-to-sequence attentional neural machine translation. Proceedings of the 54th Annual Meeting of the Association for Computational Linguistics, ACL 2016. Berlin, Germany, 2016.

[12] LI J, XIONG D, TU Z, et al. Modeling source syntax for neural machine translation. Proceedings of the 55th Annual Meeting of the Association for Computational Linguistics, ACL 2017. Vancouver, Canada, 2017: 688-697.

[13] YANG X, LIU Y, XIE D, et al. Latent part-of-speech sequences for neural machine translation. Proceedings of the 2019 Conference on Empirical Methods in Natural Language Processing and the 9th International Joint Conference on Natural Language Processing (EMNLP-IJCNLP). Hong Kong, China: Association for Computational Linguistics, 2019: 780-790.

[14] BUGLIARELLO E, OKAZAKI N. Enhancing machine translation with

dependency-aware self-attention. Proceedings of the 58th Annual Meeting of the Association for Computational Linguistics. Online: Association for Computational Linguistics, 2020: 1618-1627.

[15] ERIGUCHI A, TSURUOKA Y, CHO K. Learning to parse and translate improves neural machine translation. Proceedings of the 55th Annual Meeting of the Association for Computational Linguistics, ACL 2017. Vancouver, Canada, 2017: 72-78.

[16] NIEHUES J, CHO E. Exploiting linguistic resources for neural machine translation using multi-task learning. Proceedings of the Second Conference on Machine Translation, WMT 2017. Copen- hagen, Denmark, 2017: 80-88.

[17] YANG X, LIU Y, XIE D, et al. Latent part-of-speech sequences for neural machine translation. arXiv preprint. 2019, abs/1908.11782.

[18] WANG X, PHAM H, YIN P, et al. A tree-based decoder for neural machine translation. Proceedings of the 2018 Conference on Empirical Methods in Natural Language Processing. Brussels, Belgium, 2018: 4772-4777.

[19] WU S, ZHANG D, YANG N, et al. Sequence-to-dependency neural machine translation. Proceedings of the 55th Annual Meeting of the Association for Computational Linguistics, ACL 2017. Vancouver, Canada, 2017: 698-707.

[20] SUSANTO R H, CHIEU H L, LU W. Learning to capitalize with character-level recurrent neural networks: An empirical study. Proceedings of the 2016 Conference on Empirical Methods in Natural Language Processing, EMNLP 2016. Austin, Texas, USA, 2016: 2090-2095.

[21] HAN B, COOK P, BALDWIN T. Lexical normalization for social media text. ACM Transactions on Intelligent Systems and Technology (TIST). 2013, 4(1). 2013: 1-27.

[22] MICHEL P, NEUBIg G. Extreme adaptation for personalized neural

machine translation. Proceedings of the 56th Annual Meeting of the Association for Computational Linguistics, ACL 2018. Melbourne, Australia, 2018: 312-318.

[23] VANMASSENHOVE E, HARDMEIER C, WAY A. Getting gender right in neural machine translation. Proceedings of the 2018 Conference on Empirical Methods in Natural Language Processing. 2018: 3003-3008.

[24] CHO W I, KIM J W, KIM S M, et al. On measuring gender bias in translation of gender-neutral pronouns. Proceedings of the First Workshop on Gender Bias in Natural Language Processing. Florence, Italy: Association for Computational Linguistics, 2019: 173-181.

[25] STANOVSKY G, SMITH N A, ZETTLEMOYER L. Evaluating gender bias in machine translation. Proceedings of the 57th Conference of the Association for Computational Linguistics, ACL 2019. Florence, Italy, 2019: 1678-1684.

[26] SAUNDERS D, BYRNE B. Reducing gender bias in neural machine translation as a domain adaptation problem. Proceedings of the 58th Annual Meeting of the Association for Computational Linguistics. Online: Association for Computational Linguistics, 2020: 7724-7736.

[27] KOEHN P, KNOWLES R. Six challenges for neural machine translation. Proceedings of the First Workshop on Neural Machine Translation, NMT@ACL 2017. Vancouver, Canada, 2017: 28-38.

[28] SENNRICH R, HADDOW B, BIRCH A. Neural machine translation of rare words with subword units. Proceedings of the 54th Annual Meeting of the Association for Computational Linguistics, ACL 2016. Berlin, Germany, 2016.

[29] LUONG T, SUTSKEVER I, LE Q V, et al. Addressing the rare word problem in neural machine translation. Proceedings of the 53rd Annual Meeting of the Association for Computational Linguistics and the 7th International Joint Conference on Natural Language Processing of the Asian Federation of Natural

Language Processing, ACL 2015. Beijing, China: The Association for Computer Linguistics, 2015: 11-18.

[30] OTT M, AULI M, GRANGIER D, et al. Analyzing uncertainty in neural machine translation. Proceedings of Machine Learning Research: volume 80 Proceedings of the 35th International Conference on Machine Learning, ICML 2018. Stockholmsmässan, Stockholm, Sweden, 2018: 3953-3962.

[31] STANOVSKY G, SMITH N A, ZETTLEMOYER L. Evaluating gender bias in machine translation. Proceedings of the 57th Annual Meeting of the Association for Computational Linguistics. Florence, Italy: Association for Computational Linguistics, 2019: 1678-1684.

[32] RUDINGER R, NARADOWSKY J, LEONARD B, et al. Gender bias in coreference resolution. Proceedings of the 2018 Conference of the North American Chapter of the Association for Computational Linguistics: Human Language Technologies, NAACL-HLT. New Orleans, Louisiana, USA: Association for Computational Linguistics, 2018: 8-14.

[33] ZHAO J, WANG T, YATSKAR M, et al. Gender bias in coreference resolution: Evaluation and debiasing methods. Walker M A, Ji H, Stent A. Proceedings of the 2018 Conference of the North American Chapter of the Association for Computational Linguistics: Human Language Technologies, NAACL-HLT. New Orleans, Louisiana, USA: Association for Computational Linguistics, 2018: 15-20.

[34] PAPINENI K, ROUKOS S, WARD T, et al. Bleu: a method for automatic evaluation of machine translation. Proceedings of the 40th Annual Meeting of the Association for Computational Linguistics. Philadelphia, PA, USA. 2002: 311-318.

[35] YANG M, HU X, XIONG H, et al. CCMT 2019 machine translation evaluation report. Machine Translation: 15th China Conference, CCMT 2019. Nanchang, China: Springer Singapore, 2019: 105-128.

[36] SENNRICH R, HADDOW B, BIRCH A. Controlling politeness in neural machine translation via side constraints. The 2016 Conference of the North American Chapter of the Association for Computational Linguistics: Human Language Technologies. San Diego California, USA: The Association for Computational Linguistics, 2016: 35-40.

[37] BRITZ D, LE Q, PRYZANT R. Effective domain mixing for neural machine translation. Proceedings of the Second Conference on Machine Translation. 2017: 118-126.

[38] JOHNSON M, SCHUSTER M, LE Q V, et al. Google's multilingual neural machine translation system: Enabling zero-shot translation. Transactions of the Association for Computational Linguistics. 2017, 5: 338-351.

[39] KUDO T. Subword regularization: Improving neural network translation models with multiple sub- word candidates. Proceedings of the 56th Annual Meeting of the Association for Computational Linguistics, ACL 2018. Melbourne, Australia, 2018:66-75.

[40] ANAND R, MEHROTRA K G, MOHAN C K, et al. An improved algorithm for neural network classification of imbalanced training sets. IEEE Transactions on Neural Networks. 1993, 4(6): 962-968.

[41] LIN H, LU Y, HAN X, et al. Adaptive scaling for sparse detection in information extraction. Proceedings of the 56th Annual Meeting of the Association for Computational Linguistics. 2018: 1033-1043.

[42] SENNRICH R, HADDOW B, BIRCH A. Improving neural machine translation models with monolingual data. Proceedings of the 54th Annual Meeting of the Association for Computational Linguistics, ACL 2016. Berlin, Germany: The Association for Computer Linguistics, 2016.

[43] LIN H, LU Y, HAN X, et al. Adaptive scaling for sparse detection in information extraction. Proceedings of the 56th Annual Meeting of the Association for Computational Linguistics. Melbourne, Australia: Association for Computational Linguistics, 2018: 1033-1043.

第 8 章

融合零代词信息的机器翻译方法

8.1　引言

　　语言是文化的一部分，受文化的影响和制约。不同地区的不同文化背景对各自的语言也产生了不同的影响。任何语言都具有一定的语法规律。语言的表现方法通常制约着语法规律。汉语与英语分属于两个不同的体系：汉语属于汉藏语系；英语属于印欧语系。相比较而言，英语是规则性较强的语言，汉语有较高的自由度。

　　具体而言，汉语是主题显著语言中的一种。在汉语句子中，主语与宾语不是必要成分。若句子的某些成分从语境中可获知，则在实际表达中就会被省略。因此在汉语中存在大量的省略情况，零代词就是其中较为普遍的一种情况。英语是主语显著语言，在英语句子中，很少出现没有主语的情况，英语疑问句与陈述句几乎都有主语。若出现句子无主语的情况，则必须补充相应的主语，才能保证句子结构的完整。形式主语一般采用 there 与 it。汉语、英语两种语言中结构差异的存在，导致在大部分情况下无法在英语端翻译出被省略的代词。表 8-1 列举了一些代词翻译存在的问题。

表 8-1　代词翻译存在的问题

源　语　言	参　考　译　文	普通机器翻译系统的输出
pro 有兔兔 照片 吗 ？	Do **you** have a photo of Tutu ?	Has Tutu pictures ?
但 *pro* 还要考虑 别人 的 感受	But **you** have to think about other people's feelings	But I still have to consider other people 's feeling
pro 打了 很多 电话	**I** made a lot of calls	Print it , and a lot of phone calls

表 8-1 中，第一列为源语言，标注"*pro*"表示省略的代词，不出现在翻译的输入当中；第二列为参考译文，对应的代词使用加粗字体表示；第三列为不对零代词进行处理的机器翻译系统的输出。可以看到，在不对零代词进行处理的情况下，翻译系统无法获取零代词的信息，在翻译的时候会出现漏译或错译的问题，如句子"有兔兔 照片 吗 ？"的翻译"Has Tutu pictures ？"没有主语，不符合英语的语法要求。

本章对 BOLT 中口语文本平行语料进行随机抽取并分别进行了词性分析，比较了英语、汉语中各词性单词数量比，如表 8-2 所示。

表 8-2　口语文本平行语料中各词性单词数量比

词　　性	英语单词数/个	汉语单词数/个	数　量　比
名词	7979	5647	1.41：1
代词	**5874**	**3152**	**1.86：1**
动词	8764	7855	1.11：1
形容词	2465	1593	1.54：1
副词	3901	3270	1.19：1

从表中可以看出，作为句子中心的动词在英语端与汉语端中的数量比近似为 1：1；平行语料中英语端代词与汉语端代词的数量比例高达 1.86：1，这说明，汉语端省略代词的情况较为频繁，符合人们的一般印象。因此，解决机器翻译中零代词带来的问题具有实际意义及价值。

本章通过构建零代词信息并显式加入机器翻译过程中来达到辅助零代词翻译的目标，以提高翻译的质量，增加翻译结果的可理解性[1-3]。具体构建包括两步：①标注零代词位置；②推断零代词具体类别。

8.2 零代词推断的基础方法

8.2.1 基于规则的方法

本章研究的零代词属于空语类中的 pro 类别。空语类是基于句法概念诞生的，因此从句法树的角度考虑抽取相应模式用于识别 pro 类别应该是可行的。Johnson[4]定义了一系列的模式用于从一些最小的句法树片段中获取相应的空语类，但是其结果并不适用于汉语。那么可以采取适当增加树的深度的方法，即考虑空语类所在节点的父节点和兄弟节点的上下位关系，增大模式识别的范围。对语料库中的树按照频率进行学习，譬如在汉语树库中抽取出的训练语料中出现(VP (VV 决定) (IP (NP (-NONE-*PRO*)) VP))的次数为 154 次，出现(VP (VV 决定) (IP (NP (-NONE-*pro*)) VP))的次数仅为 8 次，当相似模式出现的时候，就有更大的可能性选择 pro 类别而不是 PRO 类别。

如图 8-1 所示，左边展示的是包含空语类的树，右边是剔除空语类的一个直观表示。我们通过语料学习得到一个对应关系，当类似右边的树出现时，可以预测其是否属于 pro 类别。

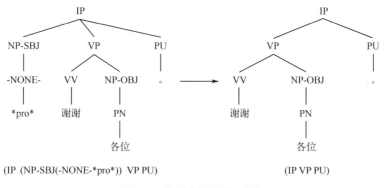

图 8-1　句法树的转换示例

8.2.2　序列标注法

我们尝试建立一个简单的条件随机场模型预测零代词的位置。该模型通过检查每个字及词的边界信息，来决定是保持词原来的状态还是标注成*pro*（即零代词位置标注）。在实际的实验中，我们发现当把上下文窗口设置为 3 的时候，就能得到比较不错的效果。在使用序列标注法的过程中，我们使用 CRF++工具[5]，利用词汇及词性特征进行序列标注。

1．词汇特征

要想获得词汇特征，就必须对已有的句子进行分词。分词作为汉语自然语言处理领域最基础的任务，具有重要的意义。分词的好坏往往对后续的结果产生很大的影响。汉语分词，指的是将汉字序列切分成词序列的过程。在测试了目前主流的分词工具，如结巴分词、LTP 分词[6]及 NLPIR 分词[7]之后，我们选定了 LTP 分词工具：一方面准确度高，足够完成利用词汇特征进行零代词标注的任务；另一方面分词的粒度较大，有利于翻译任务的进行。LTP 分词工具是哈尔滨工业大学社会计算与信息检索研究中心开发的语言技术平台的一部分。目前，主流的分词算法包括基于统计机器学习的方法和基于词典匹配的方法。LTP 分词模块使用的算法融合了这两种方法。该算法不仅利用了机器学习方法较好的消歧能力，同时也灵活地提供了引入外部词典的接口。LTP 分词模块获得了 CLP2012 评测任务（微博领域的汉语分词）的第二名。

本章所使用的词汇特征，是在分词的基础知识之上，考虑了当前要标注的词汇，以及上下文窗口范围内的词汇信息，通常会以当前词汇为轴心，向前和向后扩展，收集 3-Gram 以内的词汇信息作为特征。

2．词性特征

想要获得词性特征，就需要进行词性（Part of Speech，POS）标注。词性标注是确定词类的过程。对词分类能够更好地利用词所带来的隐藏信息，提供关于词及其邻近词的大量有用信息，帮助我们完成与更高层次自然语言相关的任务。这也是为什么我们把词性特征作为零代词推断过程中最重要特征的原因之一。一般来说，英语的词类是按照形态和句法功能来定义的：如果词的词缀具有相似的功能和特征，或者在相似的上下文环境中出现，就把它们归为一类。然而，汉语是一种没有足够形态特征的语言，对汉语词类的定义和划分更加困难。目前，关于汉语词性标注的常用方法是基于条件随机场的序列标注方法。本书的词性标注使用的是 CRF++工具训练出来的词性标注模型，具有较高的准确率。

利用词性特征和词汇特征，我们使用 CRF++工具训练序列标注模型。如表8-3的抽取特征模板所示，以"学问"为当前待标注词汇，那么将距离其-3~3区间内的所有词汇及词性作为特征进行序列标注。其中序列标注的标签分为两类——零代词类（*pro*）和非零代词类（Other）。

表 8-3　抽取特征模板

词	词　性	类　别	距　离
处处	AD	*pro*	−3
留意	VV	Other	−2
皆	AD	Other	−1
学问	NN	Other	0
哦	SP	Other	1
~	PU	Other	2
！	PU	Other	3

8.2.3　融入语义特征的方法

尽管从某些角度上来说，零代词的位置虽然可以通过单纯的句法分析方法或规则匹配方法推断得到，但是仍然存在大量的不准确信息。通过对语料的观察，我们发现，不同价位的动词信息对于零代词的标注存在一定的影响，对谓词语义角色的不同标注在一定程度上也决定了零代词的位置推断。因此本节主要阐述语义角色信息及动词价位信息两大特征，意在提升零代词位置推断的准确率。

1．语义角色信息特征

语义角色标注就是对句子中的谓词分析出与其相关的语义成分（如工具、施事、受事）并做标注的一个过程。语义角色标注是一种浅层的语义分析方式，如图 8-2 所示，谓词是"选出"，在这个谓词的基础之上，标注受事者和施事者。目前，语义角色标注技术已经成功应用于多个领域，如机器翻译、自动问答和信息抽取等。

[我们] agent arg0]将要[选出 V]一名[班长 Patient arg1]
施事　　　　　　谓词　　　　　　受事

图 8-2　语义角色标注示例 1

通过对语料的分析，我们发现零代词的缺失除和某些词汇相关以外，还和一个句子的谓词是否存在施事者和受事者相关。零代词往往出现在缺少施事者的谓词附近。基于这个假设，我们将句子中的谓词划分为 5 类，如表 8-4 所示。我们将这些对谓词的标注，融入相应的训练算法，以提高零代词推断的准确率。

表 8-4　谓词的划分

类　别	释　义
arg_sub_2obj	对于某个谓词而言，存在 arg0、arg1、arg2（存在主语和双宾语）
arg_sub_obj	对于某个谓词而言，存在 arg0 和 arg1（存在主语和单宾语）
arg_sub	对于某个谓词而言，存在 arg0，不存在 arg1 和 arg2（存在主语，不存在宾语）
arg_nosub	对于某个谓词而言，不存在 arg0，但存在 arg1 或 arg2（不存在主语，存在宾语）
arg_nosub_obj	对于某个谓词而言，不存在 arg0，也不存在 arg1、arg2（不存在主语和宾语）

2．动词价位信息特征

"价位"就是平时所说的配价，是配价语法理论的核心，是动词与名词成分发生语义或句法联系时所表现出的一种特性。汉语的动词可以分为一价、二价和三价。其中，一价动词指的是只能跟一个论元的动词，大部分是不及物动词，如"他游泳"中的"游泳"，只跟了"他"这一个论元。少数一价动词还存在于无主句中，如"下雨了"中的"下"，虽然是及物动词，但因为没有主语，只有一个论元"雨"，所以也是一价动词。同理，二价、三价动词就是指能跟两个、三个论元的动词，例如，"我爱你"中的"爱"跟了"我""你"两个论元，是二价动词；"他给了我一本书"中的"给"有"他""我""书"这三个论元，是三价动词。

在很大程度上，我们可以根据语义角色标注的结果判断当前一个谓词的论元数目：一方面，语义角色标注仍然存在一定的错误率，对于动词价位的判断并不理想；另一方面，对于多动词出现的句子，语义角色标注的关注点常常是谓词，常常不能涵盖所有的动词。如图 8-3 所示，在这个句子中，"能"没有论元，"听见"有一个论元，仅仅通过语义角色标注不能很好地得到这个结果。于是我们借助动词价位语料库解决这个问题。把句子中动词的论元数目当成一个特征，结合一定的规则，匹配当前动词的论元信息。

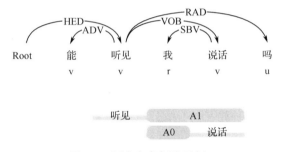

图 8-3　语义角色标注示例 2

在如图 8-3 所示的句子中，零代词补全后的句子是"*pro*能听见我说话吗"，零价动词周边很可能存在缺失的论元，当零价动词紧跟一价动词的时候，在零价动词前很可能已经出现缺失，因而在零价和一价之间出现零代词的可能性就会非常小。通过对语料的观察发现，价位信息和零代词的识别工作紧密相连，如果一个词是三价动词，那么该词很可能不缺失代词，如果一个词出现零价位的情况，则在其附近更有可能出现缺失。

8.3 基于特征的零代词推断方法

8.3.1 融入双语信息的语料重构

当我们把空语类直接融入翻译时，往往并不能得到很好的结果。例如，有些源语言端需要零代词的情况在目标语言端的参考译文中并不一定需要。直接融入空语类并不能很好地和现有的机器翻译吻合，甚至在我们把加入空语类的汉语与英语平行语料用于机器翻译训练后，结果反而更差，即便在一些句子中提升了一些代词的翻译精度。直接加入的空语类也引入了一些不正常的翻译，因此在此基础上，我们需要对原有的标注有空语类的语料进行适当修正，重新构建语料，筛选出更利于翻译的代词标注。

1. 基本假设

我们将标注好零代词的聊天记录进行汉、英词对齐，在此基础上统计出零代词对应到目标端单词的频次，得到的结果如表 8-5 所示。表中列出了在训练语料中出现频次排名前 10 位的零代词对应的英语单词。

表 8-5　部分单词出现的频次统计

单　　词	频　　次
I	11769
it	8170
you	6648
OK	2863
no	1966
that	1409
we	1406
yes	1349

续表

单　　　词	频　　　次
they	1301
right	1166

从表 8-5 中可以看出，在零代词所对应的英语词中，有相当一部分不是代词，这和我们的初衷——恢复目标端代词的目标有些偏离。事实证明，汉语端缺失的零代词在翻译时，有时不一定需要被译出。这种现象也从侧面证明，不能单纯将标注好的零代词直接融入机器翻译系统，需要对零代词的推断过程进行进一步的处理。本节采取的融入双语信息的语料重构方法基于的假设是，汉语端的零代词在和英语端进行词对齐的时候，一定要对应英语端的代词或具有代词性质的词，如 that 等。我们主要利用词对齐技术获取更适合翻译的语料。

2．词对齐技术

最早的词对齐概念，出现在 IBM 的基于词的翻译模型中，它的产生是为了获得双语中互为翻译的词汇对，可以用于翻译。词对齐是自然语言处理任务中的一个重要部分，能够自动识别双语平行语料中词语的对应翻译关系，结果可以形式化地用一个包含双语平行语对的二部图表示。在二部图中，如果两个词汇对是互为翻译的关系，那么它们之间用一条边连接。图 8-4 为一个英汉词对齐的例子。

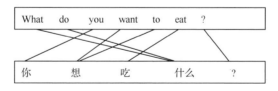

图 8-4　英汉词对齐

在这个例子中，英语句子"What do you want to eat?"与汉语句子"你想吃什么？"是互为翻译的双语平行句子。可以看到，图中的边给出了词汇的互译信息，如汉语的"你"与英语的"you"相对，汉语的"想"与英语的"want to"相对。

对统计机器翻译来说，双语词对齐是一项重要的前向工作。在统计机器翻译中，模型参数的估计建立在语料词对齐的基础上。词对齐方法可以分为生成式方法和判别式方法。早期，Brown 等人提出的 IBM 词对齐模型为生成式词对齐方法[8]。这类生成式方法采用期望最大化算法（Expectation-Maximization Algorithm）[9]来学习参数，词对齐的条件概率可在参数学习完成后，通过归一化获得。该方法是典型的无监督学习方法，即系统在训练的过程中并没有获得所需要输出的样例标签，而是试图找到能够最好地适应当前双语语料的词对齐。IBM 系列的词对齐模型是目前主流的对齐模型之一，开源工具包 GIZA[10] 就是基于 IBM 模型的。Och 和 Ney 在 GIZA 的基础上开发了现在被广泛应用的 GIZA++，后来 Och 和 Ney 进一步地提出了对称化 IBM 模型对齐的改善方法，由以前的单向对齐变为双向对齐。

如果只进行单方面的词对齐，那么零代词常常在进行汉译英时出现对空的情况，从英语端向汉语端进行词对齐的时候，对应到汉语的代词，往往是英语句子中与汉语不匹配的那个代词。在使用上述的双向对齐方法后，对齐效果得到了大大的提升。

3. 主要方法

由于在进行有监督机器学习的过程中，我们需要获取涵盖更多内容的较大规模的有标注语料，同时现有的要进行双语翻译的语料中不存在准确标注的零代词信息，因此首先选取汉语树库，抽取其中的零代词部分作为训练语料，对抽取的语料进行特征提取，并将其用于模型训练（训练算法可以采用序列标注方法或其他零代词推断算法）。

在此基础之上，我们获得了可以用于零代词推断的非口语领域训练模型。使用该模型去标注双语平行语料中的源语言端，可找到句子中缺失的零代词。由于用于标注零代词的模型和我们要翻译的语料不一致，所以标注的准确率下降。同时，有些即便标注了准确的零代词，也不一定需要在目标端恢复。因此，需要对标注好的平行语料中的零代词进行进一步重构。

为了使标注的零代词语料具有领域自适应性，同时也为了使得零代词的标注对目标端代词的恢复有帮助，我们将含有零代词标注的语料与其平行的英语端语料进行词对齐。根据词对齐的结果，保留那些对应到英语端代词的零代词标注，去除对应其他目标端词汇的标注，得到一个适用于翻译的零代词标注语料。使用该小规模语料，重新抽取特征，进行模型训练，即可得到一个领域自适应性强的零代词标注模型，使用该模型作用于想要进行翻译的测试集合，就可以融入到翻译系统中。

8.3.2　零代词处理方法

通过为源语言引入一定的上下文信息，可以使源语言在翻译的时候，目标更明确，现在采用的统计机器翻译系统大多基于 Koehn 于 2003 年提出的思想。我们有一段源语言 f，想把它翻译成目标语言 e，可通过最大化特征函数的联合形式来实现，即

$$
\begin{aligned}
< \hat{e}, \hat{a} > &= \underset{<e,a>}{\text{argmax}}\ \text{score}(e, a, f) \\
&= \underset{<e,a>}{\text{argmax}} \sum_{m=1}^{M} \lambda_m h_m(e, a, f)
\end{aligned}
\tag{8-1}
$$

式中，h_m 表示特征函数，其中包含源语言到目标语言的翻译概率、目标语言到源语言的翻译概率等；a 表示源语言和目标语言之间的对齐信息。在将源语言翻译成目标语言的时候，往往因为缺乏更多的上下文信息，使得翻译失去了特色，面对不同的上下文环境，翻译的结果也常常趋向于一致，在计算源语言到目标语言的翻译时，我们常常使用一种传统的条件概率公式，即

$$
p(e \mid f) = \frac{\text{count}(e, f)}{\sum_{e'} \text{count}(e', f)}
\tag{8-2}
$$

式中，$\text{count}(e, f)$ 是 e 和 f 共现（互为翻译）的次数；$\sum_{e'}$ 是对所有目标语言句子 e' 进行遍历求和。

我们想要使用的新特征加入了对源语言中空语类的估计。于是对于含有空语类的短语，倾向于使用相对频率去估计条件概率。

$$p(e \mid f, f_{\text{context}}) = \frac{\text{count}(e, f, f_{\text{context}})}{\sum_{e'} \text{count}(e', f, f_{\text{context}})} \tag{8-3}$$

这里面使用的上下文特征包括空语类附近词的词性、词本身及空语类所在句子的言语行为信息等，可以更好地对翻译中不同上下文情况下出现的空语类进行处理，提高翻译的质量。

8.4 基于 CRF 和 SVM 的零代词信息构建方法

在给定一个待翻译的汉语句子后，构建零代词信息的第一步为确定该句子是否存在零代词。若零代词存在，那么要确定零代词的位置。

有的方法利用句法树的对应关系，通过制定规则在句子中推测空语类，其包括零代词[4]。这种方法主要基于规则且可扩展性不强，同时句法树的标注本身就会带来精度的缺失。本节将查找零代词的位置看作序列标注问题，先使用经典的条件随机场（Conditional Random Field，CRF）模型进行处理。

8.4.1 基于 CRF 的零代词位置标注

本节借鉴 Hu 的方法[11]对零代词位置进行标注。由于 Hu 的方法没有考虑零代词在句末的情况，因此我们对假设进行了改进：对于一个已经分好词的汉语句子来说，如果零代词存在于句子中，则会存在于某个词语之前或句末。基于这个假设，我们给每一句话加上结尾标识符并将它看成一个词语，同时对每个词语赋予一个标签，使用该标签表明该词语前是否存在零代词。容易知道，对于每个词语只会出现两种情况：词语前有零代词和词语前没有零代词，因此标签取值为两种，分别用 ZP 与 None 表示。假设句子为一个长为 n 的词序列 $S = w_1 w_2 \cdots w_n$，对应着一个长为 n 的标签序列 $T = t_1 t_2 \cdots t_n$，根据 T 的取值可确定零代词的位置。

在进行标注时，考虑使用的特征主要为词及其对应的词性。使用词汇作为特征的原因是，不同的词与代词相邻的概率是不同的。例如，相较于词"科技"，词"想要"前面更有可能出现代词。词性作为语法特征，也能很好地判断是否与代词相邻，同时也能弥补词语数据的稀疏性。

宾州汉语树库中有人工标注的汉语数据，我们利用该数据进行序列标注模型的训练。序列标注采用有监督的方法，对每个句子进行标签构造，同时进行词性特征的提取，最终得到了每个句子的词序列 S 及其标签序列 T，以及词性特征序列。图 8-5 展示了一个宾州汉语树库的句子标注示例。可以看到，在该示例中，句子以句法树的形式呈现，对句子进行扁平化处理之后为 "*pro* 积极做好 招商 引资 工作。"，在 "积极" 前面的 "*pro*" 标注表示该位置在结构上应该有个代词。

```
( (IP (LST (PU ——))
      (NP-SBJ (-NONE- *pro*))
      (VP (ADVP (AD) 积极))
      (VP (VV 做好)
          (NP-OBJ (NN 招商)
                  (NN 引资)
                  (NN 工作))))
      (PU 。)) )
```

图 8-5　宾州汉语树库句子标注示例

对于条件随机场模型来说，句子中的词语序列即为观测序列，词语序列对应的标签序列为隐藏状态，利用词汇与词性特征，同时设置特征窗口大小，我们使用 CRF++工具训练序列标注模型。表 8-6 为图 8-5 中句子的序列标注特征模板。假设当前待标注词汇为 "招商"，窗口大小为 2，则特征包括与其距离为 2 以内的词汇及其词性。

表 8-6　序列标注特征模板

词	词　性	标　签	窗　口
积极	AD	ZP	−2

词	词 性	标 签	窗 口
做好	VV	None	-1
招商	NN	None	0
引资	NN	None	1
工作	NN	None	2
。	PU	None	窗口外
<eos>	END	None	窗口外

在使用标注语料训练完模型后，对于新的句子，在进行序列标注前需要处理。先对连续的句子进行分词，获取观测序列，同时对句子进行词性标注以获取词性特征。例如，句子"是中国综合实力百强公司。"，分词后序列为"是 中国 综合 实力 百 强公司 。"，进行词性标注获得序列"VC NR JJ NN CD JJ NN PU"，根据这两个序列获取标注结果。

8.4.2 基于 SVM 的零代词分类

在上一节，我们利用 CRF 模型对句子进行序列标注，获取了零代词的位置信息。零代词的位置信息能够提高机器翻译中词对齐的效果，提升翻译质量[11]。然而，我们仍然可以进一步丰富零代词信息，给予机器翻译更有针对性的指导。因此，本文进一步对零代词进行类别推断，并将该过程作为分类过程。

1. 分类训练语料构建

首先，构建分类训练语料。在 8.4.1 节中，我们得到了一个序列标注模型，通过该模型对口语文本双语平行语料的汉语端进行标注，获得标注结果。由于零代词不会显式出现在汉语端，因此并不能知道该零代词对应的类别。例如，对句子"准备去吃午饭了"进行标注后，得到标注结果"*pro* 准备 去 吃 午饭 了"，由于不知道"*pro*"到底指代什么，因此无法直接获取分类所需要的标签，无法进行有监督的分类训练，而通过人工构建训练语料的成本高昂。因此，本节根据双语平行语料的特点，通过双语词对齐技术获取零代词标注"*pro*"在英语端对应的单词，该对应词可反映"*pro*"的类别。

　　图 8-6 展示了标注零代词位置的双语平行语料中的词对齐示例。可以看到，词对齐后，汉语端的"*pro*"标注对应英语端的代词"I"，可以合理推测汉语端省略的代词为与"I"含义相同的"我"。

图 8-6　双语平行语料中的词对齐示例

　　本节直接使用"*pro*"标注英语端对应单词作为对应类别，并在口语文本语料上对分布情况进行统计，结果如表 8-7 所示。

表 8-7　"*pro*"标注对应单词分布情况

对　应　单　词	百分比/%
I	36.7
You	24.9
It	20.1
其他	18.3

　　可以看出，"*pro*"对应的单词主要集中在人称代词上，"I""You""It"3 个单词所占比例达到了 81.7%，剩下的不到 19%的分布对应了其他单词。其中，单对应"I"的情况就占了所有情况的 1/3 以上，对应"You"的情况也占了大约 1/4。这种分布情况符合我们的对话实际，在对话中省略的成分绝大多数隐含在对话语境中，对话的话题常常从对话人自身进行发散。这能解释为何"I"与"You"在省略数量上位于前列。

　　在建立分类系统时，需要确定分类的类别数目。由于词对齐是采用期望最大化算法计算得来的，虽然通过多年的发展已能达到不错的效果，但仍无法保证词对齐完全准确，因此为了尽量避免零代词位置标注及词对齐时的误差在分类过程中的延续，同时避免在类别过多而数据量过少的情况下导致的数据稀疏性，我们将分类的类别数目设定为 4 类。这 4 个类别按"*pro*"对应单词所占的比例分为："I""You""It"及其他。

2. 分类特征选择

为了获取好的分类效果，需要选择较好的分类特征，本节对相关研究中所采用的特征进行了考察与分析，总结出本文零代词分类采用的主要特征。本文主要从三个方面出发获取分类特征，包括词汇、对话及句法。分类特征如表 8-8 所示。

表 8-8　分类特征

特 征 类 型	细 化 特 征
词汇	词语特征
	词性特征
	标点特征
对话	上文代词特征
	发言人特征
句法	依存关系特征
	依存词语特征

在词汇特征中，需要先设置窗口大小，词语特征与词性特征为"*pro*"标注窗口内的词语及词性，同时为了避免词语特征过于稀疏，使用词向量编码方式代替独热编码方式。标点特征则抽取"*pro*"标注右边距离最近的标点符号。对于标点特征来说，由于需要设置常用的标点符号同时加上无标点符号的选项，因此标点特征的取值集合为 Punc={"，""。""？""！""："""；""""""""""、""None"}。

使用标点特征的初衷是标点在一定程度上反映了言语行为信息，如问句会使用问号，一般陈述句使用句号等，同时言语行为在一定程度上与代词类别有关联。假设发言人的言语行为为询问意愿，则被省略的代词更有可能为"你"，如句子"*pro*介意帮忙把书递过来吗？"；假设发言人的言语行为为陈述愿望，则被省略的代词更有可能为"我"，如句子"*pro*想去看电影。"。

在对话特征中，上文代词特征考虑了对话中指代链的信息。例如对话"A：你需要勺子吗？B：嗯，*pro*需要。"对于 B 的句子来说，省略的代词与 A 发言中的代词是有关联的。发言人特征进一步扩展了代词与发言人的关系，该特征为二值特征，表示当前句子的发言人与上一句的发言人是否为同一个人。

在句法特征中，考虑了句法上的信息。需要先对句子进行句法分析，图 8-7 为一个句法分析示例。可以看出，句法分析工具很容易就能找到"*pro*"所依附的词语为"准备"，且它们之间为主谓关系；可以通过"*pro*"所依附的词语及它们之间的关系为分类提供信息。

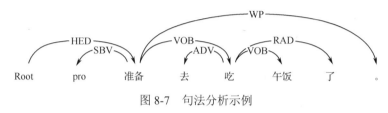

图 8-7　句法分析示例

图 8-8 为分类特征抽取示例，图中窗口大小为 2，对于"*pro*"标注来说，词汇特征包括词语{"嗯"","想""要"}、词性{e,wp,v,v}、标点{"。"}；对话特征的上文代词特征包括{"你"，A}；句法特征为依存关系"SBV"及依存词语"想"。

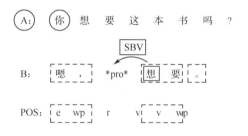

［］词汇特征　○ 对话特征　□ 句法特征

图 8-8　分类特征抽取示例

在构建完训练语料并提取完分类特征之后，使用 SVM 进行分类模型训练。工具采用 libsvm，使用 C-SVC 模式，并使用径向基核函数。对于词汇特征，我们事先使用 word2vec 工具在 Gigaword 的新华社汉语语料上训练词向量，然后作为特征输入分类模型。在分类模型训练完成之后，对于测试集中含有"*pro*"标注的句子，首先对其进行分词，同时进行词性标注与句法分析，然后抽取相应特征，分类模型根据特征可给出与"*pro*"标注对应的分类结果。

8.5　基于深度学习的零代词信息构建方法

加拿大多伦多大学教授 Hinton 于 2006 年提出了深度学习，同时改进了模型的训练方法，突破了 BP 神经网络发展的瓶颈。

他发表在世界顶级学术期刊《科学》上的论文[12]提出了两个观点：①特征学习能力强是多层神经网络模型的突出特点，深度学习模型能够通过学习来获取更能表达原始数据本质的特征数据，因此它在分类等问题上十分有效；②深度神经网络也存在问题，网络结构深，参数规模大，难以训练，采用逐层训练方法能够有效地解决这个问题，主要方法为将下一层训练过程中的初始化参数设置为上一层训练完成的结果。Hinton 在论文中提出的无监督逐层初始化方法为深度学习提供了基础。在此之后，深度学习越来越受研究人员的青睐。

在机器学习算法研究中，深度学习仍然是比较新的技术，其目的在于模拟人脑学习与分析的过程。与深度学习相对应的为简单学习，浅层结构为简单学习的特点，目前大多数分类、回归等统计方法都可归类为简单学习。简单学习通常只包含 1 或 2 层的非线性特征变换层，比较典型的模型有最大熵模型（MEM）、逻辑回归（LR）模型、隐马尔可夫模型（HMM）、高斯混合模型（GMM）、条件随机场（CRF）模型与支持向量机（SVM）模型等。浅层模型的局限性主要在于其假设函数的表示能力有限，难以对过于复杂的问题进行泛化。与之对比，深度神经网络可学习到多层的非线性网络结构，将输入数据投射到合适的特征空间，能够模拟更为复杂的函数。这也是它表现优异的重要原因。

除了语音和图像处理领域，自然语言处理也是深度学习应用的重要方向。基于统计学的方法数十年以来一直是自然语言处理的主流方法，自神经网络在建立语言模型上的不俗表现开始，越来越多的自然语言处理任务开始使用神经网络及深度学习，如词性标注、分词、命名实体识别、语义角色标注、机器翻译等。总体而言，深度学习在自然语言处理上取得的成果与图像、语音处理方面相差甚远，有待深入研究。

本节尝试将深度学习方法运用到零代词处理问题上，利用深度学习方法进行零代词位置标注及零代词分类。

8.5.1　基于 LSTM 的零代词位置标注

本节将使用深度学习方法进行零代词位置标注。将零代词位置标注看作序列标注问题，即对句子中每一个词语都赋予一个标签。与 8.4.1 节中的内容一样，标签有两种取值，分别表示该词语之前是否有零代词存在。利用 RNN 能够传递历史信息的特点，判断当前输入词对应的标签。基于 LSTM 的零代词位置标注模型如图 8-9 所示。

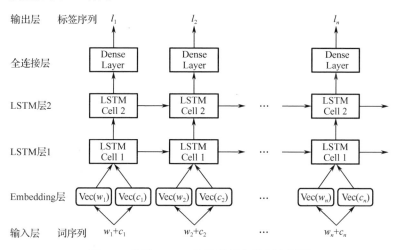

图 8-9　基于 LSTM 的零代词位置标注模型

图 8-9 中，模型有 6 层，输入层、Embedding 层、两个 LSTM 层、全连接层及输出层。输入层为句子分词后的词序列，同时为了能获取上下文信息，设置窗口大小，将当前词窗口内的词语也作为输入，并按顺序依次输入模型。Embedding 层将词转换为词向量，并将该词向量输入 LSTM 层，在经过两个 LSTM 层之后，输出对应的标签。词向量维数设置为 200，每个 LSTM 层的神经元个数也设置为 200，输出神经元个数为 2，代表两个标签。训练时同时输

入词序列及标签序列，通过 BPTT 算法进行误差的传递，从而对模型进行训练。

对神经网络来说，参数较多，需采用较多的有标签数据。由于针对零代词任务的标注数据较少，无法获得数量充足的标注数据，因此本节采用了构造伪数据的方法来获取训练数据。汉语口语中大部分的代词可省略，基于这个假设，本节将电影字幕语料中汉语端的代词"挖"掉，将其假设为零代词，则句子中位于代词后面的词语标签为1，表示其前面有"零代词"，其余词语标签为0。由于电影字幕语料同样为口语领域的语料，因此这样的伪零代词与真实零代词之间是有一定相似度的，可以假设，对伪数据进行学习能够学到零代词的相关特征。

本节具体尝试了两种构造伪数据的方法：①将字幕语料中的所有代词全部挖掉并对剩下的词语赋予标签；②挖掉部分代词，同时保留部分代词并赋予标签。伪数据构造示例如图 8-10 所示。

原句：　　　　你究竟干了些什么？

方法①：　　　究竟(1) 干(0) 了(0) 些(0) 什么(0) ？(0)

方法②：　　　究竟(1) 干(0) 了(0) 些(0) 什么(0) ？(0)

　　　　　　　你(0) 究竟(0) 干(0) 了(0) 些(0) 什么(0) ？(0)

1—该词语前有零代词；
0—该词语前无零代词。

图 8-10　伪数据构造示例

在具体实践中发现，相对于方法②，使用方法①构造伪数据进行训练的标注模型在实际标注的过程中容易出现标注错误的情况。例如，给定输入句子"你究竟 干 了些 什么 ？"，标注结果为 "你 *pro* 究竟干 了 些 什么 ？"。从该例子中可以看出，用方法①构造伪数据在训练时目标为判断当前词语前有无代词，即使该词语前面已有代词，仍然会将该词语标签置为1。我们需要的是判断当前词语前有无零代词，若该词语前已有代词，则无须考虑零代词的情况，方法②的数据则加入了该判别信息。

在使用方法②构造伪数据并进行训练之后，使用训练所得的 RNN 序列标注模型对翻译语料进行标注。

8.5.2　基于 LSTM 的零代词分类

事实上，RNN 同样可以用来做分类决策。在 8.5.1 节中，我们使用 RNN 进行序列标注，标签的个数为 2，可以看成二分类过程，两个类别分别表示该词语前面有没有零代词。因此，可以将模型在类别上进行扩展，进行多分类，把无零代词的情况作为一个类别，同时把有零代词的情况进行进一步的类别细化，每个类别代表一个具体的代词，便可将 8.5.1 节中的模型扩展为分类模型。对每个输入词语输出它前面是否有零代词，若有，则给出对应代词。具体类别为 11 类："我""我们""你""你们""他""他们""她""她们""它""它们"。

8.5.3　基于编码器–解码器架构的零代词重构模型

针对零代词恢复问题，输入可能是缺失了零代词的汉语口语句子，输出是对应的恢复了零代词的句子。模型需要学习就是根据输入的汉语口语句子，输出恢复了零代词的句子。

这是一个典型的序列到序列的问题。编码器–解码器架构对此适用。本节基于编码器–解码器架构实现一个零代词重构模型，以达到实现零代词正确恢复的目标。基于编码器–解码器架构的零代词重构模型如图 8-11 所示，同时在表 8-9 中列出了零代词重构模型在训练和测试时的输入与输出说明，以区分在训练和测试过程中的不同情形。

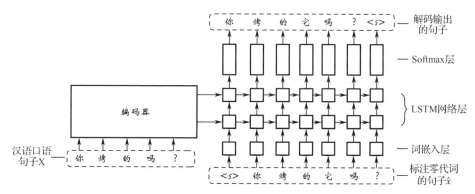

图 8-11　基于编码器–解码器架构的零代词重构模型

表 8-9　零代词重构模型在训练和测试时的输入与输出说明

项　目	说　明
训练	输入：汉语口语句子 x（Encoder） 　　　x 对应的恢复了零代词的句子 $\hat{x}$（Decoder）
	输出：解码输出的句子 $\hat{x}$
测试	输入：汉语口语句子 x
	输出：解码输出的句子 $\hat{x}$

从整体上来看，整个模型由编码器和解码器构成。其中，编码器对输入序列进行编码，将输入序列通过非线性变化 $h_T = F(x_1, x_2, \cdots, x_T)$ 转换为中间语义表示 h_T。编码器部分可以应用普通序列 LSTM 编码模型或隐式树学习编码模型。这里主要聚焦于解码器部分。从图 8-11 中可以看到，解码器部分主要由 $\hat{x}$、词嵌入层、两层 LSTM 网络层、Softmax 层组成。在解码阶段，首先，在对句子 $\hat{x}$ 进行分词和独热表示后，传入词嵌入层，模型会根据源语言词表和自定义的词维度来生成初始词嵌入表示，并传入 LSTM 网络层。同时，编码器端输出的向量传入解码器端的 LSTM 网络层进行初始化。经过两层 LSTM 网络层的参数传递和计算后，解码器最高层的隐藏层向量经过 Softmax 层转换成一个在源语言词表上的概率分布，生成预测的词。

如前所述，解码器是根据前一个隐藏层状态 s_{t-1}、前一个输出 $\hat{x}_{t-1}$ 及编码器输出的最后的隐藏层状态 h_T 来生成当前的解码器隐藏状态 s_T 的，如公式（8-4）所示。

$$s_t = f(s_{t-1},\ \hat{x}_{t-1},\ h_T) \tag{8-4}$$

这种做法有一个弊端，就是模型在解码器进行解码时只依赖于编码器最后的隐藏层状态。这个状态未必能充分表示源端输入句子的每一个成分。因此，本节在模型中引入了注意力（Attention）机制，可以让解码器在进行每一时间步的输出时，都可以有选择地使用源端句子不同成分的信息。

8.6 融合零代词信息的统计机器翻译

8.6.1 概述

本章 8.4 节、8.5 节中具体介绍了零代词信息构建的方法。在对汉英口语文本语料构建完零代词信息后，我们能够获得语料中零代词的位置信息及类别信息，如图 8-12 所示。

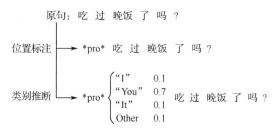

图 8-12 构建零代词信息示例

在 8.4 节和 8.5 节的基础上，本节提出了将零代词信息融入机器翻译的方法。本节介绍三种方法。三种方法从不同角度出发，分别在统计机器翻译的预处理、解码及译后处理三个阶段融入零代词信息，以帮助翻译系统获得更好的翻译效果。

8.6.2 语料预处理方法

机器翻译系统在翻译零代词时会出现漏译或错译的根本原因是零代词没有显式地出现在源语言端，因此最直接且理想的方法就是在源语言端还原零代词。语料预处理就是在建立机器翻译模型之前对训练语料进行预处理，在源语言端显式地插入零代词。基于机器翻译系统能够对所有出现在源语言端的词进行处理的假设，能够让零代词被翻译到目标语言中。

247

语料预处理使用了 8.4 节和 8.5 节中的零代词位置标注和分类方法，具体过程为，将"*pro*"标注替换为分类过程中概率最大的类别所对应的汉语词，即将类别"I"的"*pro*"标注替换为"我"，类别"You"的"*pro*"标注替换为"你"，类别"It"的"*pro*"标注替换为"它"。对于不明确真实类别的Other 类，则对该"*pro*"标注不做任何处理，以尽量避免将错误信息带入翻译过程，让机器翻译系统自行对该部分进行判断。表 8-10 为零代词标注替换示例。

表 8-10　零代词标注替换示例

替换前	分类结果	替换后
pro 想 去 看 电影 。	"I"	我 想 去 看 电影 。
pro 有 兔兔 照片 吗 ？	"You"	你 有 兔兔 照片 吗 ？
pro 是 PDF 格式 的	"It"	它 是 PDF 格式 的
一 看 *pro* 就 是 个 人才	Other	一 看 *pro* 就 是 个 人才

在 8.1 节中曾提到过在口语文本平行语料中，英语端代词与汉语端代词的频次比为 1.86∶1，预处理方法显式地插入了代词，补齐了汉语端的结构空缺，消除了汉语端与英语端的结构差异，因此该方法在理论上能够帮助汉语口语文本进行更好的翻译。可以看出，替换结果的准确率完全依赖于零代词分类结果的准确率，如果代词替换错误，则会给机器翻译系统带来错误信息，造成翻译结果准确率的下降。这也是减少分类类别的原因之一。总体来看，只要分类精度达到一定程度，就能对机器翻译系统起到正面作用。

8.6.3　概率特征方法

本书在 2.3 节中曾介绍了当前统计机器翻译中的主要模型——对数线性模型。对数线性模型可以将多个特征组合到一起，使用最小错误率训练学习不同特征的权重，通过对不同特征赋予不同的权重，调节不同特征在机器翻译中起到的作用，从而获取一个较好的特征组合方式。

传统的统计机器翻译常用的特征包括：①短语翻译概率；②词翻译概率；③反向短语翻译概率；④反向词翻译概率；⑤语言模型；⑥调序模型。这些常用的特征经过了很多研究的检验，在机器翻译中属于较好的特征。然而，常用特征都是基于句子中出现的词建立的，并没有很好地处理零代词所带来的问题特征。基于这种情况，本节通过设计专门的新特征对零代词进行处理，以期解决零代词的翻译问题，提出了概率特征方法。

概率特征方法的主要思想是，在统计机器翻译系统的对数线性模型中加入新特征。该特征利用 8.4 节和 8.5 节中构建的零代词信息对零代词的翻译进行指导，使零代词能够得到更好的翻译。概率特征方法使用了零代词的位置信息及零代词在分类过程中的类别概率信息。具体计算公式为

$$h_p(\tilde{e},\tilde{f})=\sum_{i=1}^{m}P(\overline{e}\,|\,zp_i,\mathrm{align}(\overline{e},zp_i)),\overline{e}\in\tilde{e},zp_i\in\tilde{f} \qquad (8\text{-}5)$$

式中，$\tilde{f}$ 为当前已翻译的源语言短语集合；$\tilde{e}$ 为当前翻译假设（当前输出的目标语言句子）；zp_i 为 $\tilde{f}$ 中的零代词；$\overline{e}$ 为 $\tilde{e}$ 中与 zp_i 对应的单词，则 $P(\overline{e}\,|\,zp_i,\mathrm{align}(\overline{e},zp_i))$ 中第 i 个零代词类别为其对应的目标单词 $\overline{e}$ 的概率，该类别概率从零代词分类过程中获取，反映零代词翻译情况的特征得分为当前所有已翻译的零代词类别概率得分的和。可以知道，若每个零代词当前对应的目标语言词所属的类别概率越大，则翻译正确的可能性越大，同时整个特征的得分就越高。反之，在翻译过程中，该特征得分越高，说明当前零代词的翻译越正确，通过对零代词翻译的正确性进行奖励能够提高整个翻译的得分。对零代词来说，在解码的束搜索过程中，分类概率越大的类别所对应的翻译越有可能保留下来，最终出现在系统的输出中。由于该方法并不直接否定分类概率较低的类别，而是与其他特征相结合，共同决定最优翻译，因此优点在于对零代词分类精度的依赖程度较低。图 8-13 简单地模拟了在解码过程中零代词概率特征的计算过程。

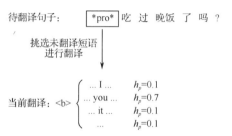

图 8-13　在解码过程中零代词概率特征的计算过程

图 8-13 对图 8-12 中标注的句子进行了翻译，<b>表示翻译输出开端，假设翻译时首先挑选"*pro*"进行翻译，在短语表中抽取与"*pro*"对应的相应翻译，则解码进行束搜索时会形成多个节点。节点可分为 4 类：对应翻译中包含"I""you""it"和都不包含。由图 8-13 可知，对应类别节点的 h_p 分别为 0.1、0.7、0.1、0.1，对节点进行进一步扩展，如果句子中有多个"*pro*"，则对应解码路径的 h_p 需要将每个"*pro*"的得分相加。

8.6.4　译文重排序方法

本节主要介绍在机器翻译的输出阶段结合零代词信息的重排序方法。机器翻译系统在解码之后能够给出源语言句子的 N-best 列表，通常直接选取得分最高的翻译作为输出。由于传统机器翻译系统没有特别针对零代词进行处理，因此得分最高的输出并不一定能很好地翻译源语言端的零代词。重排序方法是根据在源语言端构建的零代词信息在 N-best 列表中找到对零代词翻译得较好的译文候选。重排序方法同样使用到了零代词的位置信息及类别概率信息，具体的计算公式为

$$S_{\text{combine}}(e_i', f) = S_{\text{smt}}(e_i', f) + \alpha S_{\text{zp}}(e_i', f) \tag{8-6}$$

式中，f 为输入句；e_i' 为 N-best 列表中的第 i 个结果；$S_{\text{smt}}(e_i', f)$ 表示统计机器翻译系统针对 e_i' 给出的得分；$S_{\text{zp}}(e_i', f)$ 用来反映零代词翻译情况，计算方法类似 8.6.3 节中的特征公式。最终的输出为

$$\hat{e} = \underset{e_i'}{\text{argmax}}\ S_{\text{combine}}(e_i', f) \quad 1 \leqslant i \leqslant N \tag{8-7}$$

可以看到，在对 N-best 列表中每个译文候选计算新的分数时，将机器翻译系统原来的分数也考虑在内，主要原因是所构建的零代词信息准确率不能保证，要进行综合考虑。图 8-14 展示了重排序方法的处理流程。

对待翻译句子 f，先将它输入统计机器翻译系统，并获取它的 N-best 输出，然后根据公式更新 N-best 中每一个译文候选的分数。在更新完分数之后，根据新分数排序，能够获得新的 N-best，将新分数中最高的翻译结果作为最终结果。

可以看出，重排序方法通过加入零代词信息对 N-best 重新排序，让对零代词翻译得较好的输出更有可能排在前列。

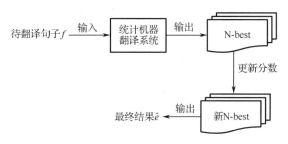

图 8-14　重排序方法的处理流程

8.6.5　实验分析

本节先介绍统计机器翻译系统中零代词信息构建及融合的具体实验设置，其中包括实验环境、实验数据集及语料的预处理等。然后介绍机器翻译系统常用的自动评价方法，这是检验机器翻译系统性能的重要评价指标。最后对实验结果进行展示和分析。

图 8-15 展示了零代词信息融入统计机器翻译模型的实验整体流程。首先分别通过标注模型对双语平行语料的汉语端进行零代词标注，在标注完成的基础上，使用标注后的平行语料训练零代词分类模型。

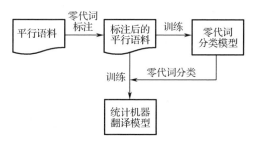

图 8-15　实验整体流程

1. 实验环境及设置

本节在 28 核 56 线程服务器上进行实验，服务器包含两个 CPU，型号为 E5-2683 V3，GPU 型号为 GeForce GTX TITAN，具有 640GB 内存、6TB 硬盘。

在零代词信息构建的过程中，训练 CRF 模型时使用 CRF++工具[5]，训练 SVM 分类模型时使用 Libsvm 工具[13]，采用 C-SVC 模式并使用径向基核函数，将词汇特征的窗口大小设置为 5。本文使用汉语语料 Gigaword 中的 XinHua 语料训练分类特征中的词向量，词向量工具为 word2vec[14]，词向量维数设置为 100。训练 RNN 的工具使用深度学习开源框架 TensorFlow[15]，词表大小设置为 15000，词向量维数设置为 200，上下文窗口大小设置为 3，批大小（batch_size）设置为 20，学习率衰减系数设置为 0.5，进行 13 次迭代，训练时使用 dropout 方法防止模型过拟合。

本节的机器翻译系统使用开源统计机器翻译工具 Moses[16]，使用哈尔滨工业大学语言技术平台（LTP）[6]分词工具，使用 GIZA++工具进行双语词对齐[10]，使用 SRILM[17]为目标语言建立语言模型。基线（Baseline）系统为基于短语的统计机器翻译系统，采用最小错误率训练（Minimum Error Rate Training，MERT）[18]。N-best 候选数量为 100。采用自动评测指标 BLEU[19]对翻译结果进行评价，并对结果进行显著性检验[20]。

2．实验语料及预处理

（1）零代词信息构建语料。

CRF 标注模型使用宾州汉语树库 8.0 语料进行训练。由于宾州中文树库中每个句子以句法树的形式呈现，因此该部分语料预处理操作需要将句法树扁平化并抽取出词语及词性。

RNN 模型的训练语料来自 OpenSubtitles 2016 汉语字幕语料。由于字幕语料质量参差不齐，存在不少噪声，如乱码、汉语中夹杂其他语言等，因此对该部分语料进行预处理是非常有必要的。本节利用语言模型的困惑度对字幕语料进行过滤，具体过程为：①使用基本无噪声的 Gigaword 汉语语料训练语言模型 LM；②使用 LM 获得字幕语料中每个句子的困惑度；③设定阈值，过滤字幕语料中困惑度高于该阈值的句子。最后将剩下的句子作为训练语料。

（2）机器翻译数据集及预处理。

本节使用的汉英双语翻译语料来自广泛业务语言翻译（Broad Operational

Language Translation，BOLT）项目。该项目提供语言翻译支持，覆盖从一般的短语翻译到大型语音、视频和打印等数据的扫描和翻译，为 DARPA 组织将多种语言信息转换成英语的目标所设立。BOLT 项目要求将各种媒体中的汉语普通话和多种阿拉伯方言准确地翻译成英语，特别是短消息、电子邮件、非正式对话语音等具有挑战性的内容。BOLT 项目还可以让用户有针对性地使用英语在多种语言的数据中进行检索，以获得信息资料。在消除多种语言障碍的情况下，BOLT 项目将使用户进行更强大的搜索，获取最相关的结果。除此之外，BOLT 项目还提供一种可以与人进行互动的自然翻译功能，能模仿人类间的交流，同时能够解释容易产生歧义的具体语句。该翻译项目还能进行多语言文件的分析、翻译与自动分类，将使用了外国语言的文字、图像自动转换成英语副本，帮助人们实现无障碍阅读。本实验主要使用互联网环境下的聊天语料，如表 8-11 所示。

表 8-11　实验使用的语料

汉-英平行语料	句对/对	词语/个
训练集	120,917	1,824,760
开发集	5,033	75,430
测试集	4,977	69,684

　　统计机器翻译以大规模的双语平行语料作为训练数据，从语料中学习翻译模型，对语料进行有效预处理是很有意义的，以规则的方式去除一些会影响模型建立的噪声（如特殊字符）能够提高语料的质量，使分词与词对齐更准确，让统计机器翻译系统更为有效地工作。本节对语料进行的预处理操作主要包括以下步骤。

　　① 为了统一符号格式，将全角字符替换为半角字符，同时替换某些非法字符。例如，将符号"【"替换为"["，将"&pos;"替换为空格符。

　　② 使用规则方法对部分连在一起的英语句子进行分离处理。例如，将连在一起的句子"Come on.Hurry up."分开为"Come on. Hurry up."。

　　③ 对参考译文中给出多个译文选项的，取第一个译文选项。例如，将句

子"If it is a little brother, name him [Little Brother Miao | Miao Xiaodi]"处理为"If it is a little brother, name him Little Brother Miao"。

④ 对参考译文中补充内容的格式进行处理。例如，将句子"((Where is it?)), I want to see it"处理为"Where is it?, I want to see it"。

⑤ 对汉语端的句子进行分词。例如，将句子"这是我的书。"处理为"这是 我 的书。"

8.6.6　实验结果及分析

1．零代词信息构建实验

本文在零代词信息构建阶段主要尝试了两种方法：一是利用宾州汉语树库建立 CRF 模型对口语文本语料进行标注，同时使用标注后的语料训练 SVM 分类模型；二是在规模较大的字幕语料上通过 RNN 进行构建，具体方法如 8.4 节所述。这两种方法的主要区别之一是数据。宾州汉语树库为标注的语料，噪声少，数据规模小；字幕语料无标注，噪声多，数据规模大。因此，针对不同语料的特点，实验采用了不同的模型。

实验在相应的测试集上对 CRF 与 SVM 的效果进行了测试。CRF 测试集从宾州汉语树库中抽取，SVM 测试集从机器翻译所用口语文本语料中抽取。CRF 与 SVM 的准确率如表 8-12 所示。

表 8-12　CRF 与 SVM 的准确率

任　　务	准　确　率
CRF 标注	67.5%
SVM 分类	58%

在 RNN 模型训练中，本节提出的 RNN 标注模型及分类模型在字幕语料训练集与验证集上的准确率如表 8-13 所示。

表 8-13　RNN 模型训练结果

任　　务	训　练　集	验　证　集
RNN 标注	98.5%	96.5%
RNN 分类	97%	94.8%

可以看出，在训练时，RNN 模型在训练集及验证集上的效果都不错。在此基础上，分别使用 RNN 标注模型与 RNN 分类模型对需翻译的口语文本语料进行处理，在结果中，标注效果尚可，分类效果并不理想。对于这种情况，我们认为，由于需要，RNN 模型使用伪数据进行训练，即将显式存在的代词挖掉形成"伪"零代词，以此来学习零代词信息。容易知道的是，由于零代词与普通代词在位置上的区别是微乎其微的，因此 RNN 标注模型通过对"伪"零代词进行学习获取真实零代词的位置信息。由于零代词与普通代词在类别分布上的区别是较大的，RNN 分类模型通过伪数据学习到的类别分布更倾向于普通代词的分布，因此 RNN 分类模型的效果并不理想。基于这种情况，在后续的机器翻译实验中，不使用 RNN 分类模型得到的信息。

2. 融合零代词信息的机器翻译实验

表 8-14 给出了在口语文本语料测试集上融入零代词信息的翻译实验结果。

表 8-14　融入零代词信息的翻译实验结果

系　　统	BLEU	与基线系统对比
Moses（基线系统）	15.04	—
Moses + CRF 标注	**15.20**	+0.16
Moses + RNN 标注	**15.19**	+0.15
Moses + 语料预处理方法	**15.24**	+0.20
Moses + 概率特征方法	**15.42***	+0.38
Moses + 结果重排序方法	**15.17**	+0.13

注："*"表示显著优于其他结果。

在表 8-14 中，CRF 标注与 RNN 标注给出了零代词的位置信息，补齐了汉语端的结构缺失，有助于词对齐，结果相较基线系统有所提升。在此基础上，可以进一步使用类别信息对翻译进行指导，加入了零代词类别信息的预处理方法、概率特征方法与重排序方法在测试集上的 BLEU 分别为 15.24、15.42、15.17，相较于没有对零代词进行处理的传统统计机器翻译方法的 15.04 都有提高。这印证了本节的假设：利用零代词类别信息指导汉语零代词的翻译有助于提高汉-英口语文本翻译质量。

在本节提出的方法中，相较于其他两个方法，概率特征方法的表现最好。语料预处理方法在源语言端插入零代词。这是最直接的方法，结果依赖于位置标注及分类的精确度。如果能够准确获取零代词的位置及类别，则理论上语料预处理方法虽然能够获得最好的效果，但是位置标注错误或分类错误会带来错误的信息，会对翻译质量造成影响。概率特征方法并不显式插入零代词，而是将零代词的类别概率提供给翻译系统，让翻译系统通过最小错误率训练对解码过程中零代词翻译的选择进行学习，统计机器翻译系统会通过调节与零代词概率相关的特征函数权重来控制零代词的翻译效果与整体翻译效果的结合，以此来平衡分类结果的误差。在译文重排序方法中，N-best 结果由没有对零代词进行特殊处理的统计机器翻译系统输出，N-best 中可能并不包含零代词翻译较好的输出，因此对 N-best 进行重排序所能获得的效果比较有限，译文重排序方法的优点是不需要重新训练翻译模型，在不便重新训练的情况下，该方法为不错的选择。另外，语料预处理方法及译文重排序方法关注的范围在句子级别上，只关注当前待翻译的句子，概率特征方法关注的范围更大，权重在整个训练集上进行调优。

本节将根据是否含有零代词将测试集分为两个子集。测试集共包含 4,977 个句子，经过零代词标注后，包含零代词标注与不包含零代词标注的句子数量分别为 1,422 个和 3,555 个，包含零代词标注的句子约占整个测试集的 30%。本节分别在这两个集合上进行了实验，结果如表 8-15、表 8-16 所示。

表 8-15　在包含零代词标注的子集上的翻译实验结果

系　　统	BLEU	与基线系统对比
Moses（基线系统）	15.39	—
Moses + 语料预处理方法	**15.98**	+0.59
Moses + 概率特征方法	**16.28***	+0.89

续表

系　统	BLEU	与基线系统对比
Moses + 结果重排序方法	**15.79**	+0.40
Oracle	16.35	+0.96

注："*"表示显著优于其他结果。

表 8-15 中，Oracle 为将测试集中零代词标注替换为参考译文中与之对齐的类别后获得的结果，是对零代词进行指导翻译所能获得的最好结果的一个客观反映。可以看出，在包含零代词标注的子集上，对零代词翻译进行指导的方法能够使翻译效果获得明显提升，其中采用概率特征方法的翻译效果提升最显著。由此说明，在翻译过程中融入零代词信息能够有效提高翻译的质量。同时可以看出，准确获取零代词类别是提升翻译效果的重要前提。

表 8-16　在不包含零代词标注子集上的翻译实验结果

系　统	BLEU
Moses（基线系统）	14.90
Moses + 概率特征方法	14.91

表 8-16 展示了在不包含零代词标注子集上的翻译实验结果。由于语料预处理方法与译文重排序方法对不包含零代词标注的句子并不做处理，因此只比较了基线系统与概率特征方法。可以看到，在不包含零代词标注的子集上，基线系统与概率特征方法的 BLEU 值基本一致。结合表 8-15 中的实验结果可以知道，概率特征方法在没有降低不包含零代词标注句子翻译质量的情况下，有效提高了含有零代词标注句子的翻译质量。这说明，概率特征方法确实在解码的过程中对零代词的翻译进行了有效的指导。表 8-17 展示了部分翻译结果的对比情况。

表 8-17　基线系统与概率特征方法部分翻译结果的对比情况

源 语 言 端	目标语言端	
	参考译文	**I** made a lot of calls
pro 打了 很多 电话	基线系统	Print it , and a lot of phone calls
	概率特征方法	**I** made a lot of the phone

续表

源 语 言 端	目标语言端	
pro 有 兔兔 照片 吗 ？	参考译文	Do **you** have a photo of Tutu ?
	基线系统	Has Tutu pictures ?
	概率特征方法	Do **you** have a photo of Tutu ?
pro 离 酒店 远 吗 ？	参考译文	Is **it** far from the hotel ?
	基线系统	Far away from the hotel ?
	概率特征方法	Is **it** far from the hotel ?
她 说 *pro* 再 留意	参考译文	She said **she** will keep it in mind
	基线系统	She said **I**'ll keep an eye out
	概率特征方法	She said **she** will pay attention

可以看到，在原始译文（基线系统）中零代词容易出现漏译或错译的情况。前 3 个例子主要为零代词漏译的情况，同时在第一个例子中，缺失代词还引起了翻译中歧义的产生，使得"打"在传统的统计机器翻译中被翻译为"print"（打印），在融入零代词信息之后，能通过语言模型获取与当前零代词更匹配的翻译。第四个例子为零代词错译的情况，原始译文中的输出主要依靠语言模型补充了一个代词"I"，然而补充的代词并不正确，在加入了零代词类别概率信息之后，能降低"I"的类别概率，从而正确地翻译为"she"。

从这些例子中可以看出，在机器翻译过程中，对零代词的翻译进行指导确实能够提高翻译结果的可读性和可理解性。

8.7 基于无监督树学习和零代词重构的神经机器翻译

8.7.1 概述

在 4.3.1 节中，我们对无监督树学习编码模型进行了研究，了解了无监督树学习能够得到适用于零代词恢复任务的树结构，从而帮助零代词的正确恢复。在 8.5 节中，我们又对零代词重构模型进行了研究，了解了零代词重构模型可以让隐藏层学习到零代词恢复的信息，实现了根据输入的汉语口语语句输出恢复了零代词的重构文本。

对于本章研究的存在零代词现象的汉语口语机器翻译，如果我们能在机器翻译模型中有效地融入零代词恢复的信息，则应该能促进零代词的正确翻译，从而最终表现为口语机器翻译质量的提升。因此，本节设计并提出了一种基于无监督树学习和零代词重构的口语机器翻译模型，利用无监督树学习融入适用于零代词恢复的句子层次结构信息，利用零代词重构模型让翻译模型的隐藏层同时学习零代词恢复信息，促进零代词的正确恢复和翻译，达到提升口语机器翻译质量的目标。

8.7.2　基于零代词重构的口语机器翻译模型

本节设计并提出了一种基于无监督树学习和零代词重构的口语机器翻译模型，整体结构如图 8-16 所示，同时在表 8-18 中列出了对此机器翻译模型输入和输出的说明，以区分训练和测试过程的不同情形。

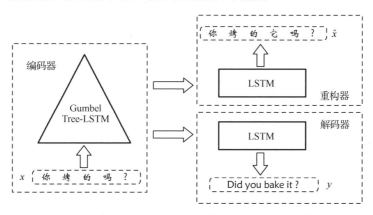

图 8-16　基于无监督树学习和零代词重构的口语机器翻译模型整体结构

表 8-18　口语机器翻译模型输入和输出的说明

任　务		输入/输出说明
训练	输入	汉语口语语句 x（编码器）
		x 对应的恢复了零代词的语句 $\hat{x}$（重构器）
		x 对应的标准英语译文 y（解码器）
	输出	解码输出的重构语句 $\hat{x}$（重构器）
		解码输出的译文 y（解码器）
测试	输入	汉语口语语句 x（编码器）
	输出	解码输出的重构语句 $\hat{x}$（重构器）
		解码输出的译文 y（解码器）

从图 8-16 中可以看出，整个模型共涉及 3 份语料，分别是源语言 x，即可能缺失了零代词的汉语口语语句；目标语言 y，即源语言对应的标准英语翻译语句；标注过的源语言 $\hat{x}$，即源语言 x 对应的恢复了零代词的语句。

从整体上来看，本节提出的模型是由一个编码器和两个解码器构成的。只不过与常见的神经机器翻译模型相比，本模型中的编码器由 4.3.1 节介绍的无监督树学习编码模型构成，在两个解码器中，一个用于常规的机器翻译，另一个是受零代词重构模型的启发而添加的，这里把它称为"重构器"，用于零代词的恢复。编码器与这两个解码器分别构成了模型的翻译模块和零代词重构模块。下面将分别对这两个模块进行具体介绍。

1. 翻译模块

模型的翻译模块由编码器和解码器构成。在编码阶段，首先在对源语言的句子进行分词和 One-Hot（独热）编码表示后，将其传入嵌入层，模型会根据源语言词表和自定义的词维度来生成初始词嵌入表示，并传入编码器的 Gumbel Tree-LSTM 网络层中。在这个无监督树网络中，按照前面介绍的公式，节点经过由下而上的逐层合并，最终合并为一个节点 r_1^N。这个节点的向量表示作为编码器端的输出。

在解码阶段，对目标语言的词嵌入过程与编码阶段相同，在初始化解码器的状态时，因为解码器是两层 LSTM 结构，无监督树学习编码器输出只有一层

向量表示，所以这里复制 $\boldsymbol{r}_1^N$，按照式（8-8）来初始化解码器的状态，即

$$s_0 = \begin{bmatrix} \boldsymbol{r}_1^N \\ \boldsymbol{r}_1^N \end{bmatrix} \tag{8-8}$$

在前面的介绍中，我们已经了解了引入注意力机制的解码器是根据前一个隐藏层状态 $\boldsymbol{s}_{t-1}$、前一个输出 $\boldsymbol{y}_{t-1}$ 及注意力向量 $\boldsymbol{c}_t$ 来生成当前的解码器隐藏层状态 $\boldsymbol{s}_t$ 的，即

$$s_t = f(\boldsymbol{s}_{t-1},\ \boldsymbol{y}_{t-1},\ \boldsymbol{c}_t) \tag{8-9}$$

在每个时间步的解码中，解码器最高层的隐藏层向量会经过一个 Softmax 函数转换成一个在目标语言词表上的概率分布，生成预测的目标词，如式（8-10）所示。其中，$\boldsymbol{y}_{t-1}$ 是上一个预测出的单词；$\boldsymbol{s}_t$ 为当前的目标端隐藏层状态；$\boldsymbol{c}_t$ 为当前的注意力向量。

$$y_t = g(\boldsymbol{y}_{t-1},\ \boldsymbol{s}_t,\ \boldsymbol{c}_t) \tag{8-10}$$

在训练时，翻译模块的训练目标公式如式（8-11）所示，条件概率 $P(\boldsymbol{y}|\boldsymbol{x})$ 的计算公式如式（8-12）所示。

$$L(\theta) = \mathrm{argmax}_\theta \sum_{n=1}^{N} \log P(\boldsymbol{y}^n|\boldsymbol{x}^n;\theta) \tag{8-11}$$

$$P(\boldsymbol{y}|\boldsymbol{x}) = \prod_{i=1}^{I} P(y_i|\boldsymbol{y}_{<i},\ \boldsymbol{x}) = \prod_{i=1}^{I} g(y_{i-1},\ \boldsymbol{s}_i,\ \boldsymbol{c}_i) \tag{8-12}$$

在测试时，用训练好的模型来生成源语言语句的翻译，在这里，模型用到的解码策略是上文中介绍的束搜索解码方法。

2. 零代词重构模块

模型的零代词重构模块由编码器和重构器构成。其中，编码器是和翻译模块共用的编码器，即基于无监督树学习模型的编码器。缺失的零代词在句中是占有句法成分的，可能会影响文本的树结构。希望通过用无监督树对文本进行编码，学习到适用于零代词恢复任务的树结构，帮助模型更好地学习零代词恢

复的信息。重构器是一个额外添加的解码器，也是一个两层 LSTM 结构的网络。
这个重构器从本质上来说就是一个解码器，只不过为了与翻译模块的解码器进
行区分，将其称之为重构器。因此，零代词重构模块的词嵌入、编码、解码过
程都与上面介绍的翻译模块相同，并且在解码过程中也利用了注意力机制。

零代词重构模块与上文介绍的翻译模块的主要区别在于，对应于翻译模块
中英语作为目标语言，零代词重构模块中的目标语言是源语言恢复了零代词的
句子 $\hat{x}$，即图 8-16 中的"你烤的（它）吗？"。

在训练时，对于编码器端输出的源语言语句的隐藏层表和恢复了零代词的
标注语句 $\hat{x} = \{\hat{x}_1, \hat{x}_2, \cdots, \hat{x}_j\}$，重构分数的计算公式如式（8-13）所示。其中，
$\hat{s}_j$ 可通过式（8-14）计算得到，$\hat{c}_j$ 是此模块的注意力向量，计算过程同翻译模
块。那么，零代词重构模块训练目标的计算公式如式（8-15）所示。通过训练，
模型的隐藏层尽可能多地学习到如何恢复零代词的信息。

$$R(\hat{x}|x) = \prod_{j=1}^{J'} R(\hat{x}_j \mid \hat{x}_{<j}, x) = \prod_{j=1}^{J'} g_r(\hat{x}_{j-1}, \hat{s}_j, \hat{c}_j) \quad (8\text{-}13)$$

$$\hat{s}_j = f_r(\hat{x}_{j-1}, \hat{s}_{j-1}, \hat{c}_j) \quad (8\text{-}14)$$

$$L(\gamma) = \underset{\gamma}{\arg\max} \sum_{n=1}^{N} \log R(\hat{x}^n|x^n; \gamma) \quad (8\text{-}15)$$

在测试时，用训练好的模型来根据输入的缺失零代词的口语文本，输出得
到恢复了零代词的文本。这里，模型也同样使用了束搜索解码策略。

3．训练和测试

前面介绍的翻译模块和零代词重构模块组成了本节提出的口语机器翻译
模型。这两个模块协同工作，联合训练。整个模型的训练目标为两个模块的似
然估计值的和最大，如式（8-16）所示。其中，第一个似然值为翻译模块的似
然值，第二个似然值为零代词重构模块的似然值；θ 为翻译模块的参数；γ 为
零代词重构器的参数；x、y、$\hat{x}$ 分别为汉语的源语言、英语的目标语言、恢复
了零代词的源语言。将训练重构分数作为辅助的训练目标，可以让模型的隐藏

层学习得更好，让机器翻译和零代词恢复相互促进，共同提升。

$$L(\theta,\gamma) = \underset{\theta,\gamma}{\arg\max} \sum_{n=1}^{N} \{\log P(y^n|x^n;\theta) + \log R(\hat{x}^n|x^n;\theta;\gamma)\} \qquad (8\text{-}16)$$

在测试过程中，可以利用训练好的模型。当输入缺失零代词的汉语口语句子时，能够同时输出零代词，得到较好翻译的英语句子及缺失的零代词得到恢复的汉语句子。

8.7.3　实验及分析

1．实验设置

本实验在 28 核 56 线程的服务器上进行，CPU 型号为 E5-2683V3，GPU 型号为 GeForce GTX TITAN X，具有 640GB 内存、6TB 硬盘。在参数设置上，令源语言和目标语言的词表都限定为汉语和英语中使用最频繁的前 3 万个单词，分别能覆盖汉语和英语所有单词的 97.2% 和 99.3%。考虑到语料来自口语，口语句子通常比较短，所以将句子长度限制在 20 个词以内。词向量的大小为 300 维。在模型中，解码器和重构器的 LSTM 网络层设置为 2 层，每个隐藏层的单元数大小为 300 维。训练时，优化方法是 AdaDelta，dropout 设置为 0.25，batch size 设置为 80，共训练 20 个 epoch。最终，选择出在验证集上表现最好的模型作为训练得到的模型。

2．数据集

本节使用的数据集为 Wang 等人于 2018 年在 GitHub 网站上发布的中英口语对话语料库。他们在字幕组网站上爬取了超过 200 万的电视连续剧字幕的中英句对，并对这些句对进行了一些预处理，得到了质量较高的语料。在这些字幕语料中，句子一般比较短，而且汉语端通常存在零代词缺失的现象。

通过对语料文本进行去标签和分词等预处理，本节对语料中汉语端和英语端各词性词的数量进行了统计，如表 8-19 所示。其中，M 表示百万。从表中可以清晰地看到，英语端和汉语端的代词数量相差最大，说明语料的汉语端存在大量的零代词缺失现象。

表 8-19　语料的各词性词数量统计

词　性	英语词数/个	汉语词数/个	英/汉
名词	2.82M	2.01M	1.40
代词	3.48M	2.12M	1.64
动词	2.39M	3.45M	0.69
形容词	0.78M	0.61M	1.28
副词	0.56M	1.06M	0.52

　　所有语料被分为 3 个数据集，分别为训练集、验证集和测试集。其中，训练集是用于训练机器学习模型的参数；验证集用于对模型参数进行调优；测试集用于验证学习得到模型的好坏。在本节的实验中，验证集由随机选择的两个电视节目的字幕构成，另外随机选择两个作为测试集，其他的作为训练集。本节对 3 个数据集的句对数、单词数、代词数和平均句长进行了统计，统计结果如表 8-20 所示。

表 8-20　数据集统计结果

数　据　集	句　对　数	单词数/个		代词数/个		平均句长/词	
		汉　语	英　语	汉　语	英　语	汉　语	英　语
训练集	2.15M	12.1M	16.6M	2.11M	3.47M	5.63	7.71
验证集	1.09M	6.67K	9.25K	0.76K	1.03K	6.14	8.52
测试集	1.15K	6.71K	9.49K	0.77K	0.96K	5.82	8.23

注：M 表示百万，K 表示千。

　　除了常规的用于机器翻译实验的双语语料，因为本文提出的模型需求，还需要一份与源语言对应的恢复了零代词的汉语语料。Wang 等人也在其网站上免费提供了这部分语料。在对这部分语料代词数的统计中，训练集、验证集和测试集的代词数分别为 3.12M、0.98K 和 0.96K，与表 8-20 中的数据进行对比，可以看出，这部分语料因为恢复了零代词，所以代词数有所增加。

3．实验结果

　　本节总共在 3 个神经机器翻译系统上进行了实验。第一个翻译系统为 OpenNMT 系统（简写为 ONMT 系统），即本节实验中采用的基线系统。该系统由哈佛大学自然语言处理研究小组开发，目前已有多种语言代码。本书中选择的是 PyTorch 版本的 OpenNMT 系统，模型参数的设置在前面的实验设置中已经介绍过了。这里的编码器和解码器设置一样，都是由两层 LSTM 网络层构成的，每层有 300 个隐藏单元。训练时使用的是未恢复零代词的汉语到英语的平行语料，测试时是对未恢复零代词的汉语口语文本进行测试。

第二个翻译系统是对 Wang 2018 年提出的翻译系统的复现，即在普通 MM 翻译框架上额外加一个零代词重构器来提升零代词翻译质量的系统（简写为 WNMT 系统）。其中，所有 LSTM 网络层的设置都同上文中介绍的一致。

第三个翻译系统就是本节设计并提出的基于无监督树学习和零代词重构的口语机器翻译系统（简写为 DPNMT 系统）。

后两个系统在训练时都用到了未恢复零代词的汉语文本、英语文本和恢复了零代词的汉语文本 3 份语料，而测试时则是对未恢复零代词的汉语文本进行的测试。

（1）机器翻译实验结果。

在 3 个系统上的口语机器翻译实验结果如表 8-21 所示，从表中可以看到各个系统的参数数量、BLEU 值及与基线系统相比 BLEU 值提高的百分点。

表 8-21　口语机器翻译实验结果

翻 译 系 统	参 数 数 量	BLEU 值	BLEU 值提高的百分点
ONMT 系统	30.6M	16.48	—
ONMT 系统（+DPs）	30.6M	17.88	1.40
WNMT 系统	42.3M	17.33	0.85
DPNMT 系统	43.4M	17.60	1.12

首先，对比表中前两行的 BLEU 值。其中，ONMT 系统（+DPs）表示的是使用相同的 OpenNMT 系统，是在恢复了零代词的汉语和英语对齐语料上训练得到的系统。通过对比可以验证，零代词的缺失的确影响机器翻译的质量。如果能让机器翻译学习到恢复零代词的信息，那么机器翻译的质量应该会得到一定的提高。

其次，看一下加了零代词重构器的 WMT 系统的翻译结果可以发现，它比基线系统提高了 0.85 个百分点。这说明加入零代词重构器后，机器翻译模型对句子中缺失的零代词进行了有效的学习，使存在零代词现象的口语文本的机器翻译质量得到了一定的提升。

最后，对比实验结果的最后两行。这两个系统的差别在于，前者利用普通序列 LSTM 编码模型对源语言进行编码，后者利用无监督树学习编码模型对源语言进行编码。从实验结果看，利用无监督树学习后，机器翻译的 BLEU 值进一步提升了 0.27 个百分点，并且比较接近 ONMT 系统（+DPs）。这个结果说明，无监督树学习针对零代词恢复任务可能学习到了有利于零代词恢复和翻译的树结构，进一步提升了存在零代词现象的口语文本的机器翻译质量。

（2）零代词恢复实验结果。

上面提到的后两个系统因为加入了零代词重构器，所以在进行机器翻译任务的同时，也能同时进行零代词恢复任务。本文对这两个系统测试输出的零代词重构文本进行统计和计算，得到两个模型的零代词恢复结果，如表 8-22 所示。

表 8-22　零代词恢复结果

系　　统	正确率 P	召回率 R	F1 值
WNMT 系统	0.62	0.46	0.54
DPNMT 系统	0.60	0.50	0.55

由表 8-22 可知，这两个系统都在一定程度上较为准确地恢复了零代词，而且将零代词恢复任务融合在口语机器翻译任务中后，零代词恢复的准确率有所提高，证明机器翻译任务指导并帮助了零代词恢复任务。

同时，对比表 8-22 中两个系统的零代词恢复效果发现，利用无监督树学习编码模型的系统效果更好，进一步验证了无监督树学习能够使模型融入适用于零代词恢复任务的句子层次结构信息。

4．实验分析

为了验证本节提出模型的优越性，接下来，我们将会补充一些实验并进行对比分析。

（1）小规模语料上的实验。

在本节提出的模型中，应用的是无监督树学习方法，考虑到无监督树学习方法在小规模语料上的优势可能更明显，所以本节又选取了训练集中前 20 万对句对的语料作为此实验的训练集，验证集和测试集不变，重新对以上几个系统进行实验，实验结果如表 8-23 所示。

表 8-23　小规模语料上的口语机器翻译实验结果

翻 译 系 统	参数量/万对	BLEU 值/%	与基线系统相比/%
ONMT 系统	26.6	12.10	—
ONMT 系统（+DPs）	26.6	13.23	+1.13
WNMT 系统	37.0	13.04	+0.94
DPNMT 系统	38.1	14.71	+2.61

从整体上看，语料规模减小为原来的 1/10，语料较少，导致模型学习不够充分，因此可以看到 BLEU 值都普遍低于之前的实验结果。同时，对比 ONMT 系统和 ONMT 系统（+DPs），发现后者提升的 BLEU 值不如之前的实验多，可能是因为语料比较少，模型对零代词的学习不够充分，所以提升得不多。将 ONMT（+DPs）与本节提出系统的实验结果进行对比可以发现，本节提出系统的 BLEU 值超过了在恢复了零代词的语料上进行训练的基线系统。之前，我们一直以为 ONMT 系统（+DPs）应当作为"天花板"，其他系统的翻译质量应该都低于它，就像在大规模语料上的实验一样，表现最好的系统也只是结果较为接近。对于在小规模语料上的实验，经过分析认为原因可能是基线系统本身比较依赖较多的语料以表现正常水平，当语料较少时，系统的表现就比较差。无监督树学习作为一种无监督地学习树结构的方法，可能对语料规模的依赖不那么强。相较而言，本节提出的系统在小规模语料上的机器翻译效果更好。

（2）零代词重构的作用。

在本节的机器翻译模型中加入了零代词重构器，以实现让模型的隐藏层状态学习到零代词恢复的信息，并未排除添加的额外解码器本身就增强了模型的学习能力，不是因为学习到了零代词信息才表现出更好的可能性。因此，为了验证模型效果的提升与学习到的零代词恢复信息有关，本节又进行了一组对比实验。在这组实验中，传入模型重构器部分的语料是未恢复零代词的汉语口语语料，即让模型学习的是根据隐藏层状态生成未恢复零代词的源语言文本，不是之前实验中恢复了零代词的文本。

实验结果如表 8-24 所示。可以看到，单单添加了重构回未恢复零代词文本的重构器的确可以使翻译模型得到了增强，BLEU 值有所提高。但是，这个实验结果与之前的重构回恢复了零代词文本的实验相比，效果上还是差了一些。这说明，令零代词重构器重构回恢复了零代词的文本对模型隐藏层状态成功学习零代词恢复和翻译的确有所帮助，利用恢复了零代词的语料是非常必要的。

表 8-24　重构回未恢复零代词的源语言的口语机器翻译实验结果

翻 译 系 统	BLEU 值/%	与基线系统相比/%
ONMT 系统	16.48	—
ONMT 系统（+DPs）	17.88	+1.40
WNMT 系统	17.01	+0.53
DPNMT 系统	17.35	+0.87

（3）翻译结果例句对比分析。

本节以测试语料中的几个句子为例，分别看一看本节提出的翻译系统和基线系统各自的翻译情况。对于表 8-25 中给出的例句，需要注意的是，输入文本中并没有括号部分，这里进行标注是为了清楚地看到文本中缺失的零代词。其中，下加圆点的代表翻译正确，有下画线的代表翻译错误。

在前两个例句中，本节提出的翻译系统都实现了缺失的零代词的正确翻译，基线系统却没有正确翻译。在例句 1 中，基线系统翻译出了错误的代词"you"。在例句 2 中，基线系统因为受缺失的零代词的影响，使句子的结构和意义有所改变。

后两个例句是本节提出的系统未能正确翻译零代词的例子。其中，在例句 3 中，基线系统和本节系统都对零代词翻译错误，翻译成了代词 "he"。在例句 4 中，只有基线系统翻译正确，本节系统未能成功翻译出缺失的零代词。

因为本节应用的语料并未完全人工标注和校对，所以不排除训练使用语料中零代词标注准确率对实验结果有可能造成影响。表 8-25 中，例句 3 的错误就可能是因为这个问题而产生的。但因为人工标注或校对零代词的成本太高，所以本节也只能在已有语料上进行实验来验证所提出系统的优越性。

（4）零代词恢复结果例句对比分析。

下面以测试语料中的几个句子为例，来直观地看一下后两个系统对零代词恢复的情况。对于表 8-26 中给出的例句，在输入文本中，括号部分并不存在，标注出来只是为了方便查看缺失的零代词。下加圆点的代表零代词得到了正确恢复，有下画线的代表零代词得到了错误恢复。

在例句 1 中，两个系统都成功实现了对零代词 "你" 的正确恢复。在例句 2 中，只有本节提出的应用了无监督树学习编码模型的 DPNMT 系统成功恢复了零代词 "我"。在例句 3 中，两个模型都重构出了 "你们" 这个零代词，我们本来想要得到 "你" 这个单数代词。分析认为，因为模型在训练时对零代词信息的学习主要依赖词对齐信息，"你" 和 "你们" 在英语中都对应的是 "you"，所以导致了这个例子中的恢复错误。例句 4 与前 3 句不同，句子中并不存在零代词现象，在应用了无监督树学习编码模型的重构模型后，却在句尾重构了一个多余的代词 "我的"。分析认为，可能的原因是，无监督树学习在对无零代词现象的文本进行处理时，会引入一些不需要的信息，这导致了例句 4 的错误恢复。

表 8-25　翻译结果例句对比

对　比　项		翻　译　情　况
例句 1	输入文本	等等！罗斯，（我）可以跟你谈一下吗？
	参考译文	*Wait! wait! Ross, can i just talk to you for just a second?*

续表

对　比　项		翻　译　情　况
例句1	基线系统	*wait. ross, can you talk to you？*
	本节系统	*wait, ross, can i talk to you for a minute？*
例句2	输入文本	当我搬进来时（**我**）可以买一台泡泡机吗？
	参考译文	*when i move in, can i get a gumball machine？*
	基线系统	*wait. can i move in for a <unk> machine？*
	本节系统	*when i move in, can i get a <unk> machine？*
例句3	输入文本	（**它**）是个训练营？
	参考译文	*it is a camp？*
	基线系统	*he was a camp？*
	本节系统	*he's a camp？*
例句4	输入文本	（**我**）要把这戒指还给你。
	参考译文	*i need to give this ring back to you.*
	基线系统	*i'm gonna give you the ring back.*
	本节系统	*To give it back to you.*

表 8-26　零代词恢复例句对比

对　比　项		翻　译　情　况
例句1	输入文本	（你）想不想听一件奇怪的事？
	WNMT 系统输出文本	你想不想听一件奇怪的事？
	DPNMT 系统输出文本	你想不想听一件奇怪的事？
例句2	输入文本	只要莫妮卡和我一分手（**我**）就搬进来住
	WNMT 系统输出文本	只要莫妮卡和我一分手就搬进来住
	DPNMT 系统输出文本	只要莫妮卡和我一分手我就搬进来住
例句3	输入文本	（你）要不要去看电影？好啊。
	WNMT 系统输出文本	你们要不要去看电影？好啊。
	DPNMT 系统输出文本	你们要不要去看电影？好啊。
例句4	输入文本	墓碑上可以刻"罗斯 盖勒，婚姻高手"
	WNMT 系统输出文本	墓碑上可以刻"罗斯 盖勒，婚姻高手"
	DPNMT 系统输出文本	墓碑上可以刻"罗斯 盖勒，婚姻高手"我的

8.8　本章小结

　　本章首先梳理了零代词推断的基础方法,随后提出了基于统计和基于深度学习的零代词信息构建方法,并将其用于统计机器翻译和神经机器翻译中。在统计机器翻译中,我们分别在预处理、解码、译后处理三个阶段融入零代词信息,以帮助翻译系统获得更好的效果;在神经机器翻译中,我们设计提出了一种针对于口语中零代词现象的口语机器翻译模型。模型整体上由一个无监督树学习编码器、一个解码器和一个重构器组成,分别构成了模型的翻译模块和零代词重构模块。在训练时,重构得分作为一个辅助训练目标,帮助隐藏层学习零代词恢复的信息。这两部分协同工作,相互促进,从而使口语机器翻译效果和零代词恢复共同得到提升。

参考文献

[1] 胡燕林. 口语机器翻译中的零代词处理方法研究. 北京:北京理工大学, 2016.

[2] 钟尚桦. 融合零代词信息的口语文本机器翻译. 北京:北京理工大学, 2017.

[3] 甄诗萌. 基于隐式树学习和零代词重构的口语机器翻译研究. 北京:北京理工大学, 2019.

[4] JOHNSON M. A Simple Pattern-matching Algorithm for Recovering

Empty Nodes and their Antecedents. Proceedings of the 40th Annual Meeting of the Association for Computational Linguistics. Association for Computational Linguistics, 2002: 136–143.

[5] KUDO T. CRF++: Yet another CRF toolkit. Software available at http://crfpp.sourceforge.net, 2005.

[6] CHE W, LI Z, LIU T. LTP: A chinese language technology platform. Proceedings of the 23rd International Conference on Computational Linguistics: Demonstrations. Association for Computational Linguistics, 2010: 13-16.

[7] ZHANG H P, LIU Q. ICTCLAS. Institute of Computing Technology, Chinese Academy of Sciences, 2002.

[8] BROWN PF, COCKE J, PIETRA SAD, et al. A statistical approach to machine translation. Computational linguistics, 1990, 16(2): 79-85.

[9] DEMPSTER A P，LAIRD N M，RUBIN D B. Maximum likelihood from incomplete data via the EM algorithm. Journal of the royal statistical society, Series B (methodological), 1977: 1-38.

[10] OCH F J, NEY H. A systematic comparison of various statistical alignment models. Computational linguistics, 2003, 29(1): 19-51.

[11] HU Y, HUANG H, JIAN P, et al. Improving Conversational Spoken Language Machine Translation via Pronoun Recovery. Social Media Processing: 4th National Conference, SMP 2015. Guangzhou, China, 2015: 209-216.

[12] HINTON G E, OSINDERO S, TEH Y W. A fast learning algorithm for deep belief nets. Neural Computation, 2006, 18(7): 1527-1554.

[13] CHANG C C, LIN C J. LIBSVM: A library for support vector machines. ACM Transactions on Intelligent Systems & Technology, 2007, 2(3): 389-396.

[14] MIKOLOV T, CHEN K, CORRADO G, et al. Efficient Estimation of

Word Representations in Vector Space. arXiv preprint. arXiv:1301.3781, 2013.

[15] ABADI M, AGARWAL A, BARHAM P, et al. TensorFlow: Large-Scale Machine Learning on Heterogeneous Distributed Systems. arXiv preprint. arXiv:1603.04467, 2016.

[16] KOEHN P, HOANG H, BIRCH A, et al. Moses: open source toolkit for statistical machine translation. ACL 2007, Proceedings of the Meeting of the Association for Computational Linguistics. Prague, Czech Republic, 2007:177-180.

[17] STOLCKE A. SRILM - An Extensible Language Modeling Toolkit. 7th International Conference on Spoken Language Processing, INTERSPEECH 2002, 2002: 901-904.

[18] OCH F J. Minimum error rate training in statistical machine translation. Meeting on Association for Computational Linguistics. Association for Computational Linguistics, 2003:701-711.

[19] PapINENI, KISHORE, ROUKOS, et al. BLEU: a method for automatic evaluation of machine translation. Proceedings of the 40th annual meeting of the Association for Computational Linguistics, 2002: 311-318.

[20] KOEHN P. Statistical Significance Tests for Machine Translation Evaluation. Conference on Empirical Methods in Natural Language Processing, EMNLP 2004. Barcelona, Spain, 2004: 388-395.

第 9 章

基于因果推断的译文评分去噪声方法

9.1 引言

神经机器翻译模型的推断过程通常采用束搜索（Beam Search）策略生成译文候选。相较于基于贪心算法（Greedy Algorithm）的解码策略，束搜索策略可以使 NMT 模型在解码过程中保留更多的候选路径，以解决贪心算法的短视问题。理论上，束搜索的宽度越大，解码过程中保留的路径就越多，过早丢弃更优搜索路径的可能性就越低，更优的译文更有可能被收入候选集合。然而，在实践中，增加束搜索的宽度并不会直接提升 NMT 模型输出译文的质量[1-2]。这是因为从候选集合中选取译文的依据是 NMT 模型的解码得分，而 NMT 模型的解码器打分函数［式（9-1）］并不能反映真实的译文质量。

$$\Theta(\boldsymbol{x}, \hat{\boldsymbol{y}}) = \sum_{t=1}^{T_{\hat{y}}} \log p(\hat{y}_t \mid \hat{\boldsymbol{y}}_{1:t-1}, \boldsymbol{x}; \theta) \tag{9-1}$$

式中，$\boldsymbol{x}$ 为源语言；$T_{\hat{y}}$ 为生成译文 $\hat{\boldsymbol{y}}$ 的长度；θ 是 NMT 模型参数。

表 9-1 给出了 NMT 模型解码得分与评价指标。其中，b 表示束搜索的宽度；NMT 排序表示译文候选按 NMT 模型解码时得分排序第一的输出；随机排序表示输出的译文在候选集合中由随机挑选得到；BLEU 排序表示译文候选按句子级 BLEU[3]排序后选排名第一的输出。BLEU 排序对应的 BLEU 值通常可

以认为是该组译文候选可以达到的 BLEU 值的上限。表 9-1 列出了在多个翻译任务下，NMT 模型解码得分与句子级 BLEU[3]的 Pearson 相关系数（Pearson's Coefficient of Correlation），以及不同译文候选排序方法下得到的测试集 BLEU 指标（测试集的 BLEU 基于数据集的 BLEU，与上文句子级的 BLEU 区分）。对于英–法、英–德、英–汉 3 个翻译任务，将束搜索的宽度从 4 增加到 200 后，BLEU 值的上限（BLEU 排序对应的 BLEU 值）有所提升，这说明更大的搜索空间确实带来了更好的译文候选，然而采用 NMT 模型解码得分排序（NMT 排序）得到译文候选集合的 BLEU 值却大幅下降，甚至低于随机排序得到的译文。表 9-2 给出了基于 WMT20 QEDA 数据集的 NMT 模型解码得分与句子级人工直接评分[4-5]的 Pearson 相关系数。从表 9-2 中可以看出，对于多个语言对，NMT 模型的解码得分与人工评分的 Pearson 相关系数均不高（Pearson 相关系数低于 0.5 可视为相关性不高）。上述现象说明 NMT 模型的解码得分可以作为译文质量的参考，但通常与真实译文质量之间的关系并不紧密。

表 9-1 NMT 模型解码得分与评价指标

指　　标		英–法		英–德		英–汉		维–汉	
		b=4	*b*=200	*b*=4	*b*=200	*b*=4	*b*=200	*b*=4	*b*=200
Pearson 相关系数		−0.01	−0.11	0.03	0.06	0.11	0.03	0.55	0.48
BLEU/%	NMT 排序	39.63	30.66	27.24	23.70	41.88	34.78	37.52	36.00
	随机排序	38.37	36.00	26.27	24.18	41.46	40.18	37.52	36.31
	BLEU 排序	43.51	54.52	30.31	41.90	45.23	56.22	39.98	47.16

表 9-2 NMT 模型解码得分与句子级人工直接评分的 Pearson 相关系数

数　据　集	En-De	En-Zh	Ru-En	Et-En	Ne-En	Ro-En	Si-En
WMT20 QEDA 训练集	0.098	0.291	0.557	0.401	0.356	0.591	0.362
WMT20 QEDA 开发集	0.249	0.330	0.518	0.497	0.431	0.640	0.423

为了解决上述问题，本章介绍了一种基于因果推断（Causal Inference）的方法，以消除 NMT 译文得分中的噪声，从而得到更接近真实译文质量的译文得分。为说明该方法，首先进行形式化定义：对于任意一个 NMT 模型生成的译文候选 $\hat{y}$，假设存在一个真实的译文质量，记为 $Q(\hat{y})$；NMT 或 QE 模型对 $\hat{y}$ 的估计得分记为 $S(\hat{y})$［对于经典的 NMT 方法，$S(\hat{y})$ 可由公式（9-1）计算得

出]；假设 $S(\hat{y})$ 同时受到两方面因素的影响，其一是真实的译文质量 $Q(\hat{y})$，其二是一些未观测到的噪声，噪声记作 N。在上述定义的框架下，BLEU 指标和人工直接评分均可视为同时受到 $Q(\hat{y})$ 和 N 影响的译文得分，但显而易见的是，BLEU 指标和人工直接评分相对于 $S(\hat{y})$ 更接近真实的译文质量，一般情况下可以被用作 $Q(\hat{y})$ 在实践中的近似。图 9-1 以因果有向无环图（Directed Acyclic Graph，DAG）的形式给出了译文质量相关变量间的因果关系。在图 9-1 中，有向边的箭头方向从"原因"指向"结果"。无向边表示普通的相关关系（因果关系是特殊的相关关系）。"可观测"表示可以通过测量、计算等操作直接获取具体数值的变量；"不可观测"则表示不可以直接获取具体数值的变量。N、N_1、N_2 表示 3 种噪声，本章不对这 3 种噪声之间的关系进行假设。X 是一个可观测变量且与 N 存在某种相关关系。

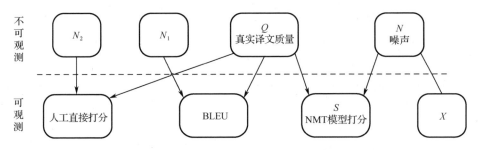

图 9-1　译文质量相关变量间的因果关系

　在如图 9-1 所示的因果结构条件下，Schölkopf 等人[6]提出半同胞回归（Half-Sibling Regression，HSR）方法：如果存在一个可观测的变量 X 与噪声 N 相关，则可以通过估计 X 在 $S(\hat{y})$ 上产生的效应而估计出 N 在 $S(\hat{y})$ 上产生的部分影响，将这部分影响从 $S(\hat{y})$ 中消除就可以得到一个消除了部分噪声的 $S^*(\hat{y})$。

$$S^*(\hat{y}) \coloneqq S(\hat{y}) - E[S(\hat{y}) \mid X] \qquad (9\text{-}2)$$

其中，$E[S(\hat{y})\mid X]$ 表示变量 X 在 $S(\hat{y})$ 上产生的效应，$S^*(\hat{y})$ 表示降噪后的 $S(\hat{y})$。在实践中，$E[S(\hat{y})\mid X]$ 通常由 X 和 $S(\hat{y})$ 的具体观测数据通过回归模型拟合得到。HSR 方法[6]中包含一个强假设：变量 X 与真实译文质量 $Q(\hat{y})$ 相互独立，即 $X \perp Q(\hat{y})$。若 X 中包含 $Q(\hat{y})$ 的相关信息，则执行式（9-2）从 $S(\hat{y})$ 中消除 $E[S(\hat{y})\mid X]$ 的操作时，必然会破坏 $S(\hat{y})$ 中关于 $Q(\hat{y})$ 的信息。Schölkopf 等人[6]指出，实践中上述独立性假设可以松弛为，变量 X 与真实译文质量 $Q(\hat{y})$ 几

乎相互独立，即不必是理论上的相互独立。

使用 HSR 降噪的核心问题之一是找到满足 X 与 N 相关，且 $X \perp Q$ 的变量 X。回顾 NMT 中束搜索宽度越大输出译文质量越差的问题[1-2]，其中一个普遍现象是，随着束搜索宽度的增加，输出译文的长度通常偏短[1,7-11]。若将式（9-1）中的 $\Theta(x, \hat{y})$ 为真实译文质量 $Q(\hat{y})$ 的一种带有系统误差的观察值，那么译文长度 $T_{\hat{y}}$ 可以视为 X ——与系统误差具有强关联的变量。此外，有理由假设 $T_{\hat{y}} \perp Q(\hat{y})$（关于独立性假设的具体细节将在 9.3.2 节中讨论），那么理论上，执行式（9-2）的操作可消除译文长度 $T_{\hat{y}}$ 对模型得分 $\Theta(x, \hat{y})$ 的影响，从而在一定程度上解决 NMT 束搜索的长度偏置（Length Bias）问题。

$$\Theta^*(x, \hat{y}) := \Theta(x, \hat{y}) - E[\Theta(x, \hat{y}) \mid T_{\hat{y}}] \tag{9-3}$$

式中，$E[\Theta(x, \hat{y}) \mid T_{\hat{y}}]$ 表示 $T_{\hat{y}}$ 对 $\Theta(x, \hat{y})$ 产生的影响，在实践中由回归函数估计。本章将提出两种估计 $E[\Theta(x, \hat{y}) \mid T_{\hat{y}}]$ 的方法：①利用全部测试集数据对应的译文信息及其得分信息训练回归模型，记作 C-HSR；②利用单个源语言句子对应的全部译文候选信息及其得分信息训练回归模型，记作 S-HSR。无论是 C-HSR，还是 S-HSR，都与 NMT 模型无关、对数据自适应（Self-Adaptive）且不需要额外监督信息进行调优（Fine-Tuning）训练。上述两种方法均将 NMT 模型及其推断过程视为黑盒（Black-Box），除如图 9-1 所示的假设外不进行任何其他假设。

本章在 4 个翻译任务上进行了实验，分别是维-汉翻译（代表稀缺资源翻译）、汉-英翻译（代表中等资源翻译）、英-德翻译和英-法翻译（代表丰富资源翻译）。实验结果表明，本章提出的方法可以有效解决 NMT 束搜索宽度增加造成的译文长度偏置问题，与有监督方法或经验方法相比，取得了可比或更优的译文 BLEU[3]。进一步的分析展示了本章提出方法的自适应性，并且验证了该方法所依赖假设的可靠性。为更进一步地验证基于 HSR[6] 的译文得分降噪方法的普适性和有效性，本章还将该方法应用到译文质量估计（Translation Quality Estimation，QE）任务[5,12-13]，为 QE 模型的输出执行去噪处理。具体地，假设词任务下的噪声关联变量 X 是模型输入本身的一些特征（如输入长度、词分布等多个特征），本章针对此类多个 X 的情况提出了迭代自适应的基于 HSR 的降噪方法。QE 任务的实验数据来自 WMT20 译文质量估计直接评价任务

（Quality Estimation Direct Assessment，QEDA）[5]各参赛团队提交的结果。实验只使用模型的输入和输出，各参赛队伍使用的 QEDA 模型（系统）完全属于黑盒，而实验结果表明，降噪后的 QEDA 模型输出在对应的评价指标（这里指WMT20 QEDA任务的主要评价指标Pearson相关系数）上最高得到了58%的增长。

本章介绍的基于因果推断的译文评分去噪声方法主要有以下特点。

（1）该方法基于因果推断的相关理论，其中各个变量之间的关系均以因果有向无环图表示，所依赖的独立性假设条件可验证，去噪声操作采用 HSR 方法，因此，该方法的理论依据、假设条件和去噪声操作均是透明的，具有很强的可解释性（Interpretability）。

（2）该方法是与译文打分模型无关的，对满足如图 9-1 所示的变量间关系的译文打分模型均适用,本章实验部分验证了该方法在 NMT 解码器打分和 QE 模型打分两个任务上去噪声操作的有效性。

（3）在解决 NMT 解码束搜索长度偏置问题时，该方法对译文候选是自适应的，相较于前人的工作，该方法既不需要额外的监督数据进行调优训练，又不依赖人工经验设计的算法。

（4）对于 QE 模型输出的去噪声任务，该方法自动地判断变量 X 是否符合独立性假设，并根据 X 的特征自动地调整去噪声力度，有效避免了对好的译文质量估计的错误惩罚。

9.2 相关工作和背景知识

9.2.1 NMT 译文长度偏置问题

持续增大NMT束搜索的宽度会导致NMT译文质量下降并伴随较短的输出

译文[1]。造成此现象的直接原因是较短的译文在 NMT 解码器打分函数[式(9-1)]下容易得到更高的分数从而排名更高，而更大的搜索空间使这些短译文出现在译文候选中的概率更高。

前人解决上述译文长度偏置问题主要通过两种途径：①对解码器的译文打分进行长度规范化（Length Normalization）操作[1,7,10-11,14]，即令解码器打分 $\Theta(\boldsymbol{x}, \hat{\boldsymbol{y}})$ 除以一个长度惩罚项 l_p：

$$\Theta'(\boldsymbol{x}, \hat{\boldsymbol{y}}) \leftarrow \Theta(\boldsymbol{x}, \hat{\boldsymbol{y}})/l_p \tag{9-4}$$

② 对解码器的译文打分附加一个译文长度相关的奖励值[8-10,15-16]：

$$\Theta'(\boldsymbol{x}, \hat{\boldsymbol{y}}) \leftarrow \Theta(\boldsymbol{x}, \hat{\boldsymbol{y}}) - \gamma \cdot r \tag{9-5}$$

式中，γ 为修正系数，通常由有监督的调优训练确定[8-9,16]。

对于第一类方法，l_p 的最简单、直接的形式为译文长度 $T_{\hat{y}}$[1,7,11,14]，而 Wu 等人[17]提出的谷歌 NMT（Google's Neural Machine Translation，GNMT）则采用了另一种 l_p 经验设计形式：

$$\Theta'(\boldsymbol{x}, \hat{\boldsymbol{y}}) \leftarrow \Theta(\boldsymbol{x}, \hat{\boldsymbol{y}}) / \frac{(5 + T_{\hat{y}})^\alpha}{(5 + l_p)^\alpha} \tag{9-6}$$

式中，α 是控制长度规范化力度的超参数，$\alpha = 0$ 表示不进行长度规范化。根据 Wu 等人[17]的工作，$\alpha \in [0.6, 0.7]$ 时通常会取得较好的效果。

Stahlberg 等人[18]提出了另一种 l_p 形式，引入了译文长度与源语言语句长度的比值。Yang 等人[10]为长度规范化方法引入了 BLEU 评价指标[3]中的短句惩罚系数（Brevity Penalty）：

$$\Theta'(\boldsymbol{x}, \hat{\boldsymbol{y}}) \leftarrow \Theta(\boldsymbol{x}, \hat{\boldsymbol{y}})/T_{\hat{y}} + \log b_p \tag{9-7}$$

式中，b_p 为 BLEU[3]中的短句惩罚系数：

$$b_p = \begin{cases} 1 & \mathrm{gr} \cdot T_x < T_{\hat{y}} \\ e^{1 - T_y/T_{\hat{y}}} & \mathrm{gr} \cdot T_x \geq T_{\hat{y}} \end{cases} \tag{9-8}$$

式中，T_y 表示人工参考译文的长度，gr 为生成率，$\text{gr} = T_y/T_x$。由于 T_y 在机器翻译的推断过程中是不可知的，Yang 等人[10]以 NMT 解码器隐藏层状态的平均池化作为输入，利用 2 层的多层感知机（Multi-Layer Perceptron，MLP）预测 gr 的数值。MLP 需要有监督的训练。

还有一种方法类似于统计机器翻译中的词汇惩罚[19-21]（Word Penalty）。这种方法的 γ 通常由人工设置[8]或通过有监督的调优训练来确定[9,16]。He 等人[16]提出了对数线性 NMT 框架，将词汇奖励作为特征函数之一引入该框架，以控制译文长度。

$$\Theta'(\boldsymbol{x}, \hat{\boldsymbol{y}}) \leftarrow \Theta(\boldsymbol{x}, \hat{\boldsymbol{y}}) + \gamma \cdot T_{\hat{y}} \tag{9-9}$$

式中，γ 与对数线性框架中的其他参数一同由最小错误率训练[16,22]（Minimum Error Rate Training）方法训练得到。Murray 等人[9]令 γ 的训练过程独立于 NMT 的训练过程，这样 γ 可以在一个相对较小的数据集上进行训练。Huang 等人[8]引入了一个有界的长度奖励（Bounded Length Reward），其中 gr 由来自数据集的先验知识确定。

$$\Theta'(\boldsymbol{x}, \hat{\boldsymbol{y}}) \leftarrow \Theta(\boldsymbol{x}, \hat{\boldsymbol{y}}) + \gamma \cdot \min(\text{gr} \cdot T_x, T_{\hat{y}}) \tag{9-10}$$

上述方法[8-9,16]均需要在有监督的数据上调优训练得到 γ，这容易造成与未知分布数据 γ 的数值不适合的情况。Yang 等人[10]提出了一个有界的自适应奖励（Bounded Adaptive-Reward）以消除超参数 γ。

$$\Theta'(\boldsymbol{x}, \hat{\boldsymbol{y}}) \leftarrow \Theta(\boldsymbol{x}, \hat{\boldsymbol{y}}) + \sum_{t=1}^{T^*} r_t \tag{9-11}$$

式中，r_t 表示解码时刻 t 束搜索栈内候选词的平均负对数似然（Average Negative Log-Probability）。$T^* = \min\{T_{\hat{y}}, T_{\text{pred}}(\boldsymbol{x})\}$，其中 $T_{\text{pred}}(\boldsymbol{x})$ 由 2 层 MLP 预测得到，避免了使用 Huang 等人[8]采用的固定 gr［式（9-10）］。

本章提出的基于 HSR 的方法只依赖于图 9-1 中的因果关系假设，在形式上，基于 HSR 的方法［式（9-3）］与基于长度奖励的方法［式（9-5）］相似，事实上，可以将式（9-3）中的 $E[\Theta(\boldsymbol{x}, \hat{\boldsymbol{y}}) | T_{\hat{y}}]$ 视为式（9-5）中 $\gamma \cdot r$ 的特殊实现，

而该实现依赖的先验假设和人工干预很少。此外，$E[\Theta(\boldsymbol{x}, \hat{\boldsymbol{y}})\,|\,T_{\hat{y}}]$ 的学习过程是完全模型无关（Model Agnostic）且不需要监督数据的，相对于前人的工作[8-9,16]将更加适应测试数据分布未知的真实应用场景。

9.2.2　句子级译文质量直接估计任务

译文质量估计[12-13]（Quality Estimation，QE）是使机器翻译技术在现实世界有更广泛应用的重要内容之一。通常，QE 目标是在缺少参考译文的情况下，估计机器翻译输出译文的质量。译文质量包含多个维度和评价标准，本章主要关注句子级直接打分任务[5]，即直接为译文句子打分（该任务输入为译文和源语言句子，输出为直接打分，每个译文对应一个得分）。WMT20 QEDA 系统的英–德训练数据样例如表 9-3 所示。其中，"original"表示源语言句子；"translation"表示机器翻译译文；"z mean"表示"z scores"的算数平均值；"bpe"表示字节对编码形式的译文，其中"@@"是字节对编码的分隔符。

表 9-3　WMT20 QEDA 系统的英–德训练数据样例

键（Key）	值（Value）
index	0
original	José Ortega y Gasset visited Husserl at Freiburg in 1934.
translation	1934 besuchte José Ortega y Gasset Husserl in Freiburg.
scores	[100, 100, 100]
mean	100.0
z scores	[0.9553316582231767, 1.5523622744336512, 0.8505318100501577]
z mean	1.1194085809023286
model scores	−0.10244649648666382
translation (bpe)	1934 besuchte José Ort@@ ega y G@@ asset Hus@@ ser@@ l in Freiburg .
word_probas (bpe)	−0.4458 −0.2745 −0.0720 −0.0023 −0.0059 −0.1458 −0.0750 −0.0124 −0.0269 −0.0364 −0.0530 −0.1499 −0.0124 −0.1145 −0.1100

多数 QEDA 系统基于深度神经网络（Deep Neural Network，DNN）开发[23-28]或应用大型的预训练词嵌入（Embedding）模型（如 XLM-R[29]或 BERT[30]）作为重要的输入特征[23-28,31]。然而，DNN 输出的得分通常是不准确的，且容易

受输入内容的特征干扰[2,32-34]。例如，图 9-2 给出了 WMT20 QEDA 任务中英、德语言对官方基线统提交结果的数据分析，展示了模型输入本身的特征对模型表现的影响情况。其中，纵坐标表示 Pearson 相关系数，横坐标为输入的特征分布区间，数据来自 WMT20 QEDA 任务英-德部分的官方基线系统。具体地，图 9-2（a）给出了不同输入译文的长度区间对应的模型估计得分和人工参考答案的 Pearson 相关系数（Pearson 相关系数越高，表示直接打分模型估计的得分越接近人工参考值）。从图中可以看出，输入译文的长度越长，模型的估计值与人工参考答案的 Pearson 相关性越差。类似地，图 9-2（b）给出了输入的译文中未登录词率（未登录词率=未登录词数量/译文总词数）的 Pearson 相关系数，可以看出，随着未登录词率的增加，模型的表现变差。上述译文长度区间和未登录词率区间中译文数量均为 300，以防止数据偏置。上述案例展示了输入本身的特征可以影响 QEDA 系统的输出准确性。

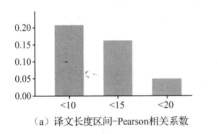
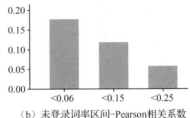

（a）译文长度区间-Pearson相关系数　　　（b）未登录词率区间-Pearson相关系数

图 9-2　不同输入特征下 Pearson 相关系数比较

本章主要考虑 5 种典型 QEDA 系统输入的本身特征，特征表示符号和描述如表 9-4 所示。假设上述特征会关联 QEDA 系统的未知噪声，而本章后面将介绍基于 HSR 的译文评分降噪方法（见 9.3 节），并分析各个特征和降噪方法对 QEDA 系统的具体影响（见 9.5 节）。

表 9-4　QEDA 系统输入本身特征的表示符号和描述

序　号	表 示 符 号	特 征 描 述
1	SrcL	源语言句子长度 T_x
2	TransL	译文长度 T_y
3	Median	译文中词汇在训练集中出现频率的中位数
4	Mode	译文中词汇在训练集中出现频率的众数
5	Mean	译文中词汇在训练集中出现频率的算术平均数

9.3　基于 HSR 的译文评分降噪方法

9.3.1　基于 HSR 的 NMT 解码长度偏置修正

本章利用 HSR[6]来解决 NMT 打分函数中译文长度偏置的问题。对于一个译文候选 $\hat{y}$，假设变量 Q 表示该译文候选的真实质量，且真实译文质量不能直接观测到，而 $S = \Theta(x, \hat{y})$ 表示 NMT 解码时的译文打分函数，S 可以被视为 Q 的参考版本，同时受到 Q 和难以直接观测噪声 N 的影响，而译文长度 $T_{\hat{y}}$ 则是与噪声 N 有关联的变量。以经典的 NMT 解码器[17,35-36]为例，S 由式（9-1）计算得到，此时 S 可以视为 Q 的一种带系统噪声的测量方法，N 是该测量方法的系统噪声，而译文长度 $T_{\hat{y}}$ 与该噪声具有关联（甚至是噪声的产生原因之一）。图 9-3 给出了面向 NMT 模型打分的因果 DAG。

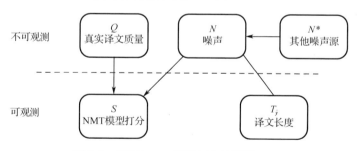

图 9-3　面向 NMT 模型打分的因果 DAG

在图 9-3 中，"可观测"表示可以通过测量直接获取具体数值的变量；"不可观测"则表示不可直接获取具体数值的变量。N^* 表示其他的噪声源，且满足 N^* 与 $T_{\hat{y}}$ 相关。在变量 N 与 $T_{\hat{y}}$ 之间采用无向连接，表示不区分因果关系，而具体的因果关系对本章的内容来说并不重要。如果独立性假设 $Q \perp T_{\hat{y}}$ 成立，根据图 9-3 中的各个变量间的因果结构将 $T_{\hat{y}}$ 在 S 中的影响（记作 $E[S \mid T_{\hat{y}}]$）消除，则可以消除 S 的长度偏置，且不损害 S 和 Q 的联系：

$$S^* \leftarrow S - E[S \mid T_{\hat{y}}] \tag{9-12}$$

实践中，$E[S \mid T_{\hat{y}}]$ 数值由回归模型估计得到，而回归模型通过观察到的 $(S, T_{\hat{y}})$ 对训练，其中 $T_{\hat{y}}$ 为自变量，S 为因变量。值得强调的是，独立性假设 $Q \perp T_{\hat{y}}$ 是一个强假设，并且直接关系到 HSR 方法是否有效。如果该独立性假设不成立，甚至 Q 与 $T_{\hat{y}}$ 有较强的关联，则执行式（9-12）会降低 S 的准确性。关于该独立性假设的讨论将在 9.3.2 节中给出。

本章将基于 HSR 的 NMT 长度偏置修正方法应用于 NMT 解码重打分（Re-Score）任务中。这主要有两方面的考虑：①利用回归模型估计 $E[S \mid T_{\hat{y}}]$ 有时间消耗，用于重打分任务只需要估计一次，可以提升效率；②本章提出的方法是模型无关的，将 NMT 系统视为黑盒，重打分这种不干预解码过程的方法更符合模型无关性。算法 9-1 给出了该重打分方法的算法框架。

算法 9-1 基于 HSR 的译文重打分方法

输入：m 个译文候选，$\hat{Y} = \{\hat{y}_1, \cdots, \hat{y}_m\}$；译文候选长度集合，$T(\hat{Y}) = \{T_{\hat{y}_1}, \cdots, T_{\hat{y}_m}\}$；译文候选的解码得分集合，$S(\hat{Y}) = \{S_{\hat{y}_1}, \cdots, S_{\hat{y}_m}\}$；由参数集合 θ_R 定义的回归模型 $R(\cdot)$；降噪系数（超参数），$\alpha \in [0, 1]$。

1：以 $T(\hat{Y})$ 为自变量，以 $S(\hat{Y})$ 为因变量，通过最小均方误差方法训练回归模型，得到最优的回归模型参数 θ_R^*：

$$\theta_R^* = \underset{\theta_R}{\mathrm{argmin}} \, \frac{1}{m} \sum_{\hat{y} \in \hat{Y}} |R(T_{\hat{y}}; \theta_R) - S_{\hat{y}}|^2 \tag{9-13}$$

2：将长度相关信息从解码器打分函数中消除：

$$S'(\hat{Y}) \leftarrow S(\hat{Y}) - \alpha \times R^*(T(\hat{Y}); \theta_R^*), \tag{9-14}$$

其中，α 用来控制降噪力度。

输出：长度无偏的译文得分 $S'(\hat{Y}) = \{S'_{\hat{y}_1}, \cdots, S'_{\hat{y}_m}\}$。

如算法 9-1 所示，算法输入信息为 m 个译文候选 $\hat{Y}$ 和与之一一对应的译文得分集合 $S(\hat{Y})$，无需其他数据。首先，以译文长度集合 $T(\hat{Y})$ 为自变量集合，以译文得分集合 $S(\hat{Y})$ 为因变量集合，训练由参数集合 θ_R 定义的回归模型 $R(\cdot)$，得到最优的参数集合 θ_R 和回归模型 $R^*(\cdot)$。之后，对于任意的 $S(\hat{y}) \in S(\hat{Y})$，执行：

$$S'(\hat{\boldsymbol{y}}) \leftarrow S(\hat{\boldsymbol{y}}) - \alpha \times R^*(T_{\hat{y}}; \theta_{\mathrm{R}}^*), \tag{9-15}$$

式中，α 为降噪系数，属于超参数，$\alpha \in [0,1]$，由人工指定，当 $\alpha = 0$ 时表示不进行降噪操作。该超参数的设定目的是为独立性假设 $Q \perp T_{\hat{y}}$ 的成立留有余地，即当该假设不完全满足时，降低去偏操作对译文质量准确性的损害。

本章采用两种训练回归模型 $R(\cdot)$ 的方法：①将测试集合作为训练数据训练 $R(\cdot)$，记作 C-HSR；②将单个源语言句子产生的译文候选集合作为训练数据训练 $R(\cdot)$，记作 S-HSR。假设测试集数据源语言句子个数为 n，束搜索宽度为 b，则 C-HSR 的回归函数训练数据规模为 $m = n \times b$，S-HSR 的回归函数训练数据规模为 $m = b$。C-HSR 需要 NMT 模型先翻译完全部测试集数据，优势在于不需要很大的束搜索宽度 b 也可以得到足够的训练数据，缺点是面向数据集优化，需要数据集内数据分布一致。S-HSR 面向单个源语言翻译任务，可以即时返回结果，以源语言句子为单位自适应，缺点是需要增加束搜索宽度以提供充足的回归函数训练数据。

9.3.2　讨论

1. 译文长度与译文质量的独立性假设

正如 9.3.1 节所讨论的，关于译文长度和译文质量的独立性假设（$Q \perp T_{\hat{y}}$）是强假设。由于 Q 的具体形式不确定，关于 $Q \perp T_{\hat{y}}$ 的假设难以从理论上严格证明。NMT 通常将 Q 假设为条件概率：

$$Q := p(\boldsymbol{y} \mid \boldsymbol{x}) = p(\{y_1, \cdots, y_{T_y}\} \mid \boldsymbol{x})。 \tag{9-16}$$

在式（9-16）中，$T_{\hat{y}}$ 作为 $\boldsymbol{y}$ 本身的特征，被 Q 所包含在所难免。因此，运用式（9-12）时，Q 的部分信息将被损坏。

根据 Schölkopf 等人[6]的工作，如果 $T_{\hat{y}}$ 与 Q 几乎相互独立，那么在实践中使用 HSR 方法依然可靠。这样，可以通过实验验证的方法考察 Q 与 $T_{\hat{y}}$ 之间的关系，而不需要严格的理论证明。由于 Q 和 $p(\boldsymbol{y} \mid \boldsymbol{x})$ 均无法获取，本节将采用目前可获得的最接近真实翻译质量的评价方法，即人工评价。这里使用的数据来自 WMT20[5] QEDA 任务，通过分析数据中译文长度 $T_{\hat{y}}$ 和人工打分 S_{human} 之间的 Pearson 相关系数和 Spearman 相关系数来考察二者的线性相关性。在 WMT20 QEDA 任务中，7 个语言对（Language Pair）的译文长度与人工打分的相关性计算结果如表 9-5 所示。其中，"Pear" 和 "Spear" 分别表示 Pearson 相关系数和 Spearman 相关系数。

多数情况下，相关系数的绝对值小于 0.2，说明人工打分与译文长度的线性相关性不高，在线性空间中几乎满足相互独立条件。通过上述结果，有理由相信从 S 中移除 $E[S|T_{\hat{y}}]$ 对 Q 的信息影响不会很大。

表 9-5　WMT20 QEDA 任务译文长度与人工打分的相关性计算结果

序　号	语　言　对	训　练　集		确　认　集		测　试　集	
		Pear	Spear	Pear	Spear	Pear	Spear
1	英-德	-0.06	-0.11	-0.15	-0.18	-0.18	-0.18
2	英-汉	-0.07	-0.12	-0.08	-0.09	-0.00	-0.02
3	罗马尼亚-英	-0.20	-0.15	-0.20	-0.14	-0.25	-0.18
4	爱沙尼亚-英	-0.09	-0.13	-0.09	-0.10	-0.11	-0.11
5	尼泊尔-英	-0.12	-0.02	-0.12	-0.05	-0.09	-0.01
6	僧伽罗-英	-0.14	-0.06	-0.11	-0.05	-0.17	-0.07
7	俄-英	0.07	-0.07	0.00	-0.10	-0.01	-0.16

另外，本章基于 HSR 的译文长度去偏置方法，通过引入降噪系数 α 提供了更保守的防止过度惩罚的方案。

2．与译文长度奖励方法的关系

本章提出的基于 HSR 的译文长度去偏置方法基于因果推断理论，在形式上，与前人工作中基于长度奖励的方法［式（9-5），见 9.2.1 节］相似，即将 $E[S|T_{\hat{y}}]$ 视为式（9-5）中 $\gamma \cdot r$ 的一种特殊形式。在实践中，如果采用线性回归估计 $E[S|T_{\hat{y}}]$，即 $R(T_{\hat{y}};\theta_R^*) = \theta_1 T_{\hat{y}} + \theta_2$，那么式（9-15）可以展开为如下形式：

$$S'(\hat{\boldsymbol{y}}) \leftarrow S(\hat{\boldsymbol{y}}) - \alpha \times (\theta_1^* T_{\hat{y}} + \theta_2^*) = S(\hat{\boldsymbol{y}}) - \alpha\theta_1^* T_{\hat{y}} - \alpha\theta_2^* \tag{9-17}$$

式中，$\theta_1^* \in \mathbb{R}$、$\theta_2^* \in \mathbb{R}$ 表示最优化后的线性回归模型参数。式（9-17）与词汇

奖励[9,16]［式（9-9）］在形式上几乎一致。因此，本章提出的译文长度去偏置方法在线性条件下可以视为词汇奖励方法的一种特殊形式，即提供了一种简单高效、无监督的参数 γ 的训练策略[9,16]。由于前人的工作大都由监督数据训练得到 γ[8-9,16]，因此对于未知分布的测试数据，对 γ 的选择通常不是最优的，本章提出的无监督方法很好地避免了上述问题的出现。

如果不采用线性回归模型，则基于 HSR 的去偏置方法将与长度奖励方法大相径庭。9.4.2 节将分析多种典型的回归模型在实验中的表现。表 9-8 给出了参与对比的回归模型。实验发现，C-HSR 使用线性回归，S-HSR 使用 MLP 回归，都取得了较好的译文 BLEU。多种回归模型的对比分析细节见 9.4.2 节。

9.3.3　译文质量估计系统输出降噪方法

9.3.1 节提出了基于 HSR[6]的 NMT 解码长度偏置修正，为了进一步研究该方法的通用性，本节将介绍基于 HSR 的译文直接打分系统 QEDA 的降噪方法。图 9-4 展示了 QEDA 任务中各变量之间的因果关系假设。其中，S_{human} 表示人工打分，假设其主要由真实译文质量决定；S 表示系统估计得分；F 表示系统输入的特征；假设 QEDA 系统在打分的同时受到真实译文质量 Q 和噪声 N 的影响，而输入的特征 F 与噪声中的部分组成相关联。本章研究考虑源语言句子长度（SrcL）、译文长度（TransL）等 5 个典型的输入特征，特征描述和表示符号如表 9-4 所示。

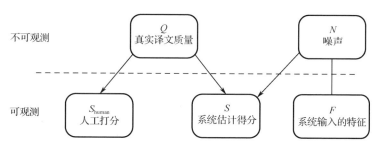

图 9-4　面向 QEDA 模型得分因果有向无环图

针对如图 9-4 所示的因果关系，本章提出了一个针对 QEDA 系统多个输入特征的迭代去噪声框架。该框架的输入数据包括 QEDA 任务的训练集、验证集，以及测试集的 QEDA 系统输入部分（源语言和目标语言句子）的特征信息及对应的人工打分（训练集、验证集）和 QEDA 系统打分（测试集），输出为去噪声后的 QEDA 系统打分。

首先，给定 QEDA 系统训练集，输入特征集合 $\mathcal{F}_t = \{F_t^1, \cdots, F_t^k\}$、训练集中人工打分集合 $S_{\text{human\_}t}$、验证集中输入特征集合 $\mathcal{F}_v = \{F_v^1, \cdots, F_v^k\}$、验证集中人工打分集合 $S_{\text{human\_}v}$、测试集中系统输入特征 $\mathcal{F} = \{F^1, \cdots, F^k\}$，以及 QEDA 系统估计得分集合 S。之后，开始对特征集合中的特征进行迭代。在每一个迭代步骤的开始，分别计算各组特征与得分之间的 Pearson 相关系数，以验证 HSR 依赖的独立性假设。

若独立性假设的验证条件不满足，则直接执行下一次迭代。若满足验证条件，则先计算自适应去噪声系数 β，以自动适应噪声消除的力度。

算法 9-2 QEDA 系统噪声消除方法

输入：系统输入特征集合 $\mathcal{F}_t = \{F_t^1, \cdots, F_t^k\}$，训练集中人工打分集合 $S_{\text{human\_}t}$，验证集中系统输入特征集合 $\mathcal{F}_v = \{F_v^1, \cdots, F_v^k\}$，验证集中人工打分集合 $S_{\text{human\_}v}$，测试集中系统输入特征集合 $\mathcal{F} = \{F^1, \cdots, F^k\}$，QEDA 系统估计得分集合 S。

1：初始化 $S^* \leftarrow S$

2：**for** $i = 1$；$i \leftarrow i+1$；$i \leqslant k$ **do**

3：　　计算下列三组 Pearson 相关系数：
$$c_t \leftarrow \text{Pearson}(F_t^i, S_{\text{human\_}t})$$
$$c_v \leftarrow \text{Pearson}(F_v^i, S_{\text{human\_}v})$$
$$c \leftarrow \text{Pearson}(F^i, S)$$

4：　　**if** $\text{Condition}(c_{\text{train}}, c_{\text{dev}}, c)$ ［式（9-22）］返回 true **then**

5：　　　　计算自适应去噪声系数 β：
$$\beta = \begin{cases} 1 - \max(|c_t|, |c_v|)/|c| & c \times c_t > 0, c \times c_v > 0 \\ 1 & \text{其他情况} \end{cases},$$

6：　　　　执行算法 9-1 中介绍的去噪声操作，得到新的系统估计得分 S^*：
$$\hat{S}^* \leftarrow S^* - E[S^* \mid F_i]$$

$$S^* \leftarrow \hat{S}^*$$

7：　**end if**

8：**end for**

9：0 均值规范化: $S^* \leftarrow (S^* - \mu(S^*))/\sigma(S^*)$ ，其中 $\mu(\cdot)$ 表示数据均值，$\sigma(\cdot)$ 表示数据标准差。

输出：消除噪声后的 QEDA 系统估计得分 S^*。

在算法 9-2 中，有

$$\beta = \begin{cases} 1 - \dfrac{\max(|c_t|, |c_v|)}{|c|} & c \times c_t > 0, c \times c_v > 0 \\ 1 & \text{其他情况} \end{cases} \tag{9-18}$$

其中，$|\cdot|$ 表示取绝对值。接下来执行基于 HSR 的去噪声操作:

$$\hat{S}^* \leftarrow S^* - E[S^* \mid F^i] , \tag{9-19}$$

式（9-19）的具体操作细节参考算法 9-1，式（9-14）中的 $T(\hat{Y})$ 在此被替换为 F^i，α 在此被替换为自适应参数 β：

$$\hat{S}^* \leftarrow S^* - \beta \times R(F^i; \theta_R^*) , \tag{9-20}$$

算法 9-2 给出了上述面向 QEDA 系统的输入噪声消除方法的算法流程框架。

正如前面介绍的，$F \perp Q$ 是 HSR 所依赖的强假设，且严格地限制了基于 HSR 的降噪方法的应用场景。虽然难以从理论上严格地证明 F 与 Q 相互独立，但 Schölkopf 等人[6]指出，实践中只要满足二者"几乎"独立即可使用 HSR 方法。由于 QEDA 任务提供了训练集和验证集等监督数据，所以可以在执行降噪操作前，先通过监督数据对 $F \perp Q$ 的条件进行验证，近似地确认该独立性假设的满足情况。进一步地，QEDA 任务[5]当前的目标是使系统自动估计的 DA 得分与人工参考值尽可能相关，因此，只要满足条件 $F \perp S_{\text{human}}$，就可以执行基于 HSR 的降噪方法，而不用过分关注真实的译文质量 Q。

基于上述讨论，本章提出了判断 $F \perp S_{\text{human}}$ 假设的验证条件：已知 QEDA

训练集 (F_t, S_{human_t})、验证集 (F_v, S_{human_v})、测试集 (F, S)，其中 S_{human_t} 和 S_{human_v} 为人工打分，S 为 QEDA 系统估计得分，首先对三组数据分别计算特征与得分之间的 Pearson 相关系数：

$$c_t \leftarrow \text{Pearson}(F_t^i, S_{human\_t})$$
$$c_v \leftarrow \text{Pearson}(F_v^i, S_{human\_v}) \qquad (9\text{-}21)$$
$$c \leftarrow \text{Pearson}(F^i, S)$$

之后，判断组合条件 $\text{Condition}(c_t, c_v, c)$［式（9-22）］，并得到返回值，如果返回值为"true"，则对 S 执行去噪声操作。

$$\text{Condition}(c_t, c_v, c) = \begin{cases} \text{false} & 0 < |c| \le 0.05 \\ \text{false} & \max(c_t, c_v) \ge 0.1 \\ \text{true} & c > 0.05 \text{且} \max(c_t, c_v) < 0 \\ \text{true} & |c| - \max(|c_t|, |c_v|) > |c| / 2 \\ \text{false} & \text{其他} \end{cases} \qquad (9\text{-}22)$$

在 9.3.3 节中提到的降噪操作和回归函数均是线性的，因此这里只考虑线性相关性，所以采用 Pearson 相关系数作为独立性假设的验证手段之一。另外，针对 QEDA 任务尝试的 5 种特征（见表 9-4）内部之间彼此可能存在关联，而前文介绍的迭代的噪声消除框架可以有效避免对关联特征的重复去噪声操作。值得注意的是，算法 9-2 中特征的迭代顺序对于整体的降噪操作结果是有影响的，例如，若先针对源语言长度（SrcL）执行了降噪操作，则几乎不可能会在后续迭代中再对译文长度（TransL）进行降噪。

9.4 NMT 长度偏置消除实验

NMT 长度偏置消除实验采用 4 个翻译任务的数据，分别是维-汉、汉-英、英-德和英-法翻译任务。对上述数据预处理后的统计信息如表 9-6 所示。

表 9-6　本章机器翻译任务实验数据统计信息

语 言 对	#训练集	#验证集	#测试集	#词汇表	
				源 语 言	目 标 语 言
维-汉	0.17M	1,000	1,000	32K	27K
汉-英	1.3M	878	5,262	37K	33K
英-德	4.5M	3,003	3,003	37K	37K
英-法	18M	3,003	3,003	30K	30K

本章分析了多种回归模型，用于 C-HSR 和 S-HSR 方法中 $E[S|T_j]$ 的估计。最终，选择线性回归模型用于 C-HSR（记作 C-HSR$_{LR}$），选择基于单个隐藏层的 MLP 回归模型用于 S-HSR（记作 S-HSR$_{MLP}$）。回归模型的实现采用 scikit-learn[37]算法库。关于不同回归模型设置下的实验结果将在章节 9.4.2 展示。

基于 HSR 的 NMT 长度偏置消除方法引入了降噪系数 α 以控制降噪的力度。α 的确定是通过在验证集上的实验完成的，对于多数情况，当束搜索宽度 b 较大时，$\alpha=1$ 通常得到更好的验证集实验结果。

本节实验部分采用了三个长度偏置消除的基线对比方法，包括凭经验设计的两种长度规范化方法（"Len Norm" 和 "GNMT"）和一个基于 MLP 的方法（BP Norm）：①Len Norm：模型的译文打分除以译文长度[1,7,14]，即式（9-4）所示的方法；②GNMT：Google NMT[17]采用的译文长度规范化方法，是 "Len Norm" 的变体，具体计算方法如式（9-6）所示；③BP Norm：Yang 等人[10]提出的基于预测的 b_p 约束长度规范化方法，如式（9-7）和式（9-8）所示。在 Yang 等人[10]提出的方法中，2 层 MLP 模型的输入是长短期记忆网络（Long Short Term Memory，LSTM）隐藏层，在本章中，该隐藏层替换 Transformer[36] 对应的隐藏层。

实验部分采用 4 个翻译任务，分别代表低资源机器翻译（维-汉），中等资源机器翻译（汉-英），资源丰富的机器翻译（英-德、英-法）。表 9-7 展示了在两种束搜索宽度（$b=4$ 和 $b=200$）设置下，译文 BLEU 值[3]在不同模型和方法下的对比。

表 9-7　英-法、英-德、维-汉翻译任务译文 BLEU（%）

序号	方　法	英-法		英-德		汉-英		维-汉	
		$b=4$	$b=200$	$b=4$	$b=200$	$b=4$	$b=200$	$b=4$	$b=200$
1	Transformer	39.63	30.66	27.24	23.70	41.68	34.62	37.52	36.00
2	+Len Norm	39.41	39.13	26.44	25.91	41.63	41.78	37.85	37.96
3	+GNMT	39.77	39.35	27.27	26.52	41.81	41.83	37.76	37.83
4	+BP Norm	38.36	37.35	26.15	24.65	41.08	40.97	37.87	38.14
5	+C-HSR$_{LR}$	39.73	39.13	27.27	26.50	41.96	41.42	37.88	37.87
6	+S-HSR$_{MLP}$	39.80	39.28	27.27	26.49	41.93	41.93	37.81	38.02

从表 9-7 中可以看出，所有的译文长度去偏置（Debiasing）方法在束搜索宽度较大（$b=200$）时，相对于基线 NMT 模型，均能取得更高的 BLEU 值。而在束搜索宽度较小时（$b=4$），"Len Norm"方法在英-法、英-德及汉-英翻译任务上译文输出质量降低。

本章提出的 C-HSR$_{LR}$ 和 S-HSR$_{MLP}$ 方法在各个翻译任务和束搜索宽度上的表现均很稳定。在较大的束搜索宽度上，S-HSR$_{MLP}$ 方法对比 C-HSR$_{LR}$ 通常能得到更高的 BLEU 值，而 C-HSR$_{LR}$ 在束搜索宽度较小时表现优于 S-HSR$_{MLP}$。上述现象的原因可能是，大的束搜索宽度为 S-HSR$_{MLP}$ 提供了更多的训练数据，因此可以使训练更充分。而对于 C-HSR$_{LR}$ 依赖的线性回归模型来说，对训练数据规模的要求并不像基于 MLP 的 S-HSR$_{MLP}$ 那样苛刻。另一方面，在模型被充分训练的情况下，MLP 回归模型的精度要优于线性回归模型。

另外，从表 9-7 中可以看出，BP Norm 方法的表现并不理想，可能的原因之一是，基于 MLP 的生成率（Generation Ratio）预测器表现不佳，导致该方法选出的译文长度偏离人工参考译文（过长或过短的译文较多）。

9.4.1　回归模型的选择

本章提出的译文长度去偏置方法对 $E[S|T_{\hat{y}}]$ 部分的估计有灵活的实现空间。本节主要对比了 5 种典型的回归模型估计 $E[S|T_{\hat{y}}]$，分别是线性（Linear）回归、支持向量机（Support Vector Machine）回归、K 近邻（K Neighbors）回

归、多层感知机（Multi-Layer Perceptron）回归及随机森林（Random Forest）回归。上述 5 种模型的缩写及模型在 C-HSR 和 S-HSR 中的不同设置如表 9-8 所示。其中，"参数设置"指使用 scikit-learn 库[37]时的模型超参数设置，未提到的参数表示使用的是库中默认参数。如表 9-8 所示的模型超参数是在汉-英翻译任务的验证集上，束搜索宽度 $b=200$ 时，经手动挑选得到的。上述设置被应用到其他束搜索宽度及其他数据集上，验证本章提出的方法需要最小的有监督调优设置。即使对于不同实验最优的回归模型参数可能不同，但总体上对实验结果影响不大。支持向量机回归模型并未应用到 C-HSR 方法中，原因是在此设置下支持向量机训练后总是趋近于平行于横轴的直线，导致 C-HSR 方法无法工作。

表 9-8 回归模型名称缩写及其超参数设置

序 号	方 法	回归模型（缩写）	参 数 设 置
1	C-HSR	线性（LR）	默认参数
*		支持向量机（SVM）	未使用
2		K 近邻（KN）	n_neighbors=2, weights="distance"
3		多层感知机（MLP）	hidden_layer_sizes=50, activation='relu', max_iter=10
4		随机森林（RF）	n_estimators=9, criterion='mse'
5	S-HSR	线性（LR）	默认参数
6		支持向量机（SVM）	kernel='rbf', C=100, tol=1.5, epsilon=0.1, gamma='auto'
7		K 近邻（KN）	n_neighbors=2, weights="distance"
8		多层感知机（MLP）	hidden_layer_sizes=50, activation='relu', max_iter=35
9		随机森林（RF）	n_estimators=3, criterion='mse'

表 9-9 展示了使用不同方法得到的译文 BLEU 和执行速度对比。其中，对于汉-英翻译任务，BLEU 值是 NIST03～06 四个测试数据的合并，"速度"的单位是"句/s"，句指源语言句子。从表中可以看出，当束搜索宽度较大的时候，S-HSR 方法（第 5～9 行）通常取得更好的译文 BLEU，无论采用什么回归模型。这也说明了 S-HSR 对于不同的源语言句子具有更好的自适应性。关于参数适应性分析结果将在 9.4.2 节给出。另外，不同的回归模型之间译文 BLEU 值的差异不大，互相之间效果可比。这说明，基于 HSR 方法依赖的假设是可靠的，而具体的关于影响的估计方法对总体实验结果影响很小。

表 9-9　使用不同方法得到的译文 BLEU 和执行速度对比

序　号	方　法	BLEU/%				速度/（句·s^{-1}）
		维-汉	汉-英	英-德	英-法	
1	C-HSR$_{LR}$	37.87	41.42	26.50	39.13	0.2
2	C-HSR$_{KN}$	37.16	41.07	26.15	37.97	0.01
3	C-HSR$_{MLP}$	37.19	41.26	26.51	37.94	0.06
4	C-HSR$_{RF}$	37.36	41.19	26.53	37.83	0.01
5	S-HSR$_{LR}$	37.87	41.32	26.44	39.02	0.1
6	S-HSR$_{SV}$	37.75	41.70	26.39	38.90	0.06
7	S-HSR$_{KN}$	38.00	41.78	26.15	38.51	0.01
8	S-HSR$_{MLP}$	38.02	41.93	26.49	39.28	0.02
9	S-HSR$_{RF}$	37.78	41.75	26.34	38.69	0.02
10	Len Norm	37.96	41.78	25.91	39.13	1

速度方面，实验操作环境是 CentOS Linux 7.5.1804, Intel Xeon(R) CPU E5-2650 v4, 2.20GHz。从执行速度的角度可以发现，线性回归方法效率最高，在对效率要求较高的应用场景下应该优先考虑。此外，表 9-9 的第 10 行给出了"Len Norm"方法的执行速度作为参考。执行速度最快的 C-HSR$_{LR}$ 方法速度大概是 Len Norm 执行速度的 1/5。

9.4.2　方法自适应性

本节将以汉-英翻译任务数据为例分析本章提出的译文长度去偏置方法的自适应性。首先，表 9-10 展示了不同训练数据设置下的汉-英测试集译文 BLEU 对比。其中，C-HSR$_{LRnist02}$ 表示对应的回归模型在汉-英翻译验证集（NIST02）上训练得到，训练得到的线性回归模型用于估计 $E[S|T_{\hat{y}}]$；C-HSR$_{LR}$ 表示直接将测试数据用作训练集估计 C-HSR$_{LR}$。对比表格中 C-HSR$_{LRnist02}$ 和 C-HSR$_{LR}$，可以发现 C-HSR$_{LR}$ 的译文 BLEU 表现普遍优于前者。上述现象说明：①不同的测试数据确实需要不同的模型参数进行适应；②本章提出的方法对不同的数据具有自适应性。另外，对比 C-HSR$_{LR}$ 和 C-HSR$_{MLP}$，句子级自适应的 C-HSR$_{MLP}$ 在训练充分的情况下（$b = 200$），通常有更好的译文，说明句子级的自适应同样有效且必要。

表 9-10　不同训练数据设置下汉–英测试集译文 BLEU 对比（%）

序　号	方　法	03		04		05		06	
		$b=4$	$b=200$	$b=4$	$b=200$	$b=4$	$b=200$	$b=4$	$b=200$
1	Transformer	40.60	33.89	43.36	36.35	41.53	34.43	41.24	33.81
2	+C-HSR$_{\text{LRnist02}}$	40.82	39.66	43.73	42.80	41.29	40.71	41.63	40.12
3	+C-HSR$_{\text{LR}}$	40.89	40.22	43.88	43.33	41.49	41.44	41.59	40.68
4	+S-HSR$_{\text{MLP}}$	40.93	40.87	43.70	43.80	41.49	41.65	41.58	41.38

为了更进一步展示自适应性的特征，图 9-5 给出了束搜索宽度 $b=200$ 时长度偏置估计项的数值［式（9-12）中 $E[S\,|\,T_{\hat{y}}]$ 或式（9-14）中 $R^{*}(T(\hat{Y});\theta_{\text{R}}^{*})$ 的具体数值］分布情况，其中横坐标表示译文候选的长度，纵坐标表示长度去偏项的数值，"coef" 表示线性回归斜率，"intercept" 表示线性回归的截距。从图中可以看出，不同测试数据上得到的 C-HSR$_{\text{LR}}$ 线性回归模型参数各不相同（截距或斜率有差别），也均与在 NIST02 汉–英验证集上得到的回归模型（图 9-5 中虚线）有较大的差异。另外，在每个测试集内部，对于不同的源语言句子，S-HSR$_{\text{MLP}}$ 去偏项的数值也各不相同（图 9-5 中散点），主要在 C-HSR$_{\text{LR}}$ 回归直线两侧分布。

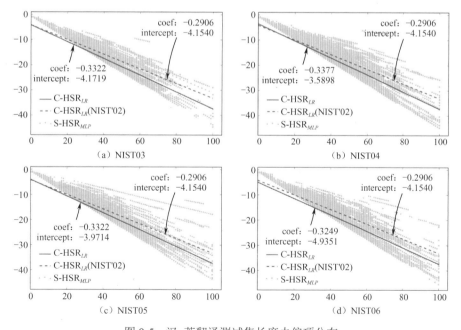

图 9-5　汉–英翻译测试集长度去偏项分布

9.5 译文质量估计系统去噪声实验

译文质量估计系统的去噪声实验数据来自 WMT20 句子级的质量评估共享任务[5]。数据集包括 6 个语言对数据，分别是英-汉（En-Zh）、俄-英（Ru-En）、罗马尼亚-英（Ro-En）、爱沙尼亚-英（Et-En）、僧伽罗-英（Si-En）及尼泊尔-英（Ne-En）。数据集的译文来自基于 fairseq[38] 模型的 NMT 系统，每条译文由多个专业翻译人员打分，打分的设置遵循 FLORES[4]。数据集和各个译文评估系统的提交结果均可在 WMT 2020 网站公开获得。

实验的验证集选用 WMT20 QEDA 任务中的 En-De 语言对，以确定超参数。实验选择的噪声相关参数如 9.2.2 节中的表 9-4 所示，包括源语言句子长度（SrcL）、译文句子长度（TransL）、译文中词频中位数（Median）、译文中词频众数（Mode）、译文中词频平均值（Mean）。所有特征均对应字节对编码[38]（Byte-Pair Encoding，BPE）格式的文本。本节任务的主要评价指标是人工直接打分序列和系统估计译文打分序列的 Pearson 相关系数，该相关系数的绝对值越大表示系统估计的译文得分越贴近人工打分。Pearson 相关系数的计算方法为

$$\text{Pearson}(S, S_{\text{human}}) = \frac{\text{cov}(S, S_{\text{human}})}{\delta_S \delta_{S_{\text{human}}}} = \frac{E[(S - \mu_S)(S_{\text{human}} - \mu_{S_{\text{human}}})]}{\delta_S \delta_{S_{\text{human}}}} \quad (9\text{-}23)$$

式中，$\text{cov}(\cdot)$ 表示协方差，δ 表示数据的标准差，$E[\cdot]$ 表示数据的期望，μ 表示数据的均值。

表 9-11 展示了来自 18 个 QEDA 系统的 77 个原始提交结果。在表中，c 表示原始系统提交结果与人工评价的 Pearson 相关系数；c' 表示去噪后的系统提交结果与人工评价的 Pearson 相关系数。"—"表示对应语言对未提交结果（对应 c 列）或不符合降噪条件未进行降噪操作。队伍名重复表示该队伍提交

了多个系统。

如表 9-11 所示，有 32 个提交结果符合去噪条件 ［式（9-22）］，覆盖了 15 个 QEDA 系统。从表中可以发现，有 5 个系统（7、8、11、12、13）有 3 次及以上符合降噪条件的情况，说明这些系统本身更容易受到与输入本身特征相关的噪声影响。

总体实验结果显示：本章提出的针对 QEDA 系统输入噪声的去噪声方法最高可以提升 0.015 的 Pearson 相关系数（提升了 58%），在 32 个经过去噪声操作的结果中，有 25 个得到了可见的提升（事实上有 28 个提交结果取得了 Pearson 相关系数的提升，受限于小数点位数未予展示），4 个提交结果数据下滑。通过观察发现，去噪声方法的表现与语言对种类相关。例如，在 En-Zh 和 Si-En 数据上，去噪声操作的提升相对稳定且明显。

表 9-11　去噪声前后 Pearson 相关系数对比

序号	队伍名	En-Zh		Ru-En		Ro-En		Et-En		Si-En		Ne-En	
		c	c'	c	c'	c	c'	c	c'	c	c'	c	c'
1	NiuTrans	0.551	—	0.816	—	0.916	—	0.833	—	0.698	—	0.830	—
2	TransQuest	0.537	—	0.808	—	0.908	—	0.824	—	0.685	0.687	0.822	—
3	Bergamot-LATTE	0.530	0.536	0.796	—	0.906	—	0.826	—	0.682	0.683	0.814	—
4	IST and Unbabel	0.494	0.495	0.767	—	0.891	—	0.770	—	0.638	0.642	0.792	—
5	XC	0.465	—	0.783	—	0.882	—	0.764	—	0.626	0.627	0.778	—
6	nc	0.444	—	—	—	—	—	—	—	—	—	—	—
7	TMUOU	0.438	0.445	0.781	—	0.896	—	0.792	0.792	0.668	0.669	0.785	—
8	Bergamot	0.429	0.430	—	—	0.796	—	0.681	0.681	0.560	—	0.662	—
9	JXNU-CCLQ	0.426	0.427	—	—	—	—	—	—	—	—	—	—
10	IST and Unbabel	0.346	—	—	—	0.708	—	0.690	—	0.565	0.565	0.604	0.604
11	Bergamot-LATTE	0.321	0.323	—	—	0.693	0.695	0.642	0.643	0.513	0.514	0.600	0.600
12	WL Research	0.298	0.300	0.596	0.601	0.821	0.822	0.637	—	0.577	—	0.687	—
13	RTM	0.259	0.274	—	—	0.703	0.712	0.614	—	0.541	0.542	—	—
14	baseline	0.190	—	0.548	0.552	0.685	—	0.477	0.477	0.374	0.374	0.386	—
15	FVCRC	0.085	—	0.399	—	0.650	0.652	—	—	0.388	—	0.488	0.491
16	Mak	—	—	0.543	0.542	—	—	—	—	—	—	—	—

续表

序号	队伍名	En-Zh		Ru-En		Ro-En		Et-En		Si-En		Ne-En	
		c	c'	c	c'	c	c'	c	c'	c	c'	c	c'
17	nc	—	—	0.411	0.416	—	—	—	—	—	—	—	—
18	nc	—	—	—	—	0.846		—	—	—	—	—	—
		A	B	C	D	E	F	G	H	I	J	K	L

正如 9.2.2 节和 9.3 节提到的，本章选择的 5 个输入特征彼此可能存在相关性。图 9-6 展示了在 En-De 数据上，5 个特征彼此间的 Pearson 相关系数矩阵，颜色越深表示相关系数的绝对值越大，即相关性越高。从图中可以看出，训练集、验证集和开发集数据的图像热力分布相似，说明各特征之间的关系稳定。图中源语言长度（SrcL）和译文长度（TransL）之间的相关系数最高，说明对其中一个特征进行操作同时会影响另一个特征与数据的关系，这是符合直觉的。而在与词频相关的特征方面，虽然词频的中位数（Median）和众数（Mode）之间的 Pearson 相关性不高，但是词频均值（Mean）与上述二者的相关关系不可忽略。

事实上，上述特征之间的 Pearson 相关系数反映了背后的因果关系：源语言句子长度会直接影响译文长度；数列的中位数和众数会影响数据的平均数，但是中位数和众数之间的因果关系不明显。基于上述观察和关于因果关系的分析，实验中对于特征的迭代顺序为：①SrcL；②TransL；③Median；④Mode；⑤Mean。

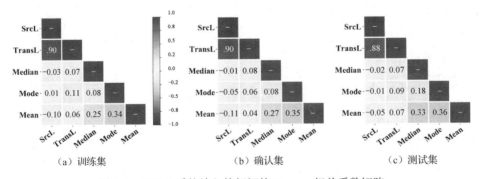

（a）训练集　　　　　　　　（b）确认集　　　　　　　　（c）测试集

图 9-6　QEDA 系统输入特征间的 Pearson 相关系数矩阵

9.6　本章小结

本章介绍了一种基于因果推断理论的方法，以减少 NMT 解码长度偏置问题和 QE 输入特征噪声问题。在上述方法中，（NMT/QE）模型估计得分 S 被视为真实译文得分 Q 混入了噪声 N 的结果，而一些可测量因素 X 则是与噪声相关的变量。这样，根据半同胞回归[6]（HSR），如果 X 与 N 相关且满足独立性假设 $X \perp Q$，则可通过从 S 中移除 X 的影响 $E[S \,|\, X]$，实现对 S 的去噪声操作：$S^* \leftarrow S - E[S \,|\, X]$。该方法是模型无关的，因此可以用于任何符合上述假设条件的场景。特别地，对于 NMT 的长度去偏置任务，该方法是无监督的，可以完全自适应测试数据，避免了传统方法依赖过多人工经验或有监督训练等问题。在实验部分，通过 NMT 任务的 4 个语言对及 WMT20 QEDA 任务的实验，验证了上述假设的合理性及方法的有效性。由于本章提出方法是模型无关的，在未来的工作中，可以在更多的自然语言处理任务上验证上述方法的有效性。

参考文献

[1] KOEHN P, KNOWLES R. Six challenges for neural machine translation. Proceedings of the First Workshop on Neural Machine Translation. Vancouver: Association for Computational Linguistics, 2017: 28-39.

[2] OTT M, AULI M, GRANGIER D, et al. Analyzing uncertainty in neural machine translation. Proceedings of the 35th International Conference on Machine

Learning, ICML 2018. Stockholmsmässan, Stockholm, Sweden, 2018: 3953-3962.

[3] PAPINENI K, ROUKOS S, WARD T, et al. BLEU: a method for automatic evaluation of machine translation. Proceedings of the 40th Annual Meeting of the Association for Computational Linguistics. Philadelphia, Pennsylvania, USA: Association for Computational Linguistics, 2002: 311-318.

[4] GUZMÁN F, CHEN P J, OTT M, et al. The FLORES evaluation datasets for low-resource machine translation: Nepali–English and Sinhala–English. Proceedings of the 2019 Conference on Empirical Methods in Natural Language Processing and the 9th International Joint Conference on Natural Language Processing (EMNLP-IJCNLP). Hong Kong, China: Association for Computational Linguistics, 2019: 6098-6111.

[5] SPECIA L, BLAIN F, FOMICHEVA M, et al. Findings of the WMT 2020 shared task on quality estimation. Proceedings of the Fifth Conference on Machine Translation. Online: Association for Computational Linguistics, 2020: 743-764.

[6] SCHÖLKOPF B, HOGG D W, WANG D, et al. Modeling confounding by half-sibling regression. Proceedings of the National Academy of Sciences. 2016, 113(27). USA, 2016: 7391-7398.

[7] JEAN S, FIRAT O, CHO K, et al. Montreal neural machine translation systems for WMT'15. Proceedings of the Tenth Workshop on Statistical Machine Translation. Lisbon, Portugal: Association for Computational Linguistics, 2015: 134-140.

[8] HUANG L, ZHAO K, MA M. When to finish? optimal beam search for neural text generation (modulo beam size). Proceedings of the 2017 Conference on Empirical Methods in Natural Language Processing. Copenhagen, Denmark: Association for Computational Linguistics, 2017: 2134-2139.

[9] MURRAY K, CHIANG D. Correcting length bias in neural machine

translation. Proceedings of the Third Conference on Machine Translation: Research Papers. Brussels, Belgium: Association for Computational Linguistics, 2018: 212-223.

[10] YANG Y, HUANG L, MA M. Breaking the beam search curse: A study of (re-)scoring methods and stopping criteria for neural machine translation. Proceedings of the 2018 Conference on Empirical Methods in Natural Language Processing. Brussels, Belgium: Association for Computational Linguistics, 2018: 3054-3059.

[11] MEISTER C, COTTERELL R, VIEIRA T. If beam search is the answer, what was the question?. Proceedings of the 2020 Conference on Empirical Methods in Natural Language Processing (EMNLP). Online: Association for Computational Linguistics, 2020: 2173-2185.

[12] BLATZ J, FITZGERALD E, FOSTER G, et al. Confidence estimation for machine translation. COLING 2004: Proceedings of the 20th International Conference on Computational Linguistics. Geneva, Switzerland, 2004: 315-321.

[13] SPECIA L, TURCHI M, CANCEDDA N, et al. Estimating the sentence-level quality of machine translation systems. Proceedings of the 13th Annual conference of the European Association for Machine Translation. Barcelona, Spain: European Association for Machine Translation, 2009.

[14] BOULANGER-LEWANDOWSKI N, BENGIO Y, VINCENT P. Audio chord recognition with recurrent neural networks. Proceedings of the 14th International Society for Music Information Retrieval Conference, ISMIR 2013. Curitiba, Brazil, 2013: 335-340.

[15] LI J, JURAFSKY D. Mutual information and diverse decoding improve neural machine translation. arXiv preprint arXiv:1601.00372, 2016.

[16] HE W, HE Z, WU H, et al. Improved neural machine translation with

SMT features. Proceedings of the Thirtieth AAAI Conference on Artificial Intelligence. Phoenix, Arizona, USA: AAAI Press, 2016: 151-157.

[17] WU Y, SCHUSTER M, CHEN Z, et al. Google's neural machine translation system: Bridging the gap between human and machine translation. arXiv preprint. arXiv:1609.08144, 2016.

[18] STAHLBERG F, BYRNE B. On NMT search errors and model errors: Cat got your tongue?. Proceedings of the 2019 Conference on Empirical Methods in Natural Language Processing and the 9th International Joint Conference on Natural Language Processing (EMNLP-IJCNLP). Hong Kong, China: Association for Computational Linguistics, 2019: 3356-3362.

[19] OCH F J, NEY H. Discriminative training and maximum entropy models for statistical machine translation. Proceedings of the 40th Annual Meeting of the Association for Computational Linguistics. Philadelphia, Pennsylvania, USA: Association for Computational Linguistics, 2002: 295-302.

[20] KOEHN P. Statistical machine translation. Cambridge: Cambridge University Press, 2010.

[21] KOEHN P, HOANG H, BIRCH A, et al. Moses: Open source toolkit for statistical machine translation. Proceedings of the 45th Annual Meeting of the Association for Computational Linguistics Companion Volume Proceedings of the Demo and Poster Sessions. Prague, Czech Republic: Association for Computational Linguistics, 2007: 177-180.

[22] OCH F J. Minimum error rate training in statistical machine translation. Proceedings of the 41st Annual Meeting of the Association for Computational Linguistics. Sapporo, Japan: Association for Computational Linguistics, 2003: 160-167.

[23] FOMICHEVA M, SUN S, YANKOVSKAYA L, et al. BERGAMOT-

LATTE submissions for the WMT20 quality estimation shared task. Proceedings of the Fifth Conference on Machine Translation. Online: Association for Computational Linguistics, 2020: 1010-1017.

[24] ZHOU L, DING L, TAKEDA K. Zero-shot translation quality estimation with explicit cross-lingual patterns. Proceedings of the Fifth Conference on Machine Translation. Online: Association for Computational Linguistics, 2020: 1068-1074.

[25] HU C, LIU H, FENG K, et al. The NiuTrans system for the WMT20 quality estimation shared task. Proceedings of the Fifth Conference on Machine Translation. Online: Association for Computational Linguistics, 2020: 1018-1023.

[26] NAKAMACHI A, SHIMANAKA H, KAJIWARA T, et al. TMUOU submission for WMT20 quality estimation shared task. Proceedings of the Fifth Conference on Machine Translation. Online: Association for Computational Linguistics, 2020: 1037-1041.

[27] RANASINGHE T, Orasan C, Mitkov R. TransQuest at WMT2020: Sentence-level direct assessment. Proceedings of the Fifth Conference on Machine Translation. Online: Association for Computational Linguistics, 2020: 1049-1055.

[28] KANÉ H, KOCYIGIT M Y, ABDALLA A, et al. NUBIA: neural based interchangeability assessor for text generation. Proceedings of the 1st Workshop on Evaluating NLG Evaluation, 2020: 28-37.

[29] CONNEAU A, KHANDELWAL K, GOYAL N, et al. Unsupervised cross-lingual representation learning at scale. Proceedings of the 58th Annual Meeting of the Association for Computational Linguistics. Online: Association for Computational Linguistics, 2020: 8440-8451.

[30] DEVLIN J, CHANG M W, LEE K, et al. BERT: Pre-training of deep bidirectional transformers for language understanding. Proceedings of the 2019

Conference of the North American Chapter of the Association for Computational Linguistics: Human Language Technologies. Minneapolis, Minnesota: Association for Computational Linguistics, 2019: 4171- 4186.

[31] MOURA J, VERA M, VAN STIGT D, et al. IST-unbabel participation in the WMT20 quality estimation shared task. Proceedings of the Fifth Conference on Machine Translation. Online: Association for Computational Linguistics, 2020: 1029-1036.

[32] GUO C, PLEISS G, SUN Y, et al. On calibration of modern neural networks. Proceedings of the 34th International Conference on Machine Learning, ICML 2017. Sydney, NSW, Australia, 2017: 1321-1330.

[33] LAKSHMINARAYANAN B, PRITZEL A, BLUNDELL C. Simple and scalable predictive uncertainty estimation using deep ensembles. Advances in Neural Information Processing Systems. Curran Associates, Inc., 2017: 6402-6413.

[34] NEUMANN M, VU N T. Attentive convolutional neural network based speech emotion recognition: A study on the impact of input features, signal length, and acted speech. INTERSPEECH 2017, 18th Annual Conference of the International Speech Communication Association. Stockholm, Sweden, 2017: 1263-1267.

[35] BAHDANAU D, CHO K, BENGIO Y. Neural machine translation by jointly learning to align and translate. 3rd International Conference on Learning Representations, ICLR 2015. San Diego, CA, USA, 2015.

[36] VASWANI A, SHAZEER N, PARMAR N, et al. Attention is all you need. Advances in Neural Information Processing Systems. Curran Associates, Inc., 2017: 5998-6008.

[37] PEDREGOSA F, VAROQUAUX G, GRAMFORT A, et al. Scikit-learn: Machine learning in Python. Journal of Machine Learning Research, 2011, 12. 2011:

2825-2830.

[38] OTT M, EDUNOV S, BAEVSKI A, et al. fairseq: A fast, extensible toolkit for sequence modeling. Proceedings of the 2019 Conference of the North American Chapter of the Association for Computational Linguistics (Demonstrations). Minneapolis, Minnesota: Association for Computational Linguistics, 2019: 48-53.

第 10 章

机器翻译评价及相关评测会议

　　机器翻译评价是一项重要的工作。尽管人工评价具有更高的准确率，但是成本高、效率低，不适合大规模、频繁地进行。自动评价方法的引入使得模型的自动训练成为可能，极大地促进了机器翻译技术的发展。机器翻译的自动评价需要给出测试数据的参考译文（人工）。自动评价指标以某种度量方式计算机器译文和参考译文的相似程度或偏离程度，并以实数表示。目前比较流行的自动评价指标包括 BLEU、WER、TER、NIST、METEOR 等[1-4]，其中 2002 年由 Papineni 等人提出的 BLEU[1]仍是目前使用最广泛的自动评测指标。其简洁、稳定的特性使得其被多个机器翻译评测组织用作官方的主要评价指标。

　　另外，公开的技术评测活动对机器翻译的发展也有一定的推动作用。首先，评测活动的组织方会收集和发布特定的机器翻译和相关任务的说明和数据，评测活动的参与者通常为拥有领先技术的科研团体，在专业设置的特定任务上多个科研团体比较各自的机器翻译系统的性能。而评测活动的组织方通常会在评测结束后发布相关的评测报告，以总结评测中出现的新技术、新发现和新成就。评测活动通常会形成和积累机器翻译相关数据和测试集，方便之后的科研人员使用。目前，机器翻译领域影响力较大的评测活动为机器翻译大会（WMT）、国际口语翻译大会（IWSLT）、NIST 机器翻译公开评测（NIST OpenMT）、亚洲语言机器翻译研讨会（WAT）及国内组织的全国机器翻译大会（CCMT）等。

10.1　机器翻译评价指标

10.1.1　准确率和召回率

准确率（Precision）和召回率（Recall）是机器学习相关应用的常见自动评价指标。在机器翻译领域，准确率和召回率的计算以人工参考译文作为标准答案，以生成的单词（数量，用#表示）为计量单位。

$$准确率 = \frac{\#翻译正确的单词}{\#机器译文单词} \tag{10-1}$$

$$召回率 = \frac{\#翻译正确的单词}{\#参考译文单词} \tag{10-2}$$

单以准确率或召回率作为评价指标容易被系统欺骗：译文长度过短、译文单词为虚词可以获得较高的准确率，而过长的包含更多目标语言单词的译文则可获得较高的召回率。为避免该问题，可以采用 f 测度（f-Measure）平衡上述两个指标。通常使用 f_1 测度作为代表，其计算方法为

$$f_1 = \frac{准确率 \times 召回率}{\dfrac{(准确率 + 召回率)}{2}} \tag{10-3}$$

结合式（10-1）和式（10-2），式（10-3）可以写成

$$f_1 = \frac{\#翻译正确的单词}{\#机器译文单词 + \#参考译文单词} \times \frac{1}{2} \tag{10-4}$$

准确率和召回率的计算是不考虑生成的单词顺序的，主要考察生成译文用词是否正确、翻译是否完整，而对于机器翻译任务来说，译文目标语言单词的排列顺序对于语义的正确性至关重要。

307

10.1.2　BLEU 评价指标

BLEU[1]评价指标是目前使用最为广泛的机器翻译译文自动评价指标之一。BLEU 是一种基于 n 元文法（n-Gram）准确率的自动评价方法：给定机器翻译译文 $\hat{Y}$ 和参考译文 Y^+，BLEU 首先计算机器生成译文在参考译文中匹配的 n 元文法占比（即 n 元文法准确率，p_n），之后，BLEU 由不同的 p_n 加权求和再乘以长度惩罚因子（Brevity Penalty，BP）计算得到，具体公式为

$$\text{BLEU} = \text{BP} \times \exp\left(\sum_{n=1}^{N_n} w_n \log p_n\right) \tag{10-5}$$

式中，N_n 为 n 元文法的最大长度；w_n 为 n 元文法对应的权重；BP 为长度惩罚因子，计算方法如下：

$$\text{BP} = \begin{cases} 1 \text{ if } \text{len}(\hat{Y}) > \text{len}(Y^+) \\ \exp\left(1 - \dfrac{\text{len}(Y^+)}{\text{len}(\hat{Y})}\right) \text{if } \text{len}(\hat{Y}) \leqslant \text{len}(Y^+) \end{cases} \tag{10-6}$$

式中，$\text{len}(\hat{Y})$ 和 $\text{len}(Y^+)$ 分别代表机器生成译文和参考译文的序列长度。

在实际应用中，n 元文法最大长度通常设置为 4，不同的 n 元文法常采用相同的权重，且 $w_n = 1/4$，代入式（10-5）：

$$\text{BLEU} = \text{BP} \times \exp\left(\sum_{n=1}^{4} \frac{1}{4} \log p_n\right) \tag{10-7}$$

10.1.3　词错误率 WER

词错误率（Word Error Rate，WER）是较早使用在机器翻译中的自动评价指标，主要借鉴于语音识别任务[5]。词错误率使用了 Levenshtein 距离[6]（Levenshtein Distance），其将词序信息考虑在内。Levenshtein 距离即两个字符串序列匹配时需要进行编辑操作的最少次数，编辑操作包括插入、删除和替换。给定 Levenshtein 距离，可以计算出词错误率，即用参考译文长度归一化编辑

操作的次数，公式如下：

$$WER = \frac{\#插入 + \#删除 + \#替换}{\#参考译文单词} \qquad (10\text{-}8)$$

采用词错误率的缺点在于对机器译文与参考译文的词序一致性要求较高，即使机器译文语义与用词均与参考译文一致，若语序差别较大则词错误率会很高。

10.1.4　翻译编辑率 TER

翻译编辑率（Translation Edit Rate，TER）主要考虑机器译文中单词或短语的位置调整后与参考译文的最大相似度。具体来说，TER 将机器译文与参考译文匹配的片段在某些约束下不断地进行后移位，使得移位后形成的新候选译文与参考译文之间的词错误率不断减小，直到不再减小为止。TER 定义的编辑操作包括移位（Shift）、插入（Insertion）、删除（Deletion）和替换（Substitution），TER 的计算方法如下：

$$
\begin{aligned}
TER &= \frac{\#编辑操作}{\#参考译文单词} \\
&= \frac{\#移位 + \#插入 + \#删除 + \#替换}{\#参考译文单词}
\end{aligned}
\qquad (10\text{-}9)
$$

10.1.5　NIST 评价指标

NIST 评价指标[2]在 BLEU[1]评价指标的基础上，根据 n 元文法出现的频率来赋予权重。例如，出现频率较低的 n 元文法会被认为含有更多的信息，即被认为更重要，因此会被赋予更高的权重。NIST 评价指标的具体计算方法如下：

$$score = \exp\left\{ \sum_{n=1}^{N} w_n \log(p_n) - \max\left(\frac{L_{\text{ref}}}{L_{\text{hyp}}} - 1, 0 \right) \right\} \qquad (10\text{-}10)$$

其中，

$$p_n = \frac{\sum\limits_{i}(机器译文中与参考译文匹配的片段i中的n元文法数量)}{\sum\limits_{i}(机器译文片段i中的n元文法数量)} \quad (10\text{-}11)$$

$$w_n = N^{-1} \quad (10\text{-}12)$$

$$N = 4 \quad (10\text{-}13)$$

而 L_{ref} 和 L_{hyp} 分别表示参考译文和机器译文的单词个数。

10.1.6　METEOR 评价指标

BLEU 的一个主要缺陷在于 n 元文法的匹配严格依赖于词形，对于同义词等变化无法匹配，为解决该问题，METEOR[4]将外部的知识引入机器翻译自动评价指标，包括词干还原、同义词及语义网络[7]（WordNet）等。它首先对机器译文的词形进行匹配，对于没有被匹配的单词，该方法会进行词干还原后再匹配。词干还原后还未匹配的单词，METEOR 会使用 WordNet 中的语义类查找同义词进行进一步匹配。METEOR 计算公式复杂，匹配过程甚至需要进行词对齐处理，并且依赖外部知识。此外，METEOR 还包含许多超参数，权重需要设置。这进一步地限制了其被广泛应用。

10.2　机器翻译大会 WMT

机器翻译大会（Conference on Machine Translation，WMT，原名为机器翻译研讨会——Workshop on Statistical Machine Translation，后为适应机器翻译技术的发展和研讨会规模的扩大，于 2016 年更名）自 2006 年以来一直组织发布关于机器翻译自动评价指标的共享任务，以推动机器翻译自动评价指标的创新和发展。早期的 WMT 只关注双语机器翻译任务，随着机器翻译技术的发展和更新，现在 WMT 覆盖了机器翻译相关的多个评价任务，包括机器翻译（双语翻译、多语言翻译、低资源翻译、无监督翻译、特定领域翻译等）、译文质量估计、翻译评价方法、自动译后编辑、平行语料过滤等。2021 年，WMT 发布的部分评价任务如表 10-1 所示。

表 10-1　WMT 2021 评价任务概览

序　号	任　务　类　别	包　含　内　容
1	新闻领域机器翻译	英语和汉语、英语和捷克语、英语和德语、英语和豪萨语、英语和冰岛语、英语和日语、英语和俄语、法语和德语、印地语和孟加拉语、祖鲁语和班图语的互译
2	生物医学领域机器翻译	英语和巴斯克语、英语和汉语、英语和法语、英语和德语、英语和意大利语、英语和葡萄牙语、英语和俄语、英语和西班牙语的互译
3	多语言、低资源印欧语系翻译	包括两个子任务：①欧盟数字图书馆（Europeana）论文摘要和描述，冰岛语与挪威的博克马尔语和瑞典语互译；②维基百科的文化遗产文章，从加泰罗尼亚语到欧西坦语、罗马尼亚语或意大利语
4	大规模多语言机器翻译	包括三个子任务：①5 种中/东欧语言，共 30 个方向，克罗地亚语、匈牙利语、爱沙尼亚语、塞尔维亚语、马其顿语、英语；②6 种东亚语言，42 个方向，巽他语、爪哇语、印尼语、马来语、他加禄语、泰米尔语、英语；③全部列表中的语言和英语的互译
5	三角翻译	使用英语改善俄语、汉语机器翻译
6	翻译系统效率评价	翻译任务为英语-德语，主要考察机器翻译系统在 CPU 和 GPU 上执行时的等待时间、吞吐量、内存消耗、模型大小等指标
7	使用术语进行机器翻译	该共享任务旨在探索如何将专业术语纳入训练或推理过程，以提高在新兴领域中机器翻译系统的准确性和一致性
8	无监督和极低资源监督机器翻译	包括三个子任务：①无监督机器翻译，德语-下索布语、下索布语-德语；②资源非常少的受监督机器翻译：德语-上索布语、上索布语-德语；③极低资源监督的机器翻译，俄语-楚瓦什语、楚瓦什语-俄语
9	译文质量估计	句子级直接打分（包括英语-德语、英语-汉语、罗马尼亚语-英语、爱沙尼亚语-英语、尼泊尔语-英语、僧伽罗语-英语、俄语-英语）、单词和句子的后期编辑（英语-德语、英语-汉语）、严重错误检测（英语-捷克语、英语-日语、英语-汉语、英语-德语）
10	自动译后编辑	包括英语-德语和英语-汉语的译后编辑任务

　　值得一提的是，译文质量估计[8-9]（Quality Estimation，QE）是机器翻译领域近 9 年来的新兴任务，目的是通过机器自动地预测机器翻译译文的质量，

给机器翻译系统的用户参考。与自动的译文评价方法不同的是，译文质量估计不依赖人工参考译文，面向的是机器翻译系统用户。译文质量估计主要包括词级别、句子级别和文档级别的译文质量估计。WMT 2020 的共享任务[10]中首次提出了一种对句子直接打分的句子级别译文质量估计任务，并发布了相关的数据集。该数据集包含 7 组语言对，系统的可选择输入包含源语言句子、机器翻译结果、机器翻译模型得分等，输出为估计的译文质量得分。通过计算 QE 系统得分与人工译文评分的相关系数，来判断 QE 系统的表现（相关系数越高越好）。目前表现较好的 QE 系统多采用神经网络模型[11-16]，并结合 BERT[17]、XLM-R[18]等预训练模型。

10.3   全国机器翻译大会 CCMT

全国机器翻译大会（China Conference on Machine Translation，CCMT，原名为全国机器翻译研讨会，China Workshop on Machine Translation，后为适应机器翻译技术的发展，于 2019 年正式更名）是由中国汉语信息学会机器翻译专委会定期举办的全国年度学术会议。全国机器翻译大会自 2005 年召开第一届以来，截至 2021 年，已连续成功组织召开了 16 届。

近年来，除了传统的英译汉任务，全国机器翻译大会的评测任务更加重视我国少数民族语言的翻译，组织了包括维吾尔语到汉语、蒙古语到汉语和藏语到汉语在内的翻译任务。除了翻译任务，CCMT 还包括译文质量估计、自动译后编辑和语料过滤等评测项目。此外，自 2019 年起，全国机器翻译大会除了线下评测，还开放了线上评测，进一步地方便了科研单位分享各自的技术成果。值得一提的是，2020 年的全国机器翻译大会评测任务中，结合时事地引入了新冠疫情领域汉英双语数据集，将真实、实时的业务场景引入评测任务。

2021 年的机器翻译技术评测由双语翻译、多语翻译、翻译质量估计、语料过滤、自动译后编辑和低资源机器翻译等不同任务组成，组织方为每项评测项目的参评单位提供相应的训练语料、开发语料，测试语料。其中双语翻译、多语翻译和翻译质量估计任务开放在线评测。表 10-2 列出了 CCMT 2021 的评测任务。

表 10-2　CCMT 2021 评测任务概览

序　　号	任　务　类　别	包 含 内 容
1	双语翻译评测项目	包括汉英新闻领域机器翻译
		英汉新闻领域机器翻译
		蒙汉日常用语机器翻译
		藏汉政府文献机器翻译
		维汉新闻领域机器翻译
2	多语翻译评测项目	日英专利领域多语言机器翻译
3	低资源语言评测项目	俄中低资源语言机器翻译
		中俄低资源语言机器翻译
		泰中低资源语言机器翻译
		中泰低资源语言机器翻译
		越中低资源语言机器翻译
		中越低资源语言机器翻译
4	自动译后编辑评测项目	汉英机器翻译自动译后编辑
		英汉机器翻译自动译后编辑
5	翻译质量评测项目	汉英句子翻译质量估计
		英汉句子翻译质量估计
6	双语语料过滤评测项目	汉英语料过滤

10.4　国际口语翻译大会 IWSLT

国际口语翻译大会（International Conference on Spoken Language Translation，IWSLT，原名为国际口语翻译研讨会 International Workshop on

Spoken Language Translation，于 2020 年更名）是机器翻译领域重要的年度会议，主要针对口语机器翻译领域。IWSLT 已经发布并组织了该领域的多种评测活动，包括创建必要的数据套件、基准、度量标准和定义领域进展的关键任务。2021 年的 IWSLT 评测任务在表 10-3 给出。

表 10-3　IWSLT 2021 评测任务概览

序　号	任 务 类 别	包 含 内 容
1	实时口语翻译任务	英语–德语文本翻译
		英语–日语文本翻译
		英语–德语语音到文本翻译
2	离线口语翻译任务	英语–德语 TED 演讲翻译数据
3	多语言口语翻译任务	四种语言（西班牙语、法语、葡萄牙语、意大利语）的语音和语音转文本数据及五种语言（子集，非两两对应）的翻译数据（英语、西班牙语、法语、葡萄牙语、意大利语
4	低资源口语翻译任务	沿海斯瓦希里语（Coastal Swahili）到英语
		刚果斯瓦希里语（Congolese Swahili）到法语

10.5　NIST 机器翻译公开评测

　　NIST 机器翻译公开评测（Open Machine Translation，OpenMT）始于美国国防部高级研究计划署（DARPA）的多语言信息检测、抽取和摘要项目，后来主要由美国国家标准技术研究所（National Institute of Standards and Technology，NIST）组织。评测活动举办方会组织对参赛队伍的机器翻译结果进行自动评测和人工评测，并在研讨会上对评测结果进行反馈。NIST 评测活动主要针对汉语、阿拉伯语与英语之间的翻译任务，最初面向新闻和部分网页内容，在 2015 年的评测活动中，还引入了针对短信、在线聊天以及对话语音等口语文本的相关翻译任务。遗憾的是，2015 年之后，NIST OpenMT 评测活动暂停举办。

10.6　亚洲语言机器翻译研讨会 WAT

亚洲语言机器翻译研讨会（Workshop on Asian Translation，WAT）是一项针对亚洲语言的开放式机器翻译评测活动，自 2014 年开始每年举办一届。WAT 收集并共享亚洲语言翻译的资源和知识，以了解所有亚洲国家在实际使用机器翻译技术时要解决的问题。WAT 的独特之处在于它是一个"开放式创新平台"：测试数据是固定且开放的，因此参与者可以重复评测相同的数据并确认翻译精度随时间的变化。WAT 的另一特点是没有自动翻译质量估计（连续估计）的截止日期，因此参与者可以随时提交翻译结果。2021 年的 WAT 评测任务在表 10-4 中给出，其针对科技文献领域的翻译评测是一大特色。

表 10-4　WAT 2021 评测任务概览

序　号	任 务 类 别	包 含 内 容
1	文档级别机器翻译	英语、日语科技文献翻译
		英语、日语商业场景对话互译
		英语、日语新闻互译
		印地语、泰国语、马来语、印度尼西亚语翻译
		亚洲语言与英语互译（IT 领域和维基新闻领域）
2	多模态机器翻译	英语、印地语互译（Hindi Visual Genome）
		英语、马拉雅拉姆语互译（Malayalam Visual Genome）
		英语、日语互译（Flickr30k）
		英语、日语互译（MS COCO）
		英语、阿拉伯语互译（ArEnMulti30k）
3	印地语多语言翻译任务	包含 10 个印地语系的语言（孟加拉语、古吉拉特语、印地语、卡纳达语、马拉雅拉姆语、马拉地语、奥里亚语、旁遮普语、泰米尔语和泰卢固语）和英语
4	缅甸语、英语互译	亚洲语言树库（ALT）+仰光计算机研究大学 NLP 实验室数据（UCSY）

续表

序　号	任　务　类　别	包　含　内　容
5	专利翻译（日本专利局数据）	汉语、日语互译
		韩语、日语互译
		英语、日语互译
6	新闻评论翻译	日语、俄罗斯语互译

参考文献

[1] PAPINENI K, ROUKOS S, WARD T, et al. BLEU: a method for automatic evaluation of machine translation. Proceedings of the 40th Annual Meeting of the Association for Computational Linguistics. Philadelphia, PA, USA, 2002: 311-318.

[2] DODDINGTON G. Automatic evaluation of machine translation quality using n-gram co-occurrence statistics. Proceedings of the second international conference on Human Language Technology Research, 2002: 138-145.

[3] SNOVER M, DORR B, SCHWARTZ R, et al. A study of translation edit rate with targeted human annotation. Proceedings of the 7th Conference of the Association for Machine Translation in the Americas: Technical Papers, 2006: 223-231.

[4] BANERJEE S, LAVIE A. METEOR: an automatic metric for MT evaluation with improved correlation with human judgments. Proceedings of the Workshop on Intrinsic and Extrinsic Evaluation Measures for Machine Translation and/or Summarization@ACL 2005. Ann Arbor, Michigan, USA, 2005: 65-72.

[5] JELINEK F. Statistical methods for speech recognition. Cambridge, MA:

MIT Press, 1997.

[6] LEVENSHTEIN V I. Binary codes capable of correcting deletions, insertions, and reversals. Soviet physics doklady: volume 10. Soviet Union, 1966: 707-710.

[7] MILLER G A. WordNet: a lexical database for english. Communications of the ACM. 1995, 38(11): 39-41.

[8] SPECIA L, TURCHI M, CANCEDDA N, et al. Estimating the sentence-level quality of machine translation systems. Proceedings of the 13th Annual conference of the European Association for Machine Translation. Barcelona, Spain: European Association for Machine Translation, 2009.

[9] BLATZ J, FITZGERALD E, FOSTER G, et al. Confidence estimation for machine translation. COLING 2004: Proceedings of the 20th International Conference on Computational Linguistics. Geneva, Switzerland: COLING, 2004: 315-321.

[10] SPECIA L, BLAIN F, FOMICHEVA M, et al. Findings of the WMT 2020 shared task on quality esti- mation. Proceedings of the Fifth Conference on Machine Translation. Online: Association for Computational Linguistics, 2020: 743-764.

[11] FOMICHEVA M, SUN S, YANKOVSKAYA L, et al. BERGAMOT-LATTE submissions for the WMT20 quality estimation shared task. Proceedings of the Fifth Conference on Machine Translation. Online: Association for Computational Linguistics, 2020: 1010-1017.

[12] ZHOU L, DING L, TAKEDA K. Zero-shot translation quality estimation with explicit cross-lingual patterns. Proceedings of the Fifth Conference on Machine Translation. Online: Association for Computational Linguistics, 2020: 1068-1074.

[13] HU C, LIU H, FENG K, et al. The NiuTrans system for the WMT20 quality estimation shared task. Proceedings of the Fifth Conference on Machine Translation. Online: Association for Computational Linguistics, 2020: 1018-1023.

[14] NAKAMACHI A, SHIMANAKA H, KAJIWARA T, et al. TMUOU submission for WMT20 quality estimation shared task. Proceedings of the Fifth Conference on Machine Translation. Online: Association for Computational Linguistics, 2020: 1037-1041.

[15] RANASINGHE T, ORASAN C, MITKOV R. TransQuest at WMT2020: Sentence-level direct assessment. Proceedings of the Fifth Conference on Machine Translation. Online: Association for Computational Linguistics, 2020: 1049-1055.

[16] KANÉ H, KOCYIGIT M Y, ABDALLA A, et al. NUBIA: neural based interchangeability assessor for text generation. Proceedings of the 1st Workshop on Evaluating NLG Evaluation, 2020: 28-37.

[17] DEVLIN J, CHANG M W, LEE K, et al. BERT: Pre-training of deep bidirectional transformers for language understanding. Proceedings of the 2019 Conference of the North American Chapter of the Association for Computational Linguistics: Human Language Technologies. Minneapolis, Minnesota: Association for Computational Linguistics, 2019: 4171-4186.

[18] CONNEAU A, KHANDELWAL K, GOYAL N, et al. Unsupervised cross-lingual representation learning at scale. Proceedings of the 58th Annual Meeting of the Association for Computational Linguistics. Online: Association for Computational Linguistics, 2020: 8440-8451.

第11章

总结与展望

11.1 本书总结

随着多语数据的积累和计算能力的不断提升，从多语语料中自动学习语言知识和翻译模型，即数据驱动的机器翻译方法，成为研究热点。本书研究在数据驱动的机器翻译中，如何引入外部知识、多任务联合学习、如何处理口语中的省略现象、译文质量估计。具体地，本书的主要研究工作如下：

（1）在"如何引入外部知识"研究方向，本书重点研究在数据驱动机器翻译中引入字符串、句法和语义知识。本书概述了基于句法语义的机器翻译基础方法，如基于句法的机器翻译模型、融合语义信息的机器翻译模型等，然后提出了融合句对齐信息的机器翻译模型、融合句法和语义知识的机器翻译模型、融合翻译记忆的机器翻译模型。

相关研究与分析充分证明了句法和语义等外部知识对机器翻译建模的重要作用，亟需研究适合机器翻译的知识一体化表示，克服以往研究无法充分利用多种外部知识的缺陷，以提高机器翻译的效果。

（2）在"多任务联合学习"研究方向，本书重点研究句法分析与机器翻译联合学习模型、词形预测与机器翻译联合学习模型。本书概述和分析了主流的树形结构神经网络、无监督树学习模型、句法树与 NMT 模型的结合等。然后提出了无监督句法分析与 NMT 联合学习模型，并进一步研究双语句法成分对齐与 NMT 联合学习模型，以及词形大小写和性别与 NMT 联合学习模型。

相关研究与分析充分证明了多任务联合学习对神经机器翻译的有效性，引入 NLP 其他任务共同训练，能够显著提升主任务机器翻译模型对句法和词形的建模能力，从而表现出更好的翻译性能。

（3）在"如何处理口语中的省略现象"研究方向，本书重点研究口语机器翻译中的零代词问题。本书概述和分析了主流的零代词推断和构建方法，然后提出了融合零代词信息的统计机器翻译方法、基于无监督树学习和零代词重构的口语机器翻译模型。

相关研究与分析充分证明了零代词是汉语口语中不可忽视的现象，处理好零代词问题能够显著提升口语机器翻译模型的性能。

（4）在"译文质量估计"研究方向，本书重点研究基于因果推断的译文评分去噪方法。本书分析了 NMT 束搜索策略对候选译文评分存在的问题，提出了基于半同胞回归的译文评分去噪声方法，该方法具有可解释性强、模型无关、自适应等优点。相关研究与分析证明了该方法在译文质量估计任务上的有效性。

11.2　未来研究方向展望

本书在数据驱动的机器翻译方向上进行了深入研究。但是，机器翻译的效果还远没有达到令人满意的程度，各种新的机器翻译模型也层出不穷。在此，有必要介绍未来的研究方向。这些方向包括知识的引入、并行化训练与快速解码、译文质量估计和因果推断等。

1．知识的引入

知识的引入对源语言理解和目标语言生成都能起到很大的作用。实际上，本书也在第 4 章、第 5 章和第 8 章将句法知识引入机器翻译系统，提高了翻译的性能。除了句法知识，还有很多知识的引入值得探索，如语义语用等语言学知识、领域知识、世界知识等。只有在各类知识的支持下，才能准确理解源语言并生成准确的目标语言译文。

要引入知识，第一步要做的就是知识的建模与获取。对于语义语用知识，近年来兴起的分布式表示使语义的表示大为改进，但语用知识如何建模及自动学习尚未突破，也尚未在机器翻译中得到很好的应用。对于领域知识与世界知识，现有的方法尚不能对知识完整地建模，也不能很好地应用在机器翻译系统中。可喜的是，研究人员已经意识到知识的重要性，各种各样的知识库构建也在高速推进，包括通用知识库和各领域的知识库，采用手工和自动方式构建。期待有一天其能够帮助机器翻译系统打破知识的屏障。

构建好知识库后，如何将知识引入机器翻译也是一个重要的问题。现有的知识库已经不满足于二维表的表示形式，而是错综复杂的图。如何从复杂的知识库中选出翻译当前句子所需的知识，并进行适当的推理，帮助生成正确的译文，是摆在研究者眼前的难题。

2．并行化训练与快速解码

目前，神经机器翻译主要基于深度神经网络模型，且模型结构越来越复杂，参数越来越多，训练数据也快速增多，这就给模型的快速训练与解码带来了挑战。虽然 GPU 为模型中的矩阵运算提供了非常强大的加速能力，但受限于单片 GPU 的计算性能与显存容量，上述需求远不能被满足。人们正在尝试研究数据并行化训练、模型优化训练、快速解码等前沿课题。

为了充分利用大规模数据，加快模型训练速度，可以采用数据并行化训练方法。在数据并行化训练中，多台机器具有完整的模型参数，但每台机器仅根据数据中的一部分进行训练，再由一台参数服务器负责更新模型参数。具体地，数据并行化又可分为同步并行和异步并行。在同步并行中，所有训练机器必须同步地更新模型，即在同一训练周期中，一台机器训练完毕提交梯度后，也必须等待其他机器训练完毕并提交梯度，再由服务器分发新的参数来更新模型。这样做便于训练和维护，但缺点是当各机器计算梯度所需的时间差异较大时，会造成不必要的等待和资源浪费。在异步并行中，各训练机器不必等其他机器计算完毕即可直接提交梯度，由服务器返回参数并更新模型。这样做避免了不必要的等待和资源浪费，但带来了新的问题，即过期梯度问题。过期梯度问题是指，若某个机器上的计算比较耗时，此时服务器上的参数已被更新了多次，那么该机器上的参数就有可能不适合用于更新模型。

3. 译文质量估计

译文质量估计（Quality Estimation，QE）是机器翻译领域近年来的新兴任务，目的是通过机器自动地预测机器译文的质量，给机器翻译系统的用户作为参考。与机器翻译自动评价不同的是，机器翻译质量估计要求在没有参考译文的情况下对机器译文的质量进行打分。用户不仅可以根据质量估计的结果判断翻译系统的性能好坏，还可以根据估计的质量决定是否采用某一译文，或者对译文进行后编辑，甚至选择重新翻译。这极大地提升了获取译文质量的效率，不需要参考译文，也就不需要翻译人员参与，极大地节省了人力和时间。

机器翻译质量估计自提出以来，其研究取得了广泛的关注和极大的进展，从 WMT2012 机器翻译评测开始，就发布了句子级的机器翻译质量估计任务，经过近十年（2012—2021 年）的发展，已从最开始单一的句子级任务发展为当前的多语言粒度的评测任务，包括词语级、短语级和篇章级。本书主要研究句子级和词语级的翻译质量估计任务，句子级 QE 指在给定源语言句子和机器译文的条件下，模型需要对机器译文的翻译质量进行打分，分数为 0～1 的浮点数，分数越高代表翻译质量越差，越低代表翻译质量越好。对于词语级 QE，同样在给定源语言句子和机器译文的条件下，对机器译文中的每个词进行标注，标签为 OK 和 BAD，OK 表示质量好，BAD 反之。在 WMT 2020 的共享任务中，首次提出了一种对句子直接打分的句子级译文质量估计任务，并发布了相关的数据集。目前表现较好的 QE 系统多采用神经网络模型，并结合 BERT、XLM-R 等预训练语言模型。

未来，可能会出现一个以质量保证、质量控制和质量估计为基本要素的全新机器翻译行业模式。对于机器翻译提供商来说，部署机器翻译系统时，通常需要考虑的主要因素是系统、时间、成本和质量。译文质量估计技术可以让技术提供商尝试在成本和时间之间取得正确平衡的同时利用质量界限。质量估计技术的另外两个有趣的用途可能是：①评估用于训练神经机器翻译引擎的数据质量；②检测用于翻译特定文档的最佳神经机器翻译引擎。鉴于机器翻译对领域数据的敏感性，后者对于垂直领域的机器翻译任务而言十分重要。

4．因果推断

在理论层面，机器翻译乃至整个深度学习领域一直被针对数据之间"相关性"的机器学习方法所束缚，进而限制了机器翻译或其他深度学习模型的可解释性、可靠性和结合人类知识的能力。

因果关系一直是人类认识世界的基本方式和现代科学的基石。爱因斯坦曾指出，西方科学的发展是以希腊哲学家发明形式逻辑体系，以及通过系统的实验发现有可能找出因果关系这两个伟大的成就为基础的。从与相关关系对比的角度来看，因果关系严格区分了"原因"变量和"结果"变量，在揭示事物发生机制和指导干预行为等方面有相关关系不能替代的重要作用。例如，研究发现吸烟可以导致黄牙和引发肺癌，在统计上，吸烟、黄牙都与肺癌具有较强的相关关系，然而只有吸烟才是肺癌的原因，也只有戒烟才能降低肺癌的发病概率，而把牙齿洗白则不能降低肺癌的发病概率。探索和推断事物间的因果关系，是数据科学中的一个核心问题，正受到国内外同行的广泛关注。现有因果关系的研究集中在因果推断及因果性学习两个方面。

因果推断的目标是发现变量/事物背后的因果关系。随机控制实验是发现因果关系的传统方法。由于实验技术局限和实验耗费代价巨大等原因，越来越多的因果推断领域学者希望通过观察数据推断变量之间的因果关系。这已成为当前因果推断领域的研究热点。在基于观察数据的因果推断领域，代表性进展包括：20 世纪 90 年代，图灵奖得主 Pearl Judea 教授、卡内基梅隆大学 Clark Glymour 教授等共同建立了基于观察数据的因果推断理论基础和基于约束的方法；最近 10 年，Bernhard Schölkopf、Kun Zhang、Shohei Shimizu 等学者提出了基于因果函数模型的方法。

因果性学习则体现了因果推断对机器学习算法设计的指导作用。随着人工智能的发展，越来越多的学者开始认识到因果推断对于克服现有人工智能方法/技术在抽象、推理和可解释性等方面的不足具有重要意义。图灵奖得奖者 Pearl Judea 提出了"因果关系之梯"。他把因果推断分成三个层面，第一层是"关联"；第二层是"干预"；第三层是"反事实推理"。他特别指出，当前的机器学习领域的研究只处于第一层，只是"弱人工智能"，要实现"强人工智能"，还需要干预和反事实推理。

未来，将如今机器翻译所依赖的数据相关性学习技术逐渐改进为基于真实因果关系的学习框架，将是机器翻译领域理论研究层面的重要挑战和研究热点。一旦机器翻译具有对因果关系的建模能力，就会极大地降低模型输出的不确定性，机器译文的准确性和充分性会有很大的提升。此外，具备因果关系建模能力后，机器译文的质量估计将变得更加准确，机器翻译在正式应用场景中的实用性将会有极大的提升。